高等学校工程管理类本科指导性专业规范配套教材

高等学校土建类专业"十三五"规划教材

工程造价管理

—（2017版）—

冯辉红　编著

化学工业出版社

·北京·

本书是高等教育土建类专业"十三五"规划教材，书中全面系统地介绍了工程造价管理的理论与方法，根据最新规范和标准进行编制，主要内容包括工程造价管理概述、工程造价的构成与计算、工程造价的确定依据、建设项目决策阶段工程造价管理、建设项目设计阶段工程造价管理、建设项目招标投标阶段工程造价管理、建设项目施工阶段工程造价管理、建设项目竣工验收阶段工程造价管理。每章配有一定数量的思考题，实践性强的章节还配有案例解析、例题以及案例计算题。

本书知识全、内容新、重点突出、应用性强，可以作为高等院校土木工程、工程管理等相关专业的教材，也可作为工程造价管理从业人员或相关执业资格考试的参考书。

图书在版编目（CIP）数据

工程造价管理 / 冯辉红编著. — 北京：化学工业出版社，2017.8（2023.9重印）
高等学校工程管理类本科指导性专业规范配套教材
ISBN 978-7-122-30014-0

Ⅰ. ①工… Ⅱ. ①冯… Ⅲ. ①建筑造价管理-高等学校-教材 Ⅳ. ①TU723. 3

中国版本图书馆 CIP 数据核字（2017）第 146234 号

责任编辑：陶艳玲
责任校对：王素芹　　　　　　　　　　　装帧设计：韩　飞

出版发行：化学工业出版社（北京市东城区青年湖南街 13 号　邮政编码 100011）
印　　装：北京虎彩文化传播有限公司
787mm×1092mm　1/16　印张 16¼　字数 390 千字　　2023 年 9 月北京第 1 版第 5 次印刷

购书咨询：010-64518888　　　　　　　　售后服务：010-64518899
网　　址：http://www.cip.com.cn
凡购买本书，如有缺损质量问题，本社销售中心负责调换。

定　　价：49.00 元

　　我国建筑行业经历了自改革开放以来 20 多年的粗放型快速发展阶段，近期正面临较大调整，建筑业目前正处于大周期下滑、小周期筑底的嵌套重叠阶段，在"十三五"期间都将保持在盘整阶段，我国建筑企业处于转型改革的关键时期。

　　另一方面，建筑行业在"十三五"期间也面临更多的发展机遇。 国家基础建设固定资产投资持续增加，"一带一路"战略提出以来，中西部的战略地位显著提升，对于中西部地区的投资上升；同时，"一带一路"国家战略打开国际市场，中国建筑业的海外竞争力再度提升；国家推动建筑产业现代化，"中国制造 2025"的实施及"互联网＋"行动计划促进工业化和信息化深度融合，借助最新的科学技术，工业化、信息化、自动化、智能化成为建筑行业转型发展方式的主要方向，BIM 应用的台风口来临，面对复杂的新形式和诸多的新机遇，对高校工程管理人才的培养也提出了更高的要求。

　　为配合教育部关于推进国家教育标准体系建设的要求，规范全国高等学校工程管理和工程造价专业本科教学与人才培养工作，形成具有指导性的专业质量标准。 教育部与住建部委托高等学校工程管理和工程造价学科专业指导委员会编制了《高等学校工程管理本科指导性专业规范》和《高等学校工程造价本科指导性专业规范》（简称"规范"）。 规范是经委员会与全国数十所高校的共同努力，通过对国内高校的广泛调研、采纳新的国内外教改成果，在征求企业、行业协会、主管部门意见的基础上，结合国内高校办学实际情况，编制完成。 规范提出工程管理专业本科学生应学习的基本理论、应掌握的基本技能和方法、应具备的基本能力，以进一步对国内院校工程管理专业和工程造价专业的建设与发展提供指引。

　　规范的编制更是为了促使各高校跟踪学科和行业发展的前沿，不断将新的理论、新的技能、新的方法充实到教学内容中，确保教学内容的先进性和可持续性；并促使学生将所学知识运用于工程管理实际，使学生具有职业可持续发展能力和不断创新的能力。

　　由化学工业出版社组织编写和出版的"高等学校工程管理类本科指导性专业规范配套教材"，邀请了国内 30 多所知名高校，对教学规范进行了深入学习和研讨，教材编写工作对教学规范进行了较好地贯彻。 该系列教材具有强调厚基础、重应用的特色，使学生掌握本专业必备的基础理论知识，具有本专业相关领域工作第一线的岗位能力和专业技能。 目的是培养综合素质高，具有国际化视野，实践动手能力强，善于把

BIM、"互联网＋"等新知识转化成新技术、新方法、新服务，具有创新及创业能力的高级技术应用型专门人才。

同时，为配合做好"十三五"期间教育信息化工作，加快全国教育信息化进程，系列教材还尝试配套数字资源的开发与服务，探索从服务课堂学习拓展为支撑网络化的泛在学习，为更多的学生提供更全面的教学服务。

相信本套教材的出版，能够为工程管理类高素质专业性人才的培养提供重要的教学支持。

高等学校工程管理和工程造价学科专业指导委员会 主任
任宏
2016 年 1 月

工程造价管理是工程管理类以及土木工程类主要的专业基础课程，是一门综合工程技术、经济与管理学原理的系统性学科，牵涉的知识面广、范围大，而随着我国工程管理制度改革的不断深化，工程造价管理体制、方法和内容也有了极大的改进，许多相关规范纷纷推陈出新，在此背景下，工程造价管理教材内容也应进行适当调整，编者结合多年的课堂教学、工程培训、造价工作实践以及全生命周期造价管理研究的经历与经验，根据新的标准与规范，以理论结合实践，以培养具有扎实理论基础的应用型人才为基准目标，编著了此书。

本书以工程造价管理的基础理论入手，对建设项目的全过程各阶段的工程造价管理，从深度和广度两个层面上，以理论结合实例的方式全面地阐述了工程造价管理的原理与方法。特点如下。

（1）内容编排循序渐进，利于学习

本书首先为读者介绍有关工程造价和工程造价管理的基本概念，并通过工程造价构成与计算、工程造价的确定依据等章节让读者明确了工程造价管理的前提与基础理论；然后通过对于建设项目从决策阶段、设计阶段、招标投标阶段、施工阶段直至竣工验收阶段的全过程工程造价管理的内容、原理与方法的详细阐述，脉络清晰地构建了全过程工程造价管理的知识结构体系，系统地阐述了本书的内容。这样的编排顺序遵循学习的规律和管理的程序，有利于读者进行初步学习，或者进入深层次研究。

（2）内容全面而系统，利于全过程、全方位应用

本书共 8 章内容，基本涵盖了工程造价管理的基础理论，以及从投资决策至竣工交验的项目建设全过程中所有的主要理论与方法，且全方位考虑了各参建方完成投资、费用或成本管理的各个角度，本书内容可供工程造价管理的各个层次或各参建方参照应用。

（3）内容讲究时效性，利于新旧知识的更替

本书编写时注重时效性，书中所有涉及的规范和标准，均为现下最新；当然随着时间的推移还会有新的规范标准出现，因此，本书在时效性强的章节做了动态处理，使得主要内容不过时，新的内容读者可根据需要加入或更换，有利于适应新的要求。

（4）内容切合实际，利于理论联系实践

本书在实践性强的章节均配有例题或案例计算解析，通过例题和详细的解析过程，令读者深刻领会相关理论知识的内涵；相应地，课后还配套有思考题和案例计算题，以提高读者应用理论知识解决实际问题的能力，做到学以致用且能活学活用，为工作和研究奠定基础。

本书可用做高等院校工程管理、土木工程等相关专业的教材，也可作为工程造价管理从

业人员和相关执业资格考试的参考书。

本书共分 8 章，全部由西南石油大学冯辉红独立编著而成，在教材的编写过程中得到不少同行和朋友的支持与帮助，研究生何子东、胡松、魏晶晶、李梦君、屈少华为本书的撰写收集了大量的资料文献资料，在此一并表示感谢！

由于编者水平有限，书中难免存在不当和疏漏之处，恳请读者批评指正。

编著者

2017 年 4 月

目 录

Contents

1

工程造价管理概述

【本章学习要点】

◆ 掌握：工程造价的含义和特点、工程造价管理的含义和内容、造价工程师执业资格制度。

◆ 熟悉：建设项目的分解层次、我国的基本建设程序、工程造价的职能、工程造价管理的范围，我国工程造价管理的发展。

◆ 了解：国外工程造价管理的发展、造价工程师的管理制度、助理造价工程师考试制度，工程造价咨询企业管理制度。

1.1 建设项目的分解及基本建设程序

1.1.1 建设项目的分解

建设项目是指具有设计任务书和总体设计、经济上实行独立核算、行政上具有独立机构或组织形式，实行统一管理的基本建设单位。在工业建筑中，一般是以一个工厂为建设项目；在民用建筑中，一般是以一个事业单位，如一所学校、一家医院等为建设项目。建设项目往往投资额巨大、建设周期长，按照工程计量以及工程造价的确定与控制的需要，通常将建设项目的分解为单项工程、单位工程、分部工程和分项工程四个层次。

(1) 单项工程

单项工程是指一个建设单位中，具有独立的设计文件、竣工后可以独立发挥生产能力或工程效益并有独立存在意义的工程，是建设项目的组成部分，也称为工程项目。在工业建筑中是指能够生产出设计所规定的主要产品的车间或生产线以及其他辅助或附属工程，如工厂的生产车间、办公楼、职工食堂等；在民用建筑中是指能够独立发挥设计规定的使用功能和使用效益的各种建筑单体或独立工程，如学校的教学楼、图书馆、学生宿舍等。

一个建设项目中，可以有几个单项工程，也可能只有一个单项工程，如大型钢铁联合企业，应按编制总体设计文件的炼铁厂、炼焦厂、初轧厂、钢板厂等单项工程作为建设项目。

(2) 单位工程

单位工程是指具有单独设计，可以独立组织施工的工程，是单项工程的组成部分。一个单项工程，可按照其专业构成分解为建筑工程和设备安装工程两类单位工程，其特点是完工后不能独立发挥生产能力或效益。如，建筑工程中的一般土建工程、给排水工程、通风工程、电气照明工程等，设备安装工程中的机械设备及安装工程、电气设备及安装工程等均可独立作为单位工程。

（3）分部工程

分部工程是指按照单位工程的不同结构、部位、施工工种、材料和设备种类所划分出来的中间产品，是单位工程的组成部分，是单位工程分解出来的结构更小的工程。如按建筑工程的不同结构、部位，一般土建单位工程可分为基础、墙体、梁柱、楼板、地面、门窗、装饰、屋面等分部工程；又可按材料结构综合分为木结构工程、金属结构工程、楼地面工程、屋面工程、耐酸防腐工程、装饰工程、筑炉工程等分部工程。

（4）分项工程

分项工程是指按照分部工程中通过较为简单的施工过程就能完成的工程，并且可以采用适当的计量单位进行计算的建筑或设备安装工程，是工程造价计算的基本要素和计量单元。如砌筑分部工程可分为砖基础、实心砖墙、砌块墙等分项工程，混凝土及钢筋混凝土分部工程可分为模板、混凝土、钢筋等分项工程。

以工业厂房为例，建设项目的分解层次如图 1.1 所示。

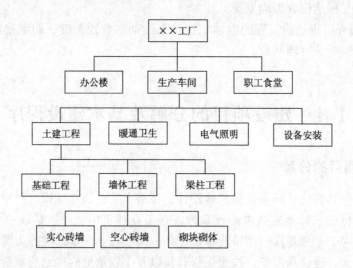

图 1.1　建设项目分解层次示意图

1.1.2　建设项目的基本建设程序

基本建设程序是指建设项目从设想、决策与规划、设计、施工、竣工验收直至投产交付使用以及后评价的过程中，各阶段、各环节的先后次序，如图 1.2 所示。

我国的基本建设程序是经过长期的基本建设工作对基本建设程序经过凝练总结后所形成的管理程序，是建设项目科学决策和顺利进行的重要保障，主要包括项目建议书、可行性研究、设计、建设准备、施工、竣工验收和后评价七个阶段，如图 1.3 所示。

（1）项目建议书阶段

项目建议书阶段是由投资者结合自然资源和市场预测情况，向国家提出对拟建项目的设想和建议的阶段。

项目建议书的主要内容包括：①提出建设项目的必要性、可行性和建设依据；②对建设项目的拟建规模、建设地点、建设用途和功能的初步设想；③对建设项目所具备的建设条件、资源情况和协作关系等的初步分析；④编制建设项目的投资估算，并对资金的筹措作初步安排；⑤对建设项目总进度的安排及建设总工期的估算；⑥对建设项目经济效益、社会效益和环境效益的估算。

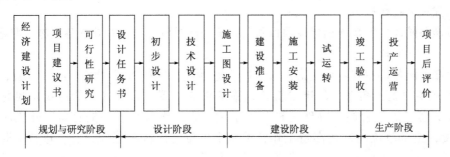

图 1.2　基本建设程序图

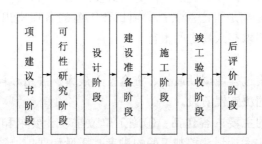

图 1.3　我国的基本建设程序图

项目建议书的审批是按照建设总规模和限额划分的审核权限进行报批的。大中型项目或限额以上项目经主管部门初审通过后，由国家计委审批；小型及限额以下项目，按投资隶属关系由部门或地方计委审批。

（2）可行性研究阶段

可行性研究阶段是对项目建设的必要性、技术上的先进性、经济上从微观效益和宏观效益两个角度衡量的合理性进行科学的分析和论证，从而得出建设项目是否可行的结论的阶段。

可行性研究阶段的最终成果是形成可行性研究报告，经批准的可行性研究报告是确定建设项目以及编制设计文件的依据。可行性研究的项目范围包括大中型项目、利用外资项目、引进技术和设备进口项目以及其他有条件进行可行性研究的项目，这些项目凡未经可行性研究确认的，不得编制向上报送的可行性研究报告和进行下一步工作。

可行性研究的审批也是按照建设总规模和限额划分的审核权限进行报批的，大中型项目或限额以上项目由国家计委审批；小型及限额以下项目，由各部门审批。可行性研究报告一经批准，项目的建设规模、建设方案、建设地点、投资限额以及主要的协作关系随即确定，不得随意修改和变更，如确需变动的，应经原审批机关同意。

（3）设计阶段

设计阶段是对项目建设实施的计划与安排的阶段，是项目建设的关键阶段。

设计阶段的主要工作是编制设计文件，设计文件包括文字规划说明和工程图纸设计，它决定建设项目的轮廓与功能，直接关系到工程质量和项目未来的使用效果。对于大型或技术复杂项目要进行三阶段设计，即：①初步设计阶段，是编制拟建工程的各有关工程图纸。②技术设计阶段，是初步设计的进一步深化和完善化。③施工图设计阶段，是在前两阶段设计的基础上编制指导施工安装的正式蓝图。一般建设项目可只进行初步设计和施工图设计两阶段设计。

（4）建设准备阶段

建设准备阶段主要是申请建设项目列入固定资产投资计划，并开展各项施工准备工作以保证顺利开工的阶段。

建设准备阶段的主要内容包括：①进行征地拆迁，完成施工用水、电、路通、场地平整，准备必要的施工图纸；②申请贷款、签订贷款协议、合同等；②组织招投标，选定施工单位，签订施工合同，办理工程开工手续；③组织材料设备的订货，开工所需材料组织进货，施工单位的进场准备工作；④施工单位完成施工组织设计，进行临时设施的建设。

在建设准备阶段项目报批开工之前，审计机关要对以下内容进行审计证明：①项目的建设资金来源是否正当，资金是否已落实；②项目开工前的各项支出是否符合国家的相关规定；③建设资金是否按要求存入规定的银行。

（5）施工阶段

施工阶段是项目建设过程中周期最长、资金投入最大、占用和耗费资源最多的阶段，是项目建设形成工程实体的决定性阶段。

施工阶段参建各方的主要内容包括：①施工单位按设计要求和合理的施工顺序组织施工，编制年度的材料和成本计划，控制工程的进度、质量和费用。②设计单位根据设计文件向施工单位进行技术交底，在施工过程中接受合理建议，并根据实际情况按规定程序进行设计变更。③监理单位根据委托合同的内容对工程的进度、质量和费用进行有效控制，协助建设单位保障工程的顺利施工和项目目标的实现。④建设单位根据生产计划进行生产准备工作，如招聘、培训管理人员和员工，制定必要的管理制度等。

（6）竣工验收阶段

竣工验收阶段是检查竣工项目是否符合设计要求、考核项目建设成果、检验设计和施工质量的重要阶段，是工程建设过程的最后一个环节，是建设项目由建设阶段转入生产或使用阶段的一个重要标志。

竣工验收阶段的主要内容包括：①检验建设项目是否已按设计要求建成并满足生产要求；②检验主要的工艺设备是否经过联动负荷试车合格形成设计要求的生产能力；③检验职工宿舍等生活福利设施能否适应投产初期的需要；④检验生产准备工作是否能够适应生产初期的需要。

（7）后评价阶段

后评价阶段是建设项目经过一定阶段的生产运营后，由主管部门组织专家对项目的立项决策、设计、施工、竣工投产、生产运营全过程进行系统评价等技术经济活动的阶段。

后评价阶段是固定资产管理的一项重要内容，也是固定资产投资管理的最后一个环节。后评价阶段的主要作用包括：①总结经验，解决遗留问题，提高工程项目的决策水平和投资效果；②实现生产运营目标，实现资金的回收与增值，从而实现项目建设的根本目标。

1.2　工程造价的基本概念

1.2.1　工程造价的含义

工程造价本质上属于价格范畴，通常是指工程建设预计或实际支出的费用，在市场经济条件下，由于所处的角度不同，工程造价有不同的含义。

（1）广义的工程造价

是从投资者或业主的角度而言，建设一项工程预期开支或实际开支的全部固定资产投资费用，是建设项目的建设成本，包括从项目的决策开始到项目交付使用为止，完成一个工程项目建设所需费用的总和。

对投资者而言，工程造价是工程项目的投资费用，是购买工程项目所要付出的价格。

（2）狭义的工程造价

是从市场交易角度而言，通过招投标或其他交易方式，在进行多次预估的基础上，最终由市场形成的价格，是建设一项工程，预计或实际在工程发承包交易活动中所形成的建筑安装工程费用或建设工程总费用。这里作为各方交易对象的工程，既可以包括建设项目，也可以是其中的一个或几个单项工程或单位工程，也可以建设的某个阶段或某几个阶段的组合。

狭义的工程造价含义中，工程承发包价格是典型的价格交易形式，即建筑产品价格，是建筑产品价值的货币表现。对承包商而言，是出售商品和劳务的价格；对投资者而言，是出售工程项目时确定价格和衡量投资经济效益的尺度。

1.2.2　工程造价及其计价的特点

1.2.2.1　工程造价的特点

由于建筑产品本身具有实物体积庞大、建筑类型多样、建设地点固定以及建设周期长、消耗资源多、涉及面广、协作性强等特征，因此工程造价具有大额性、差异性和阶段性的特点。

（1）工程造价的大额性

与其他产品不同，建筑产品往往体积大、占地面积广且建设周期长，因此任何的建设项目或单项工程造价均具有大额性，少则几十万，多则几百万、几千万、几个亿甚至更高。由于工程造价的大额性，也决定了工程造价对宏观经济的重大影响，说明了工程造价的特殊地位。

（2）工程造价的差异性

不同性质的建设项目都有其特定的规模、功能和用途，在建筑外观造型、装修以及内部结构和分隔方面都会有差异，这些差异就形成了工程造价的差异性，即便同种类型的建设项目，如果处于不同的地区或地点，其工程造价也会有所差别。因此，工程造价具有绝对的差异性。

（3）工程造价的阶段性

在项目基本建设程序的不同阶段，同一工程的造价有不同的名称和内容，这就是工程造价的阶段性。如项目的决策阶段，因拟建工程的相关建设数据尚处估测阶段，所以形成的是投资估算，误差率较高；项目的设计阶段，随着设计资料的完善，形成的是设计概算，成为该项工程基本建设投资的最高限额；项目的施工阶段，随着工程变更、签证以及材料价格、计算费率等的变化，形成反映工程实际造价的结算文件等。

1.2.2.2 工程计价的特点

工程计价是指对工程建设项目及其对象建造费用的计算，即工程造价的计算，因此，与工程造价的特点相对应，工程计价具有组合性、单件性、多次性和复杂性的特点。

（1）工程计价的组合性

由于建设项目的组成复杂，且工程造价具有大额性，因此，在进行工程计价时，需要先将建设项目按其组成依次分解为单项工程、单位工程、分部工程和分项工程后，再逐级逆向组合汇总计价。即先由各分项工程造价组合汇总得到各分部工程造价，分项工程是工程计价的最小单元；再由各分部工程造价组合汇总形成各单位工程造价，单位工程是工程计价的基本对象，每一个单位工程都应编制独立的工程造价文件；然后再由各单位工程造价组合汇总形成各单项工程造价，最后由各单项工程造价组合汇总形成建设项目造价。

（2）工程计价的单件性

由于建设项目的性质和用途各异，且工程造价具有差异性，因此，在进行工程计价时，要根据建筑产品的差异单件计价。如基本建设项目按功能分类，可划分为住宅建筑、公用建筑、工业建筑及基础设施四类，这些建筑产品在进行计价时必须单件计价，而即便对于同一类型的建筑，也会因其建造过程中的时间、地点、施工企业、施工条件以及施工环境的不同而不完全相同，因此，对于每一个建设项目只能是单件性计价。

（3）工程计价的多次性

由于建设项目是按规定的基本建设程序进行建造的，且工程造价具有阶段性，因此，在基本建设程序的各个阶段，根据工程建设过程由粗到细、由浅入深的渐进过程，要对应进行多次的工程计价，形成各阶段的工程造价文件，以适应工程建设过程中各方经济关系的建立，适应全方位项目管理的要求。

（4）工程计价依据和方法的多样性

由于基本建设程序的各个阶段，对于工程造价文件的内容和精确性的要求不同，因此，工程计价的依据和方法也各不相同。以建设项目投资决策阶段为例，在项目建议书阶段和可行性研究阶段，尽管要编制的工程造价文件均为投资估算，但由于精确度的要求不同，对于项目建议书中的投资估算可采用如生产能力指数法等简单的匡算法，依据类似已建项目的生产规模及造价额即可确定；而对于详细可行性研究阶段的投资估算则必须采用精确度比较高的指标估算法，依据投资估算指标进行计价。

1.2.3 工程造价的职能

由于工程造价及其计价的特点，决定了工程造价具有预测职能、控制职能、评价职能和调控职能。

（1）预测职能

在工程建设的每个阶段，投资者或承包商都必须对广义或狭义的工程造价进行预先测算，即工程造价具有预测职能，主要体现在以下两个方面。

1）投资者预测的工程造价，作为建设项目投资决策的依据，一方面是项目得以审批的重要内容，另一方面也是项目筹集资金、控制总造价的依据。

2）承包商预测的工程造价，作为建设项目投标决策的依据，既是建设准备阶段投标报价和中标合同价的依据，也是项目施工安装的价格标准，是承包商进行成本管理的依据。

（2）控制职能

工程建设每个阶段所形成的工程造价都要控制在其上一阶段的造价限额内，即工程造价具有控制职能，主要体现在纵向控制和横向控制两个方面。

1）纵向控制是指对建设项目总投资的控制，即在基本建设程序的各个阶段，通过对工程造价的多次性预先测算，对工程造价进行全过程、多层次的控制，如投资估算控制设计概算、设计概算控制施工图预算等。

2）横向控制是指对基本建设程序的某一阶段进行成本控制，如施工阶段，可以对以承包商为代表的商品和劳务供应企业的成本进行控制，在价格一定的条件下，成本越低盈利越高。如承包商通过施工预算对施工现场的生产要素进行成本控制，以获取好的盈利水平。

（3）评价职能

工程造价可用以评价投资的合理性和投资效益，以及企业的盈利能力和偿债能力，即工程造价具有评价职能，主要体现在以下四个方面。

1）工程造价是国家和地方政府控制投资规模、评价建设项目经济效果、确定项目建设计划的重要依据。

2）工程造价是金融部门评价建设项目的偿还能力、确定贷款计划、贷款偿还期以及贷款风险的重要经济评价参数。

3）工程造价是建设单位考查建设项目经济效益、进行投资决策评价的基本依据。

4）工程造价是施工企业评价自身技术、管理水平和经营成果的重要依据。

（4）调控职能

工程建设直接关系到国家的经济增长以及国家重要资源的分配和资金流向，对国家经济和人民生活都会产生至关重要的影响。因此，国家对于项目的功能、建设规模、标准等进行宏观调节是在任何条件下都必不可少的重要环节，尤其是对于政府投资项目的直接调控和管理。而工程造价作为经济杠杆，可对工程建设中的物质消耗水平、建设规模、投资方向等进行有效地调控和管理，即工程造价具有调控职能。

1.3　工程造价管理的基本概念

1.3.1　工程造价管理的含义

工程造价管理是指以建设项目为研究对象，综合运用工程技术、经济、法律法规、管理等方面的知识与技能，以效益为目标，对工程造价进行控制和确定的学科，是一门与技术、经济、管理相结合的交叉而独立的学科。

1.3.1.1　工程造价管理的含义

工程造价有两种含义，与之相对应的工程造价管理也是指两种意义上的管理，一是宏观的建设项目投资费用管理；二是微观的工程价格管理。

（1）宏观的工程造价管理

宏观的工程造价管理是指政府部门根据社会经济发展的实际需要，利用法律、经济和行政等手段，规范市场主体的价格行为，监控工程造价的系统活动。

具体来说，就是针对建设项目的建设中，全过程、全方位、多层次地运用技术、经济及法律等手段，通过对建设项目工程造价的预测、优化、控制、分析、监督等，以获得资源的最优配置和建设项目最大的投资效益。从这个意义上讲，工程造价管理是建筑市场管理的重要组成部分和核心内容，它与工程招投标、质量、施工安全有着密切关系，是保证工程质量和安全生产的前提和保障。

（2）微观的工程造价管理

微观的工程造价管理是指工程参建主体根据工程有关计价依据和市场价格信息等预测、计划、控制、核算工程造价的系统活动。

具体来说，就是指从货币形态来研究完成一定建筑安装产品的费用构成以及如何运用各种经济规律和科学方法，对建设项目的立项、筹建、设计、施工、竣工交付使用的全过程的工程造价进行合理确定和有效控制。

1.3.1.2　工程造价管理两种含义的关系

工程造价管理的两种含义既是一个统一体，又是相互区别的，主要的区别包括以下两点。

（1）管理性质不同

宏观的工程造价管理属于投资管理范畴，微观的工程造价管理属于价格管理范畴。

（2）管理目标不同

作为项目投资费用管理，在进行项目决策和实施过程中，追求的是决策的正确性，关注的是项目功能、工程质量、投资费用、能否按期或提前交付使用。作为工程价格管理，关注的是工程的利润成本，追求的是较高的工程造价和实际利润。

1.3.2　工程造价管理的范围

国际造价工程联合会于 1998 年 4 月在专业大会上提出了全面工程造价管理的概念，明确了工程造价管理的范围。全面工程造价管理（Total Cost Management，TCM）是指有效地利用专业知识和专门技术，对资源、成本、盈利和风险进行计划和控制，范围包括工程全过程造价管理、全要素造价管理、全风险造价管理和全团队造价管理。

（1）全过程造价管理

全过程造价管理是指对于基本建设程序中规定的各个阶段实施的造价管理，主要内容包括：决策阶段的项目策划、投融资方案分析、投资估算以及经济评价；设计阶段的方案比选、限额设计以及概预算编制；建设准备阶段的发承包模式及合同形式的选择、招标控制价和投标报价的编制；施工阶段的工程计量、工程变更控制与索赔管理、工程结算；竣工验收阶段的竣工决算。

全过程造价管理是通过对建设项目的决策阶段、设计阶段、施工阶段和竣工验收阶段的造价管理，将工程造价发生额控制在预期的限额之内，即投资估算控制设计概算，设计概算控制施工图预算，施工图预算控制工程结算，并对各阶段产生的造价偏差进行及时的纠正，以确保工程项目投资目标的顺利实现。

（2）全要素造价管理

全要素造价管理是指对于项目基本建设过程中的主要影响因素进行集成管理，主要内容包括对建设项目的建造成本、工期成本、质量成本、环境与安全成本的管理。

工程的工期、质量、造价、安全是保证建设项目顺利完成、达到项目管理目标的重要因素。而工程的质量、工期、安全对工程项目的造价也有着显著的影响，如保证或合理缩短工期、严格控制质量和安全，可以有效节约建造成本，达到项目的投资目标。因此，要实现全要素的造价管理，就要对各个要素的造价影响情况、影响程度以及影响的发展趋势进行分析预测，协调和平衡这些要素与造价之间的对立统一关系，以保证造价影响要素的有效控制。

（3）全风险造价管理

全风险造价管理是指对于各个建设阶段中影响造价的不确定性因素集合，增强主观防范风险意识，客观分析预见各种可能发生的风险，提前做好风险的预案评估，及时处理所发生的风险，并采取各种措施减低风险所造成的损失。主要内容包括：风险的识别、风险的评估、风险的处理以及风险的监控。

由于项目风险并不是一成不变的，最初识别并确定的风险事件及风险性造价可能会随着实施条件的变化而变化，因此，当项目的环境与条件发生急剧变化以后，需要进一步识别项目的新风险，并对风险性造价进行确定，这项工作需要反复进行多次，直至项目结束为止。

（4）全团队造价管理

全团队造价管理是指建设项目的参建各方均应对于工程实施有效的造价管理，即工程造价管理是政府建设主管部门、行业协会、建设单位、监理单位、设计单位、施工单位以及工程咨询机构的共同任务，又可称为全方位造价管理。

全团队造价管理主要是通过工程参建各方，如业主、监理方、设计方、施工方以及材料设备供应商等利益主体之间形成的合作关系，做到共同获利，实现双赢。要求各个利益集团的人员进行及时的信息交流，加强各个阶段的协作配合，才能最终实现有效控制工程造价的目标。

综上所述，在工程造价管理的范围中，全过程、全要素、全风险造价管理是从技术层面上开展的全面造价管理工作，全团队造价管理是从组织层面上对所有项目团队的成员进行管理的方法，为技术方面的实施提供了组织保障。

1.3.3 工程造价管理的内容

工程造价管理的核心内容就是合理确定和有效控制工程造价，二者存在着相互依存、相互制约的辩证关系。工程造价的确定是工程造价控制的基础和载体，工程造价的控制贯穿于工程造价确定的全过程，只有通过建设各个阶段的层层控制才能最终合理地确定造价，确定和控制工程造价的最终目标是一致的，二者相辅相成。

1.3.3.1 合理确定工程造价

是指在建设过程的各个阶段，合理进行工程计价，也就是在基本建设程序各个阶段，合理确定投资估算、设计概算、施工图预算、施工预算、工程结算和竣工决算造价。

（1）决策阶段合理确定投资估算价

投资估算的编制阶段是项目建议书及可行性研究阶段，编制单位是工程咨询单位，编制依据主要是投资估算指标。其作用是：在基本建设前期，建设单位向国家申请拟立建设项目或国家对拟立项目进行决策时，确定建设项目的相应投资总额而编制的经济文件，投资估算是作为资金筹措和申请贷款的主要依据。

（2）设计阶段合理确定设计概算价

设计概算的编制阶段是设计阶段，编制单位是设计单位，编制依据主要是：初步设计图纸，概算定额或概算指标、各项费用定额或取费标准。其作用是：确定建设项目从筹建到竣工验收、交付使用的全部建设费用的文件；根据设计总概算确定的投资数额，经主管部门审批后，就成为该项工程基本建设投资的最高限额。

（3）建设准备阶段合理确定施工图预算价

施工图预算的编制阶段是施工图设计完成后的建设准备阶段，编制单位是施工单位，编制依据主要是：施工图纸、施工组织设计和国家规定的现行工程预算定额、单位估价表及各项费用的取费标准、建筑材料预算价格、建设地区的自然和技术经济条件等资料。其作用是：由施工图预算可以确定招标控制价、投标报价和承包合同价；施工图预算是编制施工组织设计、进行成本核算的依据，也是拨付工程款和办理竣工结算的依据。

（4）施工阶段合理确定施工预算价

施工预算的编制阶段是施工阶段，编制单位是施工项目经理部或施工队，编制依据主要是：施工图、施工定额（包括劳动定额、材料和机械台班消耗定额）、单位工程施工组织设计或分部（项）工程施工过程设计和降低工程成本技术组织措施等资料。其作用是：施工企业内部编制施工、材料、劳动力等计划和限额领料的依据，同时也是考核单位用工、进行经济核算的依据。

（5）竣工验收阶段合理确定工程结算价和竣工决算价

工程结算的编制阶段是在工程项目建设的收尾阶段，编制单位是施工单位，编制依据主要是：施工过程中现场实际情况的记录、设计变更通知书、现场工程更改签证、预算定额、材料预算价格和各项费用标准等资料。其作用是：向建设单位办理结算工程价款，取得收入，用以补偿施工过程中的资金耗费，确定施工盈亏的经济文件。工程结算价是该结算工程的实际建造价格。

竣工决算的编制阶段是在竣工验收阶段，是建设项目完工后，由建设单位编制的建设项目从筹建到建成投产或使用的全部实际成本的技术经济文件。它反映了工程项目建成后交付使用的固定资产及流动资金的详细情况和实际价值，是建设项目的实际投资总额。

1.3.3.2　有效控制工程造价

有效控制工程造价就是在优化建设方案、设计方案的基础上，在基本建设程序的各个阶段，采用一定的科学有效的方法和措施把工程造价所发生的费用控制在核定的造价限额合理范围以内，随时纠正其发生的偏差，以保证工程造价管理目标的实现。

（1）工程造价的有效控制过程

工程造价的有效控制如图1.4所示。图中表明，工程造价的有效控制是指每一个阶段的造价额都在其上一个阶段造价额的控制范围内，以投资估算控制设计概算，设计概算控制施工图预算，施工图预算控制工程结算，反之，即为"三超现象"，是工程造价管理的失控现象。

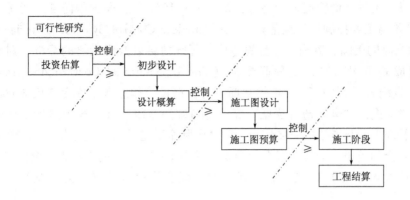

图 1.4 工程造价有效控制图

（2）工程造价的有效控制原则。

工程造价的有效控制应遵循如下原则。

1）工程建设全过程造价控制应以设计阶段为重点。

工程造价控制关键在于投资决策和设计阶段，在项目投资决策后，控制工程造价的关键在于设计，设计质量将决定着整个工程建设的效益。

2）变被动控制为主动控制工程造价，提高控制效果。

主动控制是积极的，被动控制是不可缺少的，两者相辅相成，重在目标的实现。对于工程造价控制，不仅要反映投资决策、设计、发包和施工，进行被动的控制；更重要的是能动地影响投资决策、设计、发包和施工，主动地控制工程造价。

3）加强技术与经济相结合，控制工程造价。

工程造价的控制应从组织、技术、经济、合同管理等多方面采取措施，从组织上明确项目组织结构以及管理职能分工；从技术上重视设计方案的选择，严格审查设计资料及施工组织设计；从经济上要动态地比较工程造价的计划值和实际值，对发现的偏差及时纠正；从合同上要做好工程的变更和索赔管理。

1.4　工程造价管理的发展

1.4.1　国外工程造价管理的发展概况

随着社会的发展，世界各国越来越重视工程造价管理的发展，但是因各国发展水平、具体国情的不同，工程造价管理并没有形成统一的模式，在不同的区域有不同的方式和管理形式，各国工程造价管理的现状和发展前景也各有特色。随着国际建筑业的发展，美国、英国和日本等国家的工程造价管理已在科学化、规范化、程序化的轨道上运行，已形成了许多值得借鉴的国际惯例。

1.4.1.1　美国工程造价管理的发展概况

（1）发展过程

1956 年，美国造价工程师协会（American Association of Cost Engineers—AACE）正

式成立，促进了工程造价管理理论与方法的完善；1967年，美国国防部、能源部等制订了《工程项目造价与工期控制系统规范》（Cost/Schedule Control Systems Criteria—C/SCSC）；1976年，由当时的美国、英国、荷兰的造价工程师协会以及墨西哥的经济、财务与造价工程学会发起成立了国际造价工程联合会（The International Cost Engineering Council—ECEC）；20世纪80年代末至90年代初期，工程造价管理进入了综合与集成阶段，美国工程造价管理学界提出"全面造价管理"等理论与方法；1992年，美国造价工程师协会为推动全面造价管理理论与方法的发展，更名为"国际全面造价管理促进协会"；1998年，国际造价工程联合会的委员会全体会议在美国新新纳提举行，会议的主题为"全面造价管理—21世纪的工程造价管理技术"。自此，国际上的工程造价管理研究与实践进入了一个全新的阶段。

（2）现状与特点

美国的建筑业十分发达，具有投资多元化和高度现代化、智能化的建筑技术与管理相结合的行业特点，拥有世界最为发达的市场经济体系，而美国的工程造价管理正是建立在高度发达的自由竞争市场经济基础之上的。

美国的建设工程主要分为政府投资和私人投资两大类，其中，私人投资工程占到整个建筑业投资总额的60%～70%。美国没有主管建筑业的政府部门，因而也没有主管工程造价咨询业的专门政府部门，工程造价咨询业完全由行业协会管理。工程造价咨询业涉及多个行业协会，如美国土木工程师协会、总承包商协会、建筑标准协会、工程咨询业协会、国际工程造价促进会等。

美国建设项目工程造价管理的参与主体主要包括：①政府部门。同对其他产品一样，政府部门对于工程造价采取的也是一种间接的管理方式。②私人工程业主。美国私人工程的业主分布于各行各业，如汽车、娱乐、银行业等，业主一般都是委托社会上的估算公司、工程咨询公司等来进行工程造价管理。③建筑师和工程师，也称为设计专业人员。在美国，有许多建筑师和工程师在公共机构和大型的私营机构工作，也有许多建筑师、工程师私人注册的独立设计公司，根据签订的合同完成设计工作。④承包商。承包商一般均在项目的中期和后期开始介入，承包商对成本费用的划分非常详细。⑤建设经理。建设经理是一些建筑施工、工程管理及经济学方面的专家，作为代理人受雇于业主，主要的工作是在施工阶段，对建筑师、工程师和承包商进行管理、监督和协调。

美国工程造价管理的特点是：①已形成较完备的法律及信誉保障体系。美国的工程造价管理是建立在相关的法律制度基础上的，而且美国的工程造价咨询企业自身具有较为完备的合同管理体系和完善的企业信誉管理平台。②已形成较成熟的社会化管理体系。美国的相关政府管理机构对整个工程造价行业的发展进行宏观调控，工程造价咨询业主要依靠政府和行业协会的共同管理与监督，实行"小政府、大社会"的行业管理模式。③拥有现代化管理手段。美国在工程造价管理方面对信息技术的广泛应用，使工程造价咨询公司收集、整理和分析各种复杂、繁多的工程项目数据成为可能，同时也可及时、准确地提供市场信息。④已形成完全市场化的工程造价管理模式。在美国，并没有全国统一的工程量计算规则和计价依据，是由各级政府部门制定各自管辖的政府投资工程相应的计价标准，承包商根据自身积累的经验进行报价，工程造价咨询公司依据自身积累的造价数据和市场信息，协助业主和承包商对工程项目提供全过程、全方位的管理与服务。

1.4.1.2 英国工程造价管理的发展概况

(1) 发展过程

工程造价管理在英国的专用名词是工料测量，英国的工料测量有着悠久的历史，可以追溯到 16 世纪，至今已有 400 年的历史。16 世纪，资本主义发展最早的英国诞生了工料测量师，工程造价管理初具雏形；1773 年，在爱丁堡出现了第一本工料测量规则；1886 年，英国皇家特许测量师协会（RICS）的成立，标志着现代工程造价管理专业的正式诞生；1918 年，经过工程实践，形成了全苏格兰的工料测量规则；1922 年，英格兰、威尔士也开始形成规范化的工料测量规则；1946 年，启用皇家特许工料测量师名称；1965 年，形成了全英国统一的工程量标准计量规则和工程造价管理体系，使工程造价管理工作形成了一个科学化、规范化的颇有影响的独立专业。20 世纪 80 年代末和 90 年代初，以英国工程造价管理学界为主，提出了"全生命周期造价管理（LIFE CYCLE COSTING——LCC）"的理念。目前在英国有 22 所大学设立了工程造价管理专业。

(2) 现状与特点

英国是世界上最早出现工程造价咨询行业并成立相关行业协会的国家，且其联邦成员国和地区分布较广，时至今日，其工程造价管理模式在世界范围内仍具有较强的影响力。在英国的工程造价咨询公司被称为工料测量师行，其经营的内容较为广泛，涉及建设工程全寿命期造价的各个领域。工料测量师行成立的条件必须符合政府或相关行业协会的有关规定，行业协会主要负责管理工程造价专业人才、编制工程造价计量标准，发布相关造价信息及造价指标。

英国同其他西方国家一样，根据建设项目投资来源的不同，分为政府投资工程和私人投资工程，尽管这两类工程分别采用不同的工程造价管理方法，但这些工程项目通常都需要聘请专业造价咨询公司即工料测量师行进行业务合作。对于政府投资工程是由政府有关部门负责管理，包括计划、采购、建设咨询、实施和维护，对从工程项目立项到竣工各个环节的工程造价控制都较为严格，遵循政府统一发布的价格指数，通过市场竞争，形成工程造价。在工程造价业务方面要求必须委托给相应的工料测量师行进行管理，而英国建设主管部门的工作重点则是制定有关政策和法律，以全面规范工程造价咨询行为。对于私人投资工程，政府通过相关的法律法规对此类工程项目的经营活动进行一定的规范和引导，只要在国家法律允许的范围内，政府一般不予干预。

英国工程造价管理的特点是：①政府的适度调控。政府投资的工程项目由财政部门依据不同类别工程的建设和造价标准，并考虑工程造价的其他影响因素等确定投资额；对于私人投资的项目政府不进行干预，投资者一般是委托中介组织进行投资估算。②合理的计价依据。英国无统一定额，工程量计算规则就成为参与工程建设的各方共同遵守的计量、计价的基本规则，投标报价原则上是工程量、单价合同（即 BQ 方式）。③市场化的动态估价和控制。英国的工程造价管理是通过立项、设计、招标签约、施工过程结算等阶段性工作，贯穿于工程建设的全过程，在既定的投资范围内随阶段性工作的不断深化使工期、质量、造价的预期目标得以实现。

1.4.1.3 日本工程造价管理的发展概况

(1) 发展过程

日本建设业素有"永久成长产业"和"经济的播种人"之称，是战后发展最快的产业部门之一，并在经济中占有重要的地位。1945年，民间成立"建筑积算事务所协会"，造价管理开始行业化；1967年，日本建筑工业经营研究会翻译了英国的"建筑工程标准计量方法"；1970年，日本建筑积算研究会花费了近10年的时间汇总了"建筑数量积算基准"，此后，经过多次修订和改编，使之日趋完善；1979年，日本建筑积算协会创立了建筑积算士制度；1990年，废除了建筑积算士制度，建立了建筑积算资格者制度，政府承认积算协会的全国统考，并对合格者授予"国家建筑积算士"的资格，自此开始了造价人员职业化进程。

（2）现状与特点

工程积算制度是日本工程造价管理所采用的主要模式，日本建筑积算协会作为全国工程咨询的主要行业协会，其主要的服务范围是：推进工程造价管理的研究，工程量计算标准的编制、建筑成本等相关信息的收集、整理与发布；专业人员的业务培训及个人执业资格准入制度的制定与具体执行等。

工程造价咨询公司在日本被称为工程积算所，主要由建筑积算师组成。工程积算所一般向委托方提供以工程造价管理为核心的全方位、全过程的工程咨询服务，其主要业务范围包括：工程项目的可行性研究、投资估算、工程量计算、单价调查、工程造价细算、标底价编制与审核、招标代理、合同谈判、变更成本积算，工程造价后期控制与评估等。

工程造价咨询行业由日本政府建设主管部门和日本建筑积算协会统一进行业务管理和行业指导。其中，政府建设主管部门负责制定发布工程造价政策、相关法律法规、管理办法，并对工程造价咨询业的发展进行宏观调控。

日本工程造价管理的特点是：①日本工程造价实行的是全过程管理，从调查阶段、计划阶段、设计阶段、施工阶段、监理检查阶段、竣工阶段直至保修阶段均严格管理。②日本建筑学会成本计划分会制定了日本建筑工程分部分项定额，编制了工程费用估算手册，并根据市场价格波动变化情况进行定期修改，实行动态管理。③日本政府有关部门对所投资的公共建筑、政府办公楼、体育设施、学校、医院、公寓等项目，除负责统一组织编制并发布计价依据以确定工程造价外，还对这些公建项目的工程造价实施全过程的直接管理。

综上所述，国外工程造价管理的特点是：①政府间接的调控行之有效；②工程造价的计价依据有章可循；③工程造价信息可通过多渠道发布；④采用量价分离的工程造价计价方法进行动态估价；⑤工程造价管理拥有发达的工程造价咨询业，实行通用的合同文本；⑥对工程造价的管理是以市场为中心的动态控制过程。

1.4.2 我国工程造价管理的发展

1.4.2.1 我国工程造价管理的发展阶段

我国工程造价管理的发展大致经过了六个阶段。

（1）第一阶段：1950—1957年，工程建设定额管理的建立阶段

随着第一个五年计划开始，国家进入大规模经济建设时期，这个时期主要是吸收了苏联的建设经验和管理方法，建立了"三性一静"的概预算制度，核心内容是定额的统一性、综合性、指令性及工、料、机价格的静态性，实行集中管理为主的分级管理，同时也要求加强施工企业内部的定额管理。这个阶段面对大规模的经济建设，缺乏工程估价经验，缺少专业人才，使定额的编制和执行受到影响。

（2）第二阶段：1958—1966 年，工程建设定额管理的弱化阶段

1958 年开始，国家削弱、放松以至放弃了定额的管理。1958 年 6 月中央将概预算定额管理权全部下放，造成全国计量规则和定额项目不统一；1965 年，基建体制发生了巨大的变化，废除甲、乙双方制，国家有关文件明确规定不再编制施工图预算，只算政治账，不算经济账，废除甲、乙双方每月按预算办理工程价款的结算办法；1966 年 1 月，试行建设公司工程负责制，改变承发包制度，并规定一般工程由建设部门按年投资额或预算造价划拨给建设公司，工程决算时多退少补。这个阶段概预算与定额权限全部下放，各级概预算部门被精简，概预算控制投资的作用被削弱，造成了投资失控现象普遍存在。

（3）第三阶段：1966—1976 年，工程建设定额管理发展的倒退阶段

十年动乱时期，国民经济走到了崩溃的边缘，概预算和定额管理机构被撤销，预算人员纷纷改行，大量基础资料被销毁，造成设计无概算、施工无预算、竣工无决算的状况。1967 年，建工部直属企业实行了经常费用制度，即施工企业在工程完工后直接向建设单位实报实销，否定了施工企业的性质，使施工企业变成了行政事业单位，虽然此制度于 1973 年 1 月被迫停止，恢复了建设单位与施工单位的施工图预算及工程结算制度，但工程计价管理已经遭到了严重的破坏。

（4）第四阶段：1976—1990 年，工程造价管理工作恢复、整顿和发展阶段

1976 年 10 月，十年动乱结束后，国家立即着手把全部经济工作转移到以提高经济效益为中心的轨道上来。1983 年 8 月成立了基本建设标准定额局，组织制定了工程建设概预算定额、费用标准及工作制度，概预算定额统一规口，1988 年划归建设部，成立了标准定额司，各省市、各部委建立了定额管理站。1990 年成立了中国建设工程造价管理协会，工程造价体制和管理得到了迅速的恢复和发展。这个阶段全国颁布了一系列推动工程造价管理发展的文件，并颁布了多项概预算定额及投资估算指标，我国在工程造价管理理论的建立与方法的研究实践方面均有了长足的进步与发展。

（5）第五阶段：1990—2003 年，工程造价管理体制改革和深化阶段

1990 年开始，工程管理制度逐步实行，但由于传统的定额管理遏制了竞争，抑制了相关企业的积极性与创造性，因此促进了我国对传统的概预算方法开始尝试改革，改革的具体内容是实行量、价分离，逐步建立起由工程定额作为指导的通过市场竞争形成工程造价的机制。1992 年，建设部提出"控制量、指导价、竞争费"的改革措施，改革的具体内容包括：实行工程量清单计价模式；加强工程造价信息的收集、处理和发布工作；对政府投资工程和非政府投资工程，实行不同的定价方式；逐步建立工程造价的监督检查制度。2000 年起，建设部在广东、吉林、天津等地率先实施工程量清单计价，经过 3 年试点实践后，于 2003 年 2 月 17 日发布了《建设工程工程量清单计价规范》（GB 50500—2003），并规定于 2003 提 7 月 1 日施行。

（6）第六阶段：2003—至今，工程造价管理实现了以市场机制为主导的新模式的阶段

2003 年 7 月，随着《建设工程工程量清单计价规范》（GB 50500—2003）的正式实施，更好地规范了建设市场秩序，真正体现了建筑市场竞争的公开、公平、公正原则，基本实现了从计划经济下的传统概预算制度到以市场机制为主导，由政府职能部门实行协调监督，与国际惯例全面接轨的工程造价管理的新模式的转变。2008 年 7 月 9 日，建设部发布了《建设工程工程量清单计价规范》（GB 50500—2008），并规定于 2008 年 12 月 1 日施行，同时宣布工程量清单计价 2003 规范废止。2008 清单计价规范在 2003 清单计价规范的基础上做

了补充和完善，不仅解决了清单计价从 2003 年执行以来存在的主要问题，同时也对清单计价的指导思想进行了进一步的深化，在"政府宏观调控、企业自主报价、市场形成价格"的基础上提出了"加强市场监管"的思路，以进一点强化清单计价的执行。2012 年 12 月 25 日，建设部发布了《建设工程工程量清单计价规范》(GB 50500—2013) 正式颁布，并规定于 2013 年 7 月 1 日施行，同时宣布 2008 清单计价规范废止。2013 清单计价规范在 2008 清单计价规范的基础上，从计量计价方法、工程合同价款约定、承发包双方风险、措施费的计算细化、工程价款的调整与结算等方面都做出了重大的调整与改革，使得工程量清单计价体系更加完善，更加适应建筑市场和工程实际的需求。

1.4.2.2 我国工程造价管理体制改革的主要任务

随着我国经济发展水平的不断提高以及工程量清单计价模式的不断完善，建筑市场价格运行机制的核心已由计划经济时期的基本概预算定额管理体制向工程造价管理体制转换，工程造价管理体制成为基本建设管理制度的重要组成部分。工程造价管理体制是指为了合理确定和有效控制工程造价、保证整个工程造价管理工作正常进行并取得良好的经济效益和社会效益，所制定的一系列工作程序、工作内容和工作方法。它包括各种计价定额的制定与管理，费用项目的组成，有关方针、政策、文件的制定与颁发，造价管理人员的资格培训与管理以及工程建设相关方在工程造价管理工作中的职责、权限和任务。

建立健全的工程造价管理体制对维持正常的基本建设秩序有着非常重要的意义，我国工程造价管理体制改革的目标是要在统一工程量计算规则和统一项目划分的基础上，遵循商品价值规律，建立以市场形成价格为主的价格机制，企业依据政府和社会咨询机构提供的市场价格信息和造价指数，结合企业自身实际情况，自主报价，通过市场价格机制的运行，形成统一、协调、有序的工程造价管理体系，达到合理使用投资、有效控制工程造价、取得最佳投资效益的目的，并逐步建立起适应社会主义市场经济体制，符合中国国情与国际惯例接轨的工程造价管理体制。

我国工程造价管理体制改革的主要任务如下。

1) 建立健全工程造价管理计价依据。通过加强对建设各阶段计价依据的编制工作，完善定额体系，适时加以动态调整，使其专业涵盖面广、涉及功能完备、应用方便简捷。

2) 健全法律法规体系并规范工程造价行为。在已有法律法规的基础上进一步完善，把工程造价管理以适当的法律文本予以确认，形成政府通过市场来调控企业，通过法规来规范建设各方行为的体系，实行"以法治价"。

3) 用动态的方法研究和管理工程造价。通过各地区造价管理机构定期公布人工、设备材料、机械台班的价格指数及各类工程价格指数，建立工程造价管理信息系统，体现项目工程投资的时间价值，动态地进行建设全过程工程造价管理。

4) 健全工程造价管理机构，充分发挥引导、管理、监督和服务的职能。通过构建以政府管理部门实施政策指导和宏观调控、以造价管理协会实施信息服务和监督检查、以合法的造价中介机构进行客观计价的体系，实现从政府直接管理到间接管理、从政府行政管理到法规管理、从造价事后管理到全过程管理的科学体系。

5) 健全工程造价管理人员的资格与考核认证，加强培训提高人员素质。造价工程师的执业资格制度是工程造价管理的一项基本制度，由于工程造价工作牵涉到技术、经济、法律法规及管理知识，因此只有通过了造价工程师的执业资格考试并在造价相关单位注册的人员，方可以专业造价管理人员的身份从事工程造价管理工作。

6）全方位适应工程造价管理的国际化、信息化和专业化发展趋势。国内市场国际化以及国内外市场的全面融合，使得我国工程造价管理的国际化成为一种趋势，同时伴随着计算机和互联网技术的普及，全国性的工程造价管理信息化已成必然趋势，而经过长期的市场细分和行业分化，未来工程造价咨询企业应向更加适合自身特长的专业方向发展，因此，我国工程造价咨询企业必须通过提高国际化、信息化和专业化水平来适应这些发展要求。

1.4.3 工程造价管理专业人员管理制度

在我国，工程造价管理专业人员主要是指注册造价工程师和助理造价工程师。造价工程师是指通过全国造价工程师统一执业资格考试，或者通过资格认定或资格互认，取得中华人民共和国造价工程师执业资格，按有关规定进行注册并取得中华人民共和国造价工程师注册证书和执业印章，从事工程造价活动的专业人员。助理造价工程师是在《住房城乡建设部标准定额司 2016 年工作要点》中明确提出的，文中提出"会同人力资源和社会保障部完成造价员制度取消后转为助理造价工程师工作，做好制度转换的平稳过渡。完善造价工程师考试和注册制度。"在造价员升级为助理造价工程师后，原造价员资格考试、注册将与造价工程师考试、注册并轨，改变过去同一岗位系列实行不同管理模式的做法，以便于国家对造价行业的统一管理。

1.4.3.1 造价工程师执业资格制度

为了提高造价管理人员的素质，加强对工程造价的管理，确保工程造价管理工作质量的提高，维护国家和社会公共利益，1996 年，人事部和建设部颁布了《造价工程师执业资格制度暂行规定》，国家开始实施造价工程师执业资格制度。

(1) 造价工程师执业资格考试

1997 年，人事部和建设部在全国部分省市设立了造价工程师考试试点，在总结试点经验的基础上，1998 年 1 月，人事部和建设部下发了《关于实施造价工程师执业资格考试有关问题的通知》，并于当年开始在全国实施造价工程师执业资格考试。

1) 报考条件。凡中华人民共和国公民，遵纪守法并具备以下条件之一者，均可申请参加造价工程师执业资格考试：①工程造价专业大专毕业，从事工程造价业务工作满 5 年；工程或工程经济类大专毕业，从事工程造价业务工作满 6 年。②工程造价专业本科毕业，从事工程造价业务工作满 4 年；工程或工程经济类本科毕业，从事工程造价业务工作满 5 年。③获上述专业第二学士学位或研究生班毕业和获硕士学位，从事工程造价业务工作满 3 年。④获上述专业博士学位，从事工程造价业务工作满 2 年。

2) 考试科目。造价工程师执业资格考试分四个科目：《建设工程造价管理》、《建设工程计价》、《建设工程技术与计量》、《建设工程造价案例分析》。其中《建设工程技术与计量》分为"土木建筑工程"与"安装工程"两个子专业，报考人员可根据工作实际选报其一。

3) 执业资格证书取得。全国造价工程师执业资格考试每年举行一次，全国统一组织、统一命题，采用滚动管理，共设 4 个科目，单科滚动的周期为 2 年，即报考 4 个科目考试的人员，必须在连续 2 个考试年度内通过应试科目，方可获得造价工程师执业资格证书。

(2) 造价工程师执业资格注册

造价工程师执业资格实行注册执业管理制度，取得执业资格的人员，经过注册方能以注册造价工程师的名义执业。

1）注册管理部门。建设部及各省、自治区、直辖市和国务院有关部门的建设行政主管部门为造价工程师的注册管理机构。①国务院建设主管部门作为造价工程师注册机关，负责全国注册造价工程师的注册和执业活动，实施统一的监督管理工作。②各省、自治区、直辖市人民政府建设主管部门对本行政区域内作为造价工程师的省级注册、执业活动初审机关，对其行政区域内造价工程师的注册、执业活动实施监督管理。③国务院铁道、交通、水利、信息产业等相关专业部门作为造价工程师的注册初审机关，负责对其管辖范围内造价工程师的注册、执业活动实施监督管理。

2）注册条件。造价工程师注册必须具备的条件包括：①取得造价工程师执业资格；②受聘于一个工程造价咨询企业或者工程建设领域的建设、勘察设计、施工、招标代理、工程监理、工程造价管理等单位；③没有不予以注册的情形。

3）注册程序。①初始注册。取得造价工程师执业资格证书的人员，可自资格证书签发之日起 1 年内申请初始注册，逾期未申请者，须符合继续教育的要求后方可申请初始注册，初始注册的有效期为 4 年。②延续注册。注册造价工程师注册有效期满需要继续执业的，应当在注册有效期满 30 日前，按照规定的程序申请延续注册，延续注册的有效期为 4 年。③变更注册。在注册有效期内，注册造价工程师变更执业单位的，应当与原聘用单位解除劳动合同，并按照规定的程序办理变更注册手续，变更注册后延续原注册有效期。

4）注册证书和执业印章。注册证书和执业印章是由注册机关核发的注册造价工程师执业凭证，应当由注册造价工程师本人保管、使用。注册造价工程师遗失注册证书、执业印章的，应当在公众媒体上声明作废后，按照规定的程序申请补发。

（3）注册造价工程师执业

1）执业范围。①建设项目建议书和可行性研究阶段投资估算的编制和审核以及项目的经济评价；②工程概预算和竣工结算的编制与审核；③工程量清单、标底、招标控制价、投标报价的编制与审核，工程合同价款的签订及变更、调整工程款支付与工程索赔费用的计算；④建设项目管理过程中设计方案的优化、限额设计等工程造价分析与控制，工程保险理赔的核查以及工程经济纠纷的鉴定。

2）执业权利。①使用注册造价工程师名称；②依法独立执行工程造价业务；③在本人执业活动中形成的工程造价成果文件上签字并加盖执业印章；④发起设立工程造价咨询企业；⑤保管和使用本人的注册证书和执业印章；⑥参加继续教育。

3）执业义务：①遵守法律、法规、有关规定，恪守职业道德；②保证执业活动成果的质量；③接受继续教育，提高执业水平；④执行工程造价计价标准和计价方法；⑤与当事人有利害关系的，应当主动回避；⑥保守在执业活动中知悉的国家秘密和他人的商业、技术秘密。

（4）注册造价工程师继续教育

继续教育是注册造价工程师持续执业资格的必备条件之一，应贯穿于造价工程师的整个执业过程，注册造价工程师有义务接受并按要求完成继续教育。

1）继续教育的要求。注册造价工程师在每一注册有效期内应接受必修课和选修课各为60 学时的继续教育，继续教育达到合格标准的，颁发继续教育合格证明。注册造价工程师的继续教育由中国建设工程造价管理协会负责组织、管理、监督和检查。

2）继续教育的内容。与工程造价有关的方针政策、法律法规和标准规范，工程造价管理的新理论、新方法、新技术等。

3）继续教育的形式。①参加中国建设工程造价管理协会或各省级和部门管理机构组织的注册造价工程师网络继续教育学习，按在线学习课件记录的时间计算学时；②参加中国建设工程造价管理协会或各省级和部门管理机构组织的注册造价工程师集中面授培训及各种类型的培训班、研讨会等，每半天可认定 4 个学时；③中国建设工程造价协会认可的其他形式，由协会认定学时。

1.4.3.2　造价工程师的管理制度

（1）造价工程师的素质要求

造价工程师应具备良好的专业和身体素质，具体要求主要包括以下几个方面。

1）造价工程师应是具备工程、经济和管理知识与实践经验的高素质复合型工程造价专业管理人才。

2）造价工程师应具备应用专业知识、实践经验、工作方法和技能解决造价管理问题的技术技能。

3）造价工程师具有面对机遇与挑战积极进取、勇于开拓的精神，了解自己在组织中的作用与地位，使自己能按整个组织的目标行事，具备一定的组织管理能力。

4）造价工程师应具有适应紧张繁忙的造价管理工作所需的健康的心理和良好的身体素质。

（2）造价工程师的职业道德

职业道德，又称作职业操守，是指在职业活动中所遵守的行为规范的总称，是专业人士必须遵从的道德标准和行业规范，造价工程师职业道德行为准则的具体要求包括以下几个方面。

1）遵守国家法律、法规和政策，执行行业自律性规定，珍惜职业声誉，自觉维护国家和社会公共利益。

2）遵守"诚信、公正、精业、进取"的原则，以高质量的服务和优秀的业绩，赢得社会和客户对造价工程师职业的尊重。

3）勤奋工作，独立、客观、公正、正确地出具工程造价成果文件，使客户满意。

4）诚实守信，尽职尽责，不得有欺诈、伪造、作假等行为。

5）尊重同行，公平竞争，搞好同行之间的关系，不得采取不正当的手段损害、侵犯同行的权益。

6）廉洁自律，不得索取、收受委托合同约定以外的礼金和其他财物，不得利用职务之便谋取其他不正当的利益。

7）造价工程师与委托方有利害关系的应当回避，委托方有权要求其回避。

8）知悉客户的技术和商务秘密，负有保密义务。

9）接受国家和行业自律性组织对其职业道德行为的监督检查。

（3）注册造价工程师的违规行为

1）擅自从事工程造价业务的行为。是指未经注册，以注册造价工程师的名义从事工程造价业务活动的行为。

2）违规注册的行为。①隐瞒有关情况或者提供虚假材料申请造价工程师注册的；②聘用单位为申请人提供虚假注册材料的；③以欺骗、贿赂等不正当手段取得造价工程师注册的。④未按照规定办理变更注册仍继续执业的行为。

3）违规执业的行为。①不履行注册造价工程师的义务；②在执业过程中索贿、受贿或者谋取合同约定费用外的其他利益；在执业过程中实施商业贿赂；③签署有虚假记载、误导性陈述的工程造价成果文件；④以个人名义承接工程造价业务或者允许他人以自己名义从事工程造价业务；同时在两个或者两个以上单位执业；⑤涂改、倒卖、出租、出借或以其他形式非法转让注册证书或执业印章；⑥法律、法规、规章禁止的其他行为。

4）注册造价工程师或者其聘用单位未按照要求提供造价工程师信用档案信息的行为

1.4.3.3 助理造价工程师管理制度

（1）助理造价工程师制度的建立

1）2005 年 9 月 16 日，由地方概预算员转变为全国造价员。2005 年 9 月 16 日，中华人民共和国建设部办公厅发布了《关于统一换发概预算人员资格证书事宜的通知》（建办标函 [2005] 558 号文），通知中要求为了进一步理顺和规范工程造价专业人才队伍结构，将各省市概预算人员资格命名为"全国建设工程造价员资格"。

2）2011 年 11 月 8 日，赋予了造价员全国从业资格的地位。2011 年 11 月 8 日，中国建设工程造价管理协会发布了《全国建设工程造价员管理办法》（中价协 [2011] 021 号文），其中明确提出全国建设工程造价员是指通过造价员资格考试，取得《全国建设工程造价员资格证书》，并经登记注册取得从业印章，从事工程造价活动的专业人员，并明确提出资格证书和从业印章是造价员从事工程造价活动的资格证明和工作经历证明，造价员资格证书在全国范围内有效。

3）2016 年 1 月 20 日，取消全国建设工程造价员资格。2016 年 1 月 20 日，国务院关于取消一批职业资格许可和认定事项的决定（国发〔2016〕5 号文），明确取消了全国建设工程造价员资格。本次变革旨在整顿造价行业市场，去除市场紊乱秩序，合并发证单位，并提高造价行业从业标准人员素质。

4）造价员职业资格制度的实施，对建筑造价人员准入质量的把关确实起到了一些积极的作用，但也显现出原考试管理制度存在着发证机构过多、管理不严格的缺陷，使得造价员证书失去公信力，影响了业内生态，淡化了证书价值。因此，2015 年 12 月 14 日至 16 日，全国工程造价管理工作会议在合肥召开，会议提出了造价员拟转助理造价工程师方案。

（2）助理造价工程师制度建立的意义

助理造价工程师执业资格制度的建立，一方面是简政放权、深化行政审批制度改革的体现；改革完善职业资格制度，进一步规范造价专业人员职业资格管理，通过完善造价工程师执业资格制度，调整和优化等级设置、报考条件、专业划分等内容，健全人才培养机制，是推动职业资格制度健康发展的必然要求。另一方面也是提升门槛，严格管理行业准入制度的体现。升级为助理造价工程师后，将会有更为健全的考试管理办法，统一考试，统一管理，证书的价值得到保障，考试也将更为正规、严格、有序。

（3）助理造价工程师考试制度

1）报考条件及免试条件。①凡遵守国家法律、法规，恪守职业道德，且具备下列条件之一者，可申请参加全国建设工程造价员资格考试：工程造价专业，中专及以上学历；其他专业，中专及以上学历并在工程造价岗位上工作满一年。②部分科目免试条件。工程造价专业大专及以上学历者和申请第二专业考试者，可申请免试《工程造价相关法规、计价与控制》。

2）考试科目及专业方向。①考试科目为《工程造价相关法规、计价与控制》（原《建设工程造价管理基础知识》）和《工程计量与计价实务》。②造价员转为助理造价工程师后，专业方向往造价工程师科目靠拢。由原来的建筑工程、装饰装修工程、安装工程、市政工程、园林绿化工程、矿山工程等多方向，简化为土木建筑工程（原土建与装饰装修、装饰装修、市政工程专业）和安装工程（原安装管道、安装电气、安装通风专业）两个方向。

3）考试成绩管理。①参加造价员考试已经通过的考生颁发《全国建设工程造价员资格证书》，通过继续教育后直接转为助理工程师。②没有通过造价员考试或只有一科通过的考生，根据个人情况去各地区进行过渡考。③2016 年助理造价工程师资格考试成绩为滚动管理，参加考试的人员须在连续两个考试年度内通过所选专业的全部应试科目方为合格。

1.4.4　工程造价咨询企业管理制度

工程造价咨询企业，是指接受委托，对建设项目投资、工程造价的确定与控制提供专业咨询服务的企业。

1.4.4.1　工程造价咨询企业资质等级标准

工程造价咨询企业应当依法取得工程造价咨询企业资质，并在其资质等级许可的范围内从事工程造价咨询活动。任何单位和个人不得非法干预依法进行的工程造价咨询活动，工程造价咨询企业资质等级分为甲级、乙级。

（1）甲级工程造价咨询企业资质标准

1）已取得乙级工程造价咨询企业资质证书满 3 年；

2）企业出资人中，注册造价工程师人数不低于出资人总人数的 60%，且其出资额不低于企业注册资本总额的 60%；

3）技术负责人已取得造价工程师注册证书，并具有工程或工程经济类高级专业技术职称，且从事工程造价专业工作 15 年以上；

4）专职从事工程造价专业工作的人员（以下简称专职专业人员）不少于 20 人，其中，具有工程或者工程经济类中级以上专业技术职称的人员不少于 16 人；取得造价工程师注册证书的人员不少于 10 人，其他人员具有从事工程造价专业工作的经历；

5）企业与专职专业人员签订劳动合同，且专职专业人员符合国家规定的职业年龄（出资人除外）；

6）专职专业人员人事档案关系由国家认可的人事代理机构代为管理；

7）企业注册资本不少于人民币 100 万元；

8）企业近 3 年工程造价咨询营业收入累计不低于人民币 500 万元；

9）具有固定的办公场所，人均办公建筑面积不少于 $10m^2$；

10）技术档案管理制度、质量控制制度、财务管理制度齐全；

11）企业为本单位专职专业人员办理的社会基本养老保险手续齐全；

12）在申请核定资质等级之日前 3 年内无本办法第二十七条禁止的行为。

（2）乙级工程造价咨询企业资质标准

1）企业出资人中，注册造价工程师人数不低于出资人总人数的 60%，且其出资额不低于注册资本总额的 60%；

2）技术负责人已取得造价工程师注册证书，并具有工程或工程经济类高级专业技术职称，且从事工程造价专业工作 10 年以上；

3）专职专业人员不少于 12 人，其中，具有工程或者工程经济类中级以上专业技术职称的人员不少于 8 人；取得造价工程师注册证书的人员不少于 6 人，其他人员具有从事工程造价专业工作的经历；

4）企业与专职专业人员签订劳动合同，且专职专业人员符合国家规定的职业年龄（出资人除外）；

5）专职专业人员人事档案关系由国家认可的人事代理机构代为管理；

6）企业注册资本不少于人民币 50 万元；

7）具有固定的办公场所，人均办公建筑面积不少于 10 平方米；

8）技术档案管理制度、质量控制制度、财务管理制度齐全；

9）企业为本单位专职专业人员办理的社会基本养老保险手续齐全；

10）暂定期内工程造价咨询营业收入累计不低于人民币 50 万元；

1.4.4.2　工程造价咨询企业管理

（1）工程造价咨询企业资质有效期

有效期为 3 年，资质有效期届满，需要继续从事工程造价咨询活动的，应当在资质有效期届满 30 日前向资质许可机关提出资质延续申请，资质许可机关应当根据申请作出是否准予延续的决定，准予延续的，资质有效期延续 3 年。

（2）工程造价咨询企业的业务范围

工程造价咨询企业可以对建设项目的组织实施进行全过程或者若干阶段的管理和服务。甲级工程造价咨询企业可以从事各类建设项目的工程造价咨询业务，乙级工程造价咨询企业可以从事工程造价 5000 万元人民币以下的各类建设项目的工程造价咨询业务。

（3）工程造价咨询企业的业务内容

工程造价咨询企业可从事的业务内容包括：①建设项目建议书及可行性研究投资估算、项目经济评价报告的编制和审核；②建设项目概预算的编制与审核，并配合设计方案比选、优化设计、限额设计等工作进行工程造价分析与控制；③建设项目合同价款的确定（包括招标工程工程量清单和标底、投标报价的编制和审核）；④合同价款的签订与调整（包括工程变更、工程洽商和索赔费用的计算）及工程款支付、工程结算及竣工结（决）算报告的编制与审核等；⑤工程造价经济纠纷的鉴定和仲裁的咨询；⑥提供工程造价信息服务等。

（4）工程造价咨询企业的违规行为

工程造价咨询企业从事工程造价咨询活动，应当遵循独立、客观、公正、诚实信用的原则，不得损害社会公共利益和他人的合法权益，不得有下列行为。

1）涂改、倒卖、出租、出借资质证书，或者以其他形式非法转让资质证书；

2）超越资质等级业务范围承接工程造价咨询业务；

3）同时接受招标人和投标人或两个以上投标人对同一工程项目的工程造价咨询业务；

4）以给予回扣、恶意压低收费等方式进行不正当竞争；

5）转包承接的工程造价咨询业务；

6）法律、法规禁止的其他行为。

思 考 题

1.1　简述建设项目的分解层次。

1.2　简述建设项目的基本建设程序。

1.3　简述工程造价的定义及其特点。

1.4　简述工程造价管理的定义及其特点。

1.5　简述工程造价管理的内容。

1.6　简述我国工程造价管理的发展阶段。

1.7　简述造价工程师的素质要求。

1.8　请结合当前政策，阐述助理造价工程师考试制度。

2 工程造价的构成与计算

【本章学习要点】

◆ 掌握：国产设备购置费的构成与计算、进口设备购置费的构成与计算、建筑安装工程费用两种划分方式的构成与计算、预备费的构成与计算。

◆ 熟悉：建设项目总投资的构成、固定资产投资的构成、我国现行工程造价费用的构成、工程建设其他费用的构成、建设期贷款利息的计算。

◆ 了解：工器具及生产家具购置费用的构成与计算、建设用地费的计算、与项目建设有关的其他费用的计算、与未来企业生产经营有关的其他费用的计算。

2.1 概　　述

工程造价的构成是指项目建设全过程中所需花费的各类费用的分配和归集，确定工程造价的构成是准确计算和有效控制工程造价的重要前提。

2.1.1 建设项目总投资的构成

(1) 建设项目总投资

建设总投资是指投资主体为获取预期收益，在选定的建设项目上投入所需的全部资金。根据投资用途不同，建设项目可划分为生产性建设项目和非生产性建设项目两类，其中，生产性建设项目总投资包括固定资产投资和包含铺底流动资金在内的流动资产投资，而非生产性建设项目总投资只包括固定资产投资，不含流动资产投资。建设项目按投资用途不同划分的总投资构成如图 2.1 所示。

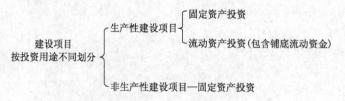

图 2.1　建设项目按投资用途不同划分的总投资构成

固定资产投资是指投资主体为了特定的目的，以达到预期收益或效益的资金垫付行为。

在我国，建设项目的固定资产投资也就是建设项目的广义工程造价，二者在量上是等同的，而建设项目的建筑安装工程投资也就是建设项目的狭义工程造价，二者在量上也是等同的。流动资产投资是指在如工业项目等生产性建设项目投产前预先垫付，在投产后的生产经营过程中用于购买原材料、燃料动力、备品备件，支付工资和其他费用以及被在产品、产成品和其他存货占用的周转资金，是建设项目在运营过程中由项目总投资中的流动资金形成的，不构成建设项目总造价。我国现行建设项目总投资费用构成如图 2.2 所示。

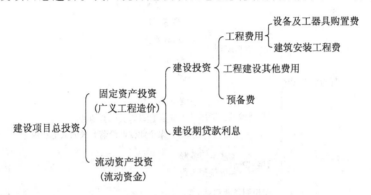

图 2.2　我国现行建设项目总投资费用构成

（2）静态投资与动态投资

建设项目总投资构成中固定资产投资按是否考虑资金的时间价值可分为静态投资和动态投资两种。

1）静态投资　是指在工程计价时，在投资估算、设计概算和施工图预算中，以某一基准年、月的建设要素的单价为依据所计算出的工程造价瞬时值。它包括了因工程量误差而可能引起的工程造价的增加值，不包括计价之后因价格上涨等风险因素而导致的投资增加值，也不包括因时间因素而发生的资金利息净支出值。静态投资由建筑安装工程费、设备、工器具和生产家具购置费、工程建设其他费和预备费中的基本预备费等四部分构成。静态投资是动态投资最主要的组织部分和计算基础。

2）动态投资　是指为完成一个工程项目的建设，预计投资需要量的总和。它除了包括静态投资所含内容以外，还包括建设期贷款利息、价差预备费、新开征税费以及由于汇率变动而引起的费用增加等部分的费用。动态投资符合市场价格运动规律的要求，使项目投资的计划、估算、控制更加贴合实际。

2.1.2　工程造价的构成

（1）工程造价构成的分类

根据不同的划分标准，工程造价构成有不同的分类方式。

1）按照费用的性质不同划分　可分为建筑安装工程费用、设备与工器具购置费用、工程项目建设其他费用、预备费用、建设期贷款利息。

2）按照建设项目的组成划分　可分为建设项目工程造价、单项工程或工程项目造价、单位工程造价。

3）按照基本建设程序的阶段划分　可分为投资估算造价、设计概算造价、施工图预算造价、合同价、工程结算价和工程决算价。

（2）工程造价费用的构成

工程造价的费用构成是按照工程建设过程中各类支出费用的性质不同进行划分的，我国现行工程造价费用构成如图 2.3 所示。

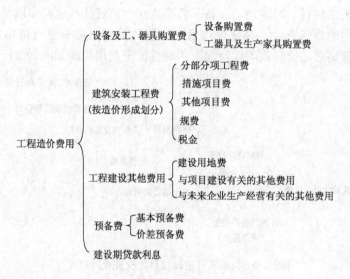

图 2.3　我国现行工程造价费用构成

广义的工程造价费用包括了工程建设所需的全部合理费用，由设备及工器具购置费用、建筑安装工程费用、工程建设其他费用、预备费用、建设期贷款利息构成。狭义的工程造价只包括建筑安装工程费。

在编制投资估算造价、设计概算造价和竣工决算造价时，是以建设项目或单项工程为计价对象计取广义的工程造价费用。在编制施工图预算、合同价和工程结算价时，是以单项工程或单位工程为计价对象计取狭义的工程造价费用。

2.2　设备及工器具购置费用的构成与计算

设备及工器具购置费用由设备购置费和工器具及生产家具购置费组成，它是固定资产投资中的积极部分。在生产性工程建设中，设备及工器具购置费用占工程造价比重的增大，意味着生产技术的进步和资本有机构成的提高。

2.2.1　设备购置费用的构成与计算

设备购置费是指为建设工程购置或自制的达到固定资产标准的各种国产或进口设备、工具、器具的费用。所谓固定资产标准是指使用期限在一年以上、单位价值在国家或各主管部门规定的限额以上，如建筑物、构筑物、机械设备或电气设备等。新建和扩建项目的新建车间购置或自制的全部设备、工具、器具，不论是否达到固定资产标准，均计入设备购置费中。设备购置费包括设备原价和设备运杂费，其计算公式如下：

$$设备购置费＝设备原价＋设备运杂费 \tag{2.1}$$

式中，设备原价是指国产标准设备、非标准设备原价或进口设备的抵岸价；设备运杂费指除设备原价之外的关于设备采购、运输、途中包装及仓库保管等方面支出费用的总和。

2.2.1.1 国产设备原价的构成

国产设备原价是指设备制造厂的交货价，即出厂价，或订货合同价，它一般根据生产厂商或供应商的询价、报价、合同价确定，或采用一定的方法计算确定。国产设备原价分为国产标准设备原价和国产非标准设备原价。

(1) 国产标准设备原价

国产标准设备是指按照主管部门颁布的标准图纸和技术要求，由我国设备生产厂批量生产的，符合国家质量检测标准的设备。国家标准设备一般以设备制造厂的交货价，即出厂价为设备原价，如果设备由设备成套公司提供，则以订货合同价为设备原价；有的设备有两种出厂价，即带有备品备件的出厂价和不带备品备件的出厂价，在计算设备原价时，一般按带有备品备件的出厂价计算。

(2) 国产非标准设备原价

国产非标准设备是指国家尚无定型标准、各设备生产厂不可能在工艺过程中采用批量生产、只能按一次订货并根据具体的设计图纸制造的设备。非标准设备原价有多种不同的计算方法，如成本计算估价法、系列设备插入估价法、分部组合估价法、定额估价法等，但无论采用哪种方法都应该使非标准设备计价接近实际出厂价，并且计算方法要简便，目前最为常用的方法是成本计算估价法。

1) 按成本计算估价法，国产非标准设备原价由以下各项组成。

① 材料费＝材料净重×(1＋加工损耗系数)×每吨材料综合价。

② 加工费＝设备总重量 (吨) ×设备每吨加工费。

式中，设备每吨加工费包括生产工人工资和工资附加费、燃料动力费、设备折旧费、车间经费等。

③ 辅助材料费＝设备总重量×辅助材料费指标。

式中，辅助材料费包括焊条、焊丝、氧气、氮气、油漆、电石等费用。

④ 专用工具费。按以上①～③项之和乘以一定百分比计算。

⑤ 废品损失费。按以上①～④项之和乘以一定百分比计算。

⑥ 外购配套件费。按设备设计图纸所列的外购配套件价格加运杂费计算。

⑦ 包装费。按以上①～⑥项之和乘以一定百分比计算。

⑧ 利润。按以上①～⑤项之和加第⑦项乘以一定利润率计算。

⑨ 销项税金。销项税额＝销售额×适用增值税率

式中，销售额为以上①至⑧项之和。

⑩ 非标准设备设计费。按国家规定的设计费收费标准计算。

2) 综合以上各项，国产非标准设备原价的计算公式如下。

$$非标设备原价＝材料费＋加工费＋辅助材料费＋专用工具费＋废品损失费＋外购配套件费＋包装费＋利润＋销项税金＋非标设备设计费 \qquad (2.2)$$

$$或，非标设备原价＝\{[(材料费＋加工费＋辅助材料费)×(1＋专用工具费率)×(1＋废品损失率)＋外购配套件费]×(1＋包装费率)－外购配套件费\}×(1＋利润率)＋销项税金＋非标设备设计费＋外购配套件费 \qquad (2.3)$$

2.2.1.2 进口设备原价的构成及计算

进口设备的原价是指进口设备的抵岸价，即设备抵达买方边境、港口或车站，交纳完各种手续费、税费后形成的价格。进口设备的原价随着交货类别的不同而不同，交货类别决定了交货价格，从而相应影响了抵岸价。

(1) 进口设备的交货方式

进口设备有内陆交货类、目的地交货类、装运港交货类三种交货方式，根据地点的不同，买方与卖方所承担的责任和风险也不同。

1) 内陆交货类，即卖方在出口国内陆的某个地点完成交货任务。在交货地点，卖方及时提交合同规定的货物和有关凭证，并承担交货前的一切费用和风险；买方按时接受货物，交付货款，承担接货后的一切费用和风险，并自行办理出口手续和装运出口。货物的所有权也在交货后由卖方转移给买方。

2) 目的地交货类，即卖方在进口国的港口或内地交货。这种交货类别的特点是：买卖双方承担的责任、费用和风险是以目的地约定交货点为分界线，只有当卖方在交货点将货物置于买方控制下才算交货，才能向买方收取货款。这种交货类别对卖方来说承担的风险较大，在国际贸易中卖方一般不愿采用。

3) 装运港交货类，即卖方在出口国装运港完成交货任务。这种交货类别的特点是：卖方按照约定的时间在装运港交货，只要卖方把合同规定的货物装船后提供货运单据便完成交货任务，并可凭单据收回货款。

(2) 进口设备的交易价格

在三种交货方式中，最为常用是装运港交货类，主要有以下三种交易价格。

1) 离岸价 (FOB, free on board)，即装运港船上交货价，是指当货物在指定的装运港越过船舷，卖方即完成交货义务，是我国进口设备采用最多的一种货价。采用离岸价 (FOB) 时双方的基本义务如下。

a. 卖方的基本义务是：办理出口清关手续，自负风险和费用，领取出口许可证及其他官方文件；在约定的日期或期限内，在合同规定的装运港、按港口惯常的方式，将货物装上买方指定的船只，并及时通知买方；承担货物在装运港越过船舷之前的一切费用和风险；向买方提供商业发票和证明货物已交至船上的装运单据或具有同等效力的电子单证。

b. 买方的基本义务是：负责租船订舱，按时派船到合同约定的装运港接运货物，支付运费，并将船期、船名及装船地点及时通知卖方；负担货物在装运港越过船舷后的各种费用以及货物灭失或损坏的一切风险；负责获取进口许可证或其他官方文件以及办理货物入境手续；受领卖方提供的各种单证，按合同规定支付货款。

2) 运费在内价 (CFR, cost and freight)，即包括了运费在内的交易价格。是指在装运港货物越过船舷卖方即完成交货，卖方必须支付将货物运至指定目的港所需的运输费用，但交货后货物灭失或损坏的风险以及由于各种事件造成的任何额外费用，即由卖方转移到买方。采用运费在内价 (CFR) 时双方的基本义务如下。

a. 卖方的基本义务是：提供合同规定的货物，负责订立运输合同，并租船订舱，在合同规定的装运港和规定的期限内，将货物装上船并及时通知买方，支付运至目的港的运费；负责办理出口清关手续，提供出口许可证或其他官方批准的文件；承担货物在装运港越过船舷之前的一切费用和风险；按合同规定提供正式有效的运输单据、发票或具有同等效力的电子单证。

b. 买方的基本义务是：承蒙担货物在装运港越过船舷以后的一切风险及运输途中因遭遇风险所引起的额外费用；在合同规定的目的港受领货物，办理进口清关手续，交纳进口税；受领卖方提供的各种约定的单证，并按合同规定支付货款。

3）到岸价（CIF，cost insurance and freight），即包括了运费、保险费在内的交易价格。是指在装运港货物越过船舷卖方即完成交货，买方必须支付将货物运至指定目的港所需的运输费用，还应办理货物在运输途中最低险别的海运保险，并应支付保险费。如买方需要更高的保险的险别，则需要与卖方明确地达成协议，或者自行做出额外的保险安排。采用到岸价（CIF）时除保险义务由卖方承担外，双方的基本义务与运费在内价（CFR）相同。

（3）进口设备的抵岸价

进口设备抵岸价是由进口设备的到岸价（CIF）和进口从属费构成，计算公式为：

$$进口设备抵岸价＝进口设备到岸价（CIF）＋进口从属费 \tag{2.4}$$

式中，进口设备到岸价和进口从属费的构成及计算公式如下。

1）进口设备到岸价（CIF），由进口设备的离岸价（FOB）、国际运费和运输保险费构成，其计算公式如下：

$$进口设备到岸价（CIF）＝离岸价（FOB）＋国际运费＋运输保险费 \tag{2.5}$$

a. 离岸价（FOB），指的是装运港船上交货价，简称货价，按有关生产厂商询价、报价、订货合同价计算。进口设备货价分为原币货价和人民币货价，原币货价一律折算为美元表示，人民币货价按原币货价乘以外汇市场美元兑换人民币汇率中间价确定。

b. 国际运费，即从装运港（站）到达我国目的港（站）的运费。我国进口设备大部分采用海洋运输，小部分采用铁路运输，个别采用航空运输。进口设备国际运费的计算公式如下：

$$国际运费（海、陆、空）＝原币货价（FOB）×运费率 \tag{2.6}$$

或，

$$国际运费（海、陆、空）＝运量×单位运价 \tag{2.7}$$

式中，运费率或单位运价参照有关部门或进出口公司的规定执行。

c. 运输保险费，是一种财产保险。对外贸易货物运输保险是由保险人（保险公司）与被保险人（出口人或进口人）订立保险契约，在被保险人交付议定的保险费后，保险人根据保险契约的规定对货物在运输过程中发生的承保责任范围内的损失给予经济上的补偿。运输保险费的计算公式如下：

$$运输保险费＝\frac{原币货价（FOB）＋国外运费}{1－保险费率}×保险费率 \tag{2.8}$$

式中，保险费率按保险公司规定的进口货物保险费率计算。

2）进口从属费，由银行财务费、外贸手续费、进口关税、消费税、进口环节增值税等费用构成，对于进口车辆还需缴纳车辆购置税。进口从属费的计算公式如下：

$$进口从属费＝银行财务费＋外贸手续费＋关税＋消费税＋进口环节增值税 \tag{2.9}$$

a. 银行财务费，一般是指中国银行手续费，是在国际贸易结算中，中国银行为进出口商提供金融结算服务所收取的费用，计算公式如下：

$$银行财务费＝离岸价（FOB）×人民币外汇汇率×银行财务费率 \tag{2.10}$$

式中，银行财务费率一般取为 4%～5%。

b. 外贸手续费，是指按对外经济贸易部规定的外贸手续费率计取的费用，计算公式如下：

$$外贸手续费＝到岸价（CIF）×人民币外汇汇率×外贸手续费率 \tag{2.11}$$

式中，外贸手续费费率一般取 1.5%。

c. 关税，由海关对进出国境或关境的货物和物品征收的一种税，计算公式如下：

$$关税＝到岸价（CIF）×人民币外汇汇率×进口关税税率 \tag{2.12}$$

式中，到岸价（CIF）作为关税的计征基数时，通常又可称为关税完税价格。进口关税税率分为优惠和普通两种。优惠税率适用于从与我国签订关税互惠条款贸易条约或协定的国家进口的设备；普通税率适用于从与我国未签订关税互惠条款贸易条约或协定的国家进口的设备。进口关税税率按我国海关总署发布的进口关税税率计算。

d. 消费税，仅对部分进口设备（如轿车、摩托车等）征收，计算公式如下：

$$应纳消费税税额＝\frac{到岸价格（CIF）×人民币外汇汇率＋关税}{1－消费税税率}×消费税税率 \tag{2.13}$$

式中，消费税税率根据规定的税率计算。

e. 进口环节增值税，是对从事进口贸易的单位和个人，在进口商品报关进口后征收的税种。我国增值税条例规定，进口应税产品均按组成计税价格和增值税税率直接计算应纳税额，计算公式如下：

$$进口产品增值税额＝组成计税价格×增值税税率 \tag{2.14}$$

其中　组成计税价格＝关税完税价格＋关税＋消费税

式中，增值税税率根据规定的税率计算。

f. 车辆购置税，是指进口车辆需缴纳的费用，计算公式如下：

$$车辆购置税＝（关税完税价格＋关税＋消费税＋增值税）×车辆购置税率 \tag{2.15}$$

2.2.1.3　设备运杂费的构成及计算

（1）设备运杂费的构成

设备运杂费是指国内采购设备自来源地、国外采购设备自到岸港运至工地仓库或指定堆放地点发生的采购、运输、运输保险、保管、装卸等费用。它由以下各项构成。

1）运费和装卸费。①国产设备由设备制造厂交货地点起至工地仓库（或施工组织设计指定的需要安装设备的堆放地点）止所发生的运费和装卸费；②进口设备则由我国到岸港口或边境车站起至工地仓库（或施工组织设计指定的需要安装设备的堆放地点）止所发生的运费和装卸费。

2）包装费。在设备原价中没有包含的、为运输而进行的包装支出的各种费用。

3）设备供销部门的手续费。按有关部门规定的统一费率计算。

4）采购与仓库保管费。指采购、验收、保管和收发设备所发生的各种费用。包括设备采购人员、保管人员和管理人员的工资、工资附加费、办公费、差旅交通费、设备供应部门办公和仓库所占固定资产使用费、工具用具使用费、劳动保护费、检验试验费等，这些费用可按主管部门规定的采购与保管费费率计算。

（2）设备运杂费的计算

设备运杂费的计算公式为：

$$设备运杂费＝设备原价×设备运杂费率 \tag{2.16}$$

式中，设备运杂费率按各部门及省、市等的规定计取。

2.2.2 设备购置费用计算实例

【例 2.1】 某工程拟采购一台国产非标准设备，制造厂生产该台设备所用材料费 12 万元，辅助材料费 2000 元，加工费 1.2 万元，专用工具费率为 1.5%，废品损失率 10%，外购配套件费 3 万元，包装费率 1%，利润率 7%，增值税率 17%，非标准设备设计费 0.8 万元，设备运杂费率为 5%，试计算该国产非标准设备的购置费。

解 （1）计算该国产非标准设备的原价

1）专用工具费 = （12+0.2+1.2）×1.5% = 0.201（万元）

2）废品损失费 = （13.4+0.201）×10% = 1.36（万元）

3）包装费 = （13.4+0.201+1.36+3）×1% = 0.18（万元）

4）利润 = （13.4+0.201+1.36+0.18）×7% = 1.06（万元）

5）销项税金 = （13.4+0.201+1.36+0.18+3+1.06）×17%
　　　　　　 = 3.264（万元）

则，该台非标设备原价 = 13.4+0.201+1.36+0.18+3+1.06+3.264+0.8
　　　　　　　　　　 = 23.265（万元）

（2）计算该国产非标准设备的运杂费

设备运杂费 = 23.265×5% = 1.163（万元）

（3）计算该国产非标准设备的购置费

设备购置费 = 23.265+1.163 = 24.428（万元）

【例 2.2】 某建设项目的进口设备重量为 800 吨，装运港船上交货价为 320 万美元，该设备的国际运费标准为 280 美元/吨，海上运输保险费率为 3‰，银行财务费率为 5‰，外贸手续费率为 1.5%，关税税率为 20%，消费税税率为 10%，增值税税率为 17%，银行外汇牌价为 1 美元兑换 6.9 元人民币，国内运杂费率为 1.5%，试计算该进口设备的购置费。

解 （1）计算该进口设备的原价

1）计算进口设备到岸价（CIF）。

a. 进口设备离岸价（FOB）= 320×6.9 = 2208（万元）

b. 国际运费 = 280×800×6.9 = 154.56（万元）

c. 海运保险费 = $\frac{(2208+154.56)}{(1-3‰)}×3‰$ = 7.11（万元）

则，进口设备到岸价（CIF）= 2208+154.56+7.11 = 2369.67（万元）

2）计算该进口设备的进口从属费用。

a. 银行财务费 = 2208×5‰ = 11.04（万元）

b. 外贸手续费 = 2369.67×1.5% = 35.55（万元）

c. 关税 = 2369.67×20% = 473.93（万元）

d. 消费税 = $\frac{(2369.67+473.93)}{(1-10\%)}×10\%$ = 315.96（万元）

e. 增值税 = （2369.67+473.93+315.96）×17% = 537.13（万元）

则，进口从属费 = 11.04+35.55+473.93+315.96+537.13 = 1373.61（万元）

3）计算该进口设备的原价。

该进口设备的原价 = 2369.67+1373.61 = 3743.28（万元）

（2）计算该进口设备的国内运杂费

国内设备运杂费＝3743.28×1.5％＝56.15（万元）

（3）计算该进口设备的购置费

设备购置费＝3743.28＋56.15＝3799.43（万元）

2.2.3　工器具及生产家具购置费用的构成与计算

工器具及生产家具购置费，是指新建或扩建项目初步设计规定的，保证初期正常生产必须购置的没有达到固定资产标准的设备、仪器、工卡模具、器具、生产家具和备品备件等的购置费用。一般以设备购置费为计算基数，按照部门或行业规定的工器具及生产家具费率计算，计算公式为：

$$工器具及生产家具购置费＝设备购量费×工器具及生产家具定额费率 \qquad (2.17)$$

式中，工器具及生产家具定额费率按相关部门或行业的规定计取。

2.3　建筑安装工程费用的构成与计算

2.3.1　建筑安装工程费用的构成

2.3.1.1　建筑安装工程费用的内容

建筑安装工程费是指为完成工程项目的建造、生产性设备及配套工程安装所需的费用，它包括建筑工程费用和安装工程费用两部分。

（1）建筑工程费用的内容

1）各类房屋建筑工程和列入房屋建筑工程预算的供水、供暖、卫生、通风、煤气等设备费用及其装设、油饰工程的费用，列入建筑工程预算的各种管道、电力、电信和电缆导线敷设工程的费用。

2）设备基础、支柱、工作台、烟囱、水塔、水池、灰塔等建筑工程以及各种炉窑的砌筑工程和金属结构工程的费用。

3）为施工而进行的场地平整、工程和水文地质勘察，原有建筑物和障碍物的拆除以及施工临时用水、电、气、路和完工后的场地清理，环境绿化、美化等工作的费用。

4）矿井开凿、井巷延伸、露天矿剥离，石油、天然气钻井，修建铁路、公路、桥梁、水库、堤坝、灌渠及防洪等工程的费用。

（2）安装工程费用的内容

1）生产、动力、起重、运输、传动、医疗、实验等各种需要安装的机械设备的装配费用，与设备相连的工作台、梯子、栏杆等设施的工程费用，附属于被安装设备的管线敷设工程费用以及被安装设备的绝缘、防腐、保温、油漆等工作的材料费和安装费。

2）为测定安装工程质量，对单台设备进行单机试运转、对系统设备进行系统联动无负荷试运转工作的调试费。

2.3.1.2　我国现行建筑安装工程费用的构成

根据住房城乡建设部、财政部颁布的"关于印发《建筑安装工程费用项目组成》的通知"[建标（2013）44号]，我国现行建筑安装工程费用项目按两种方式划分，即按费用构成要素组成划分和按工程造价形成顺序划分。建筑安装工程费用按两种方式划分的构成如图2.4所示。

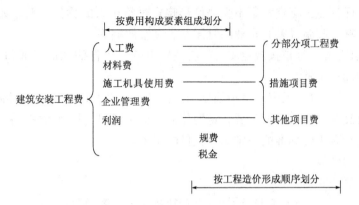

图 2.4　建筑安装工程费用构成

2.3.2　按费用构成要素划分的构成与计算

建筑安装工程费用按费用构成要素组成划分为人工费、材料（包含工程设备）费、施工机具使用费、企业管理费、利润、规费和税金，具体内容如表2.1所示。

表 2.1　建筑安装工程费用构成明细表（按费用构成要素划分）

费用项目		费用组成明细
按费用构成要素划分	人工费	①计时工资或计件工资；②奖金；③津贴补贴；④加班加点工资；⑤特殊情况下支付的工资
	材料费	①材料原价；②运杂费；③运输损耗费；④采购及保管费；⑤工程设备费
	施工机具使用费	①施工机械使用费(折旧费、大修理费、经常修理费、安拆费及场外运费、人工费、燃料动力费、税费)；②仪器仪表使用费
	企业管理费	①管理人员工资；②办公费；③差旅交通费；④固定资产使用费；⑤工具用具使用费；⑥劳动保险和职工福利费；⑦劳动保护费；⑧检验试验费；⑨工会经费；⑩职工教育经费；⑪财产保险费；⑫财务费；⑬税金；⑭其他
	利润	施工企业完成所承包工程获得的盈利
	规费	①社会保险费(养老保险费、失业保险费、医疗保险费、生育保险费、工伤保险费)；②住房公积金；③工程排污费
	税金	①增值税；②城市建设维护费；③教育费附加；④地方教育附加

2.3.2.1　人工费

（1）人工费的内容

人工费是指按工资总额构成规定，支付给从事建筑安装工程施工的生产工人和附属生产单位工人的各项费用，内容如下。

1）计时工资或计件工资。是指按计时工资标准和工作时间或对已做工作按计件单价支付给个人的劳动报酬。

2）奖金。是指对超额劳动和增收节支支付给个人的劳动报酬。如节约奖、劳动竞赛奖等。

3）津贴补贴。是指为了补偿职工特殊或额外的劳动消耗和因其他特殊原因支付给个人的津贴以及为了保证职工工资水平不受物价影响支付给个人的物价补贴。如流动施工津贴、特殊地区施工津贴、高温（寒）作业临时津贴、高空津贴等。

4）加班加点工资。是指按规定支付的在法定节假日工作的加班工资和在法定日工作时间外延时工作的加点工资。

5）特殊情况下支付的工资。是指根据国家法律、法规和政策规定，因病、工伤、产假、计划生育假、婚丧假、事假、探亲假、定期休假、停工学习、执行国家或社会义务等原因按计时工资标准或计时工资标准的一定比例支付的工资。

（2）人工费的计算

人工费的计算公式为：

$$人工费 = \Sigma(工日消耗量 \times 日工资单价) \tag{2.18}$$

1）工日消耗量。是指在正常施工生产条件下，生产建筑安装产品（分部分项工程或结构构件）必须消耗的某种技术等级的人工工日数量，它由分项工程所综合的各个工序劳动定额所包括的基本用工和其他用工两部分组成，其他用工包括了辅助用工、超运距用工和人工幅度差。

2）日工资单价。是指施工企业平均技术熟练程度的生产工人在每工作日（国家法定工作时间内）按规定从事施工作业应得的日工资总额。

$$日工资单价 = \frac{生产工人平均月工资(计时、计件) + 平均月(奖金 + 津贴补贴 + 特殊情况下支付的工资)}{年平均每月法定工作日}$$

$$\tag{2.19}$$

2.3.2.2 材料费

（1）材料费的内容

材料费是指施工过程中耗费的原材料、辅助材料、构配件、零件、半成品或成品、工程设备的费用，内容如下。

1）材料原价。是指材料、工程设备的出厂价格或商家供应价格。

2）运杂费。是指材料、工程设备自来源地运至工地仓库或指定堆放地点所发生的全部费用。

3）运输损耗费。是指材料在运输装卸过程中不可避免的损耗。

4）采购及保管费。是指为组织采购、供应和保管材料、工程设备的过程中所需要的各项费用，包括采购费、仓储费、工地保管费、仓储损耗费。

5）工程设备。是指构成或计划构成永久工程一部分的机电设备、金属结构设备、仪器装置及其他类似的设备和装置。

（2）材料费的计算

1）材料费的计算公式为：

$$材料费 = \Sigma(材料消耗量 \times 材料单价) \tag{2.20}$$

a. 材料消耗量是指在合理使用材料的条件下，生产建筑安装产品（分部分项工程或结构构件）必须消耗一定品种、规格的原材料、辅助材料、构配件、零件、半成品或成品等的数量。它包括材料净用量和材料不可避免的损耗量。

b. 材料单价。是指建筑材料从其来源地运到施工工地仓库直至出库形成的综合平均单价，按下式计算：

$$材料单价=[（材料原价+运杂费）×[1+运输损耗率（\%）]]×$$
$$[1+采购保管费率（\%）] \tag{2.21}$$

2）设备费的计算公式为：

$$工程设备费=\sum（工程设备量×工程设备单价） \tag{2.22}$$

其中，工程设备单价按下式计算：

$$工程设备单价=（设备原价+运杂费）×[1+采购保管费率（\%）] \tag{2.23}$$

2.3.2.3 施工机具使用费

(1) 施工机具使用费的内容

施工机具使用费是指施工作业所发生的施工机械、仪器仪表使用费或其租赁费，内容包括：施工机械使用费和仪器仪表使用费。

1) 施工机械使用费。以施工机械台班耗用量乘以施工机械台班单价表示，施工机械台班单价由下列七项费用组成。

a. 折旧费：指施工机械在规定的使用年限内，陆续收回其原值的费用。

b. 大修理费：指施工机械按规定的大修理间隔台班进行必要的大修理，以恢复其正常功能所需的费用。

c. 经常修理费：指施工机械除大修理以外的各级保养和临时故障排除所需的费用。包括为保障机械正常运转所需替换设备与随机配备工具附具的摊销和维护费用，机械运转中日常保养所需润滑与擦拭的材料费用及机械停滞期间的维护和保养费用等。

d. 安拆费及场外运费：安拆费指施工机械（大型机械除外）在现场进行安装与拆卸所需的人工、材料、机械和试运转费用以及机械辅助设施的折旧、搭设、拆除等费用；场外运费指施工机械整体或分体自停放地点运至施工现场或由一施工地点运至另一施工地点的运输、装卸、辅助材料及架线等费用。

e. 人工费：指机上司机（司炉）和其他操作人员的人工费。

f. 燃料动力费：指施工机械在运转作业中所消耗的各种燃料及水、电等。

g. 税费：指施工机械按照国家规定应缴纳的车船使用税、保险费及年检费等。

2) 仪器仪表使用费：是指工程施工所需使用的仪器仪表的摊销及维修费用。

(2) 施工机具使用费的计算

1) 施工机械使用费的计算公式为：

$$施工机械使用费=\sum（施工机械台班消耗量×机械台班单价） \tag{2.24}$$

式中，机械台班单价=台班折旧费+台班大修费+台班经常修理费+台班安拆费及场外运费+台班人工费+台班燃料动力费+台班车船税费 \tag{2.25}

2) 仪器仪表使用费的计算公式为：

$$仪器仪表使用费=工程使用的仪器仪表摊销费+维修费 \tag{2.26}$$

2.3.2.4 企业管理费

(1) 企业管理费的内容

企业管理费是指建筑安装企业组织施工生产和经营管理所需的费用。内容如下。

1) 管理人员工资 是指按规定支付给管理人员的计时工资、奖金、津贴补贴、加班加点工资及特殊情况下支付的工资等。

2) 办公费 是指企业管理办公用的文具、纸张、账表、印刷、邮电、书报、办公软件、现场监控、会议、水电、烧水和集体取暖降温（包括现场临时宿舍取暖降温）等费用。

3) 差旅交通费 是指职工因公出差、调动工作的差旅费、住勤补助费，市内交通费和误餐补助费，职工探亲路费，劳动力招募费，职工退休、退职一次性路费，工伤人员就医路费，工地转移费以及管理部门使用的交通工具的油料、燃料等费用。

4) 固定资产使用费 是指管理和试验部门及附属生产单位使用的属于固定资产的房屋、设备、仪器等的折旧、大修、维修或租赁费。

5) 工具用具使用费 是指企业施工生产和管理使用的不属于固定资产的工具、器具、家具、交通工具和检验、试验、测绘、消防用具等的购置、维修和摊销费。

6) 劳动保险和职工福利费 是指由企业支付的职工退职金、按规定支付给离休干部的经费、集体福利费、夏季防暑降温、冬季取暖补贴、上下班交通补贴等。

7) 劳动保护费 是企业按规定发放的劳动保护用品的支出。如工作服、手套、防暑降温饮料以及在有碍身体健康的环境中施工的保健费用等。

8) 检验试验费 是指施工企业按照有关标准规定，对建筑以及材料、构件和建筑安装物进行一般鉴定、检查所发生的费用。①包括自设试验室进行试验所耗用的材料等费用。②不包括新结构、新材料的试验费，对构件做破坏性试验及其他特殊要求检验试验的费用和建设单位委托检测机构进行检测的费用，对此类检测发生的费用，由建设单位在工程建设其他费用中列支。③对施工企业提供的具有合格证明的材料进行检测不合格的，该检测费用由施工企业支付。

9) 工会经费 是指企业按《工会法》规定的全部职工工资总额比例计提的工会经费。

10) 职工教育经费 是指按职工工资总额的规定比例计提，企业为职工进行专业技术和职业技能培训，专业技术人员继续教育、职工职业技能鉴定、职业资格认定以及根据需要对职工进行各类文化教育所发生的费用。

11) 财产保险费 是指施工管理用财产、车辆等的保险费用。

12) 财务费 是指企业为施工生产筹集资金或提供预付款担保、履约担保、职工工资支付担保等所发生的各种费用。

13) 税金 是指企业按规定缴纳的房产税、车船使用税、土地使用税、印花税等。

14) 其他 包括技术转让费、技术开发费、投标费、业务招待费、绿化费、广告费、公证费、法律顾问费、审计费、咨询费、保险费等。

(2) 企业管理费的计算

企业管理费一般采用取费基数乘以费率的方法计算，取费基数有三种，即以分部分项工程费为计算基础、以人工费和机械费合计为计算基础、以人工费为计算基础。相应的，企业管理费费率的计算方法如下。

1) 以分部分项工程费为计算基础，计算公式为：

$$企业管理费费率（\%）= \frac{生产工人年平均管理费}{年有效施工天数 \times 人工单价} \times 人工费占分部分项工程费比例（\%）$$

$$(2.27)$$

2）以人工费和机械费为计算基础，计算公式为：

$$企业管理费费率（\%）= \frac{生产工人年平均管理费}{年有效施工天数 \times （人工单价 + 每一工日机械使用费）} \times 100\%$$

$$(2.28)$$

3）以人工费为计算基础，计算公式为：

$$企业管理费费率（\%）= \frac{生产工人年平均管理费}{年有效施工天数 \times 人工单价} \times 100\%$$

$$(2.29)$$

2.3.2.5 利润

利润是指施工企业完成所承包工程获得的盈利，是根据企业自身需求并结合建筑市场实际自主确定的。工程造价管理机构在确定计价定额中的利润时，应以定额人工费或定额人工费与定额机械费之和作为计算基数，其费率根据历年积累的工程造价资料结合建筑市场实际确定，以单位（单项）工程测算，利润在税前建筑安装工程费的比重可按不低于5%且不高于7%的费率计算。利润应列入分部分项工程和措施项目中。

2.3.2.6 规费

(1) 规费的内容

规费是指按国家法律、法规规定，由省级政府和省级有关权力部门规定必须缴纳或计取的费用。内容如下。

1）社会保险费。包括①养老保险费，是指企业按照规定标准为职工缴纳的基本养老保险费。②失业保险费，是指企业按照规定标准为职工缴纳的失业保险费。③医疗保险费，是指企业按照规定标准为职工缴纳的基本医疗保险费。④生育保险费，是指企业按照规定标准为职工缴纳的生育保险费。⑤工伤保险费，是指企业按照规定标准为职工缴纳的工伤保险费

2）住房公积金。是指企业按规定标准为职工缴纳的住房公积金。

3）工程排污费。是指按规定缴纳的施工现场工程排污费。

4）其他应列而未列入的规费，按实际发生计取。

(2) 规费的计算

规费按社会保险费、住房公积金和工程排污费之和计算。

1）社会保险费和住房公积金。社会保险费和住房公积金应以定额人工费为计算基础，根据工程所在地省、自治区、直辖市或行业建设主管部门规定费率计算，计算公式为：

$$社会保险费和住房公积金 = \sum （工程定额人工费 \times 社会保险费和住房公积金费率）$$

$$(2.30)$$

式中：社会保险费和住房公积金费率可以每万元发承包价的生产工人人工费和管理人员工资含量与工程所在地规定的缴纳标准综合分析取定。

2）工程排污费。工程排污费和其他应列而未列入的规费应按工程所在地环境保护等部门规定的标准缴纳，按实计取列入。

2.3.2.7 税金

税金是指国家税法规定的应计入建筑安装工程造价内的增值税应纳税额、城市维护建设

税、教育费附加以及地方教育附加。税金的计算公式为：

$$税金＝税前工程造价×税金及附加税费费率（％）\qquad(2.31)$$

式中，税费费率的取值按纳税地点现行税率计算。

例如，四川省住房和城乡建设厅在"关于进一步明确实施《建筑业营业税改征增值税四川省建设工程计价依据调整办法》有关事项的通知"中规定，在建筑业营改增试点期间，适用简易计税方法进行建筑安装工程造价中的税金及附加税费的计算，计算方法如表2.2所示。

表2.2　简易计税方法下税金及附加税费费率

项目名称	计算基数	税金及附加税费费率/%		
		工程在市区	工程在县城、镇	工程不在城市、县城、镇
税金及附加税费	税前工程造价	3.37	3.31	3.19

注：上表中的税前工程造价不包括按规定不计税的工程设备金额及甲供材料(设备)费。

2.3.3　按工程造价形成顺序划分的构成与计算

建筑安装工程费用按工程造价形成顺序划分为分部分项工程费、措施项目费、其他项目费、规费和税金，具体内容如表2.3所示。

表2.3　建筑安装工程费用构成明细表（按工程造价形成顺序划分）

费用项目		费用组成明细
按工程造价形成顺序划分	分部分项工程费	①房屋建筑与装饰专业工程划分的分部分项工程费；②仿古建筑专业工程划分的分部分项工程费；③通用安装专业工程划分的分部分项工程费；④市政专业工程划分的分部分项工程费；⑤园林绿化专业工程划分的分部分项工程费；⑥矿山专业工程划分的分部分项工程费；⑦构筑物专业工程划分的分部分项工程费；⑧城市轨道交通专业工程划分的分部分项工程费；⑨爆破专业工程划分的分部分项工程费
	措施项目费	①安全文明施工费(环境保护费、文明施工费、安全施工费、临时设施费)；②夜间施工增加费；③二次搬运费；④冬雨季施工增加费；⑤已完工程及设备保护费；⑥工程定位复测费；⑦特殊地区施工增加费；⑧大型机械进出场及安拆费；⑨脚手架工程费
	其他项目费	①暂列金额；②计日工；③总承包服务费
	规费	①社会保险费(养老保险费、失业保险费、医疗保险费、生育保险费、工伤保险费)；②住房公积金；③工程排污费
	税金	①增值税；②城市建设维护税；③教育费附加；④地方教育附加

2.3.3.1　分部分项工程费

（1）分部分项工程费的内容

分部分项工程费是指各专业工程的分部分项工程应予列支的各项费用，各类专业工程的分部分项工程划分见现行国家或行业计量规范。

1）专业工程　是指按现行国家计量规范划分的房屋建筑与装饰工程、仿古建筑工程、通用安装工程、市政工程、园林绿化工程、矿山工程、构筑物工程、城市轨道交通工程、爆破工程等各类工程。

2) 分部分项工程　指按现行国家计量规范对各专业工程划分的项目。如房屋建筑与装饰工程划分的土石方工程、地基处理与桩基工程、砌筑工程、钢筋及钢筋混凝土工程等。

(2) 分部分项工程费的计算

分部分项工程费通常用分部分项工程量乘以综合单价进行计算，计算公式如下：

$$分部分项工程费 = \sum（分部分项工程量 \times 综合单价） \qquad (2.32)$$

式中：综合单价包括人工费、材料费、施工机具使用费、企业管理费和利润以及一定范围的风险费用。

2.3.3.2　措施项目费

(1) 措施项目费的内容

措施项目费是指为完成建设工程施工，发生于该工程施工前和施工过程中的技术、生活、安全、环境保护等方面的费用，措施项目及其包含的内容应遵循各类专业工程的现行国家或行业计量规范。按《房屋建筑与装饰工程工程量计算规范》（GB 50854）的规定，对于房屋建筑与装饰工程专业，其措施项目费的内容包括以下各项。

1) 安全文明施工费。是指工程施工期间按照国家现行的环境保护、建筑施工安全、施工现场环境与卫生标准和有关规定，购置和更新施工安全防护用具及设施、改善安全生产条件和作业环境所需要的费用。包括如下四项费用。

a. 环境保护费。是指施工现场为达到环保部门要求所需要的各项费用。如现场施工机械设备降低噪声、防扰民措施费用，水泥和其他易飞扬细颗粒建筑材料密闭存放或采取覆盖措施费用等。

b. 文明施工费。是指施工现场文明施工所需要的各项费用。如现场"五牌一图"费用，现场围挡的墙面美化费用，现场生活卫生设施费用等。

c. 安全施工费。是指施工现场安全施工所需要的各项费用。如安全资料、特殊作业专项方案的编制费用，安全施工标志的购置及安全宣传费用，施工安全防护通道费用等。

d. 临时设施费。是指施工企业为进行建设工程施工所必须搭设的生活和生产用的临时建筑物、构筑物和其他临时设施费用。包括临时设施的搭设、维修、拆除、清理费或摊销费等。

2) 夜间施工增加费。是指因夜间施工所发生的夜班补助费、夜间施工降效、夜间施工照明设备摊销及照明用电等费用。内容包括：①夜间固定照明灯具和临时可移动照明灯具的设置、拆除费用；②夜间施工时，施工现场交通标志、安全标牌、警示灯的设置、移动、拆除费用；③夜间照明设备摊销及照明用电、施工人员夜班补助、夜间施工劳动效率降低等费用。

3) 非夜间施工照明费。是指为保证工程施工正常进行，在地下室等特殊施工部位施工时所采用的照明设备的安拆、维护及照明用电等费用。

4) 二次搬运费。是指因施工场地条件限制而发生的材料、构配件、半成品等一次运输不能到达堆放地点，必须进行二次或多次搬运所发生的费用。

5) 冬雨季施工增加费。是指在冬季或雨季施工需增加的临时设施、防滑、排除雨雪、人工及施工机械效率降低等费用。内容包括：①冬雨（风）季施工时增加的临时设施（防寒保温、防雨、防风设施）的搭设、拆除费用。②冬雨（风）季施工时，对砌体、混凝土等采用的特殊加温、保温和养护措施费用。③冬雨（风）季施工时，施工现场的防滑处理、对影响施工的雨雪的清除费用。④冬雨（风）季施工时增加的临时设施、施工人员的劳动保护用品、施工劳动效率降低等费用。

6）地上、地下设施和建筑物的临时保护设施费。是指在工程施工过程中，对已建成的地上、地下设施和建筑物进行的遮盖、封闭、隔离等必要保护措施所发生的费用。

7）已完工程及设备保护费。是指竣工验收前，对已完工程及设备采取的覆盖、包裹、封闭、隔离等必要保护措施所发生的费用。

8）脚手架费。是指施工需要的各种脚手架搭、拆、运输费用以及脚手架购置费的摊销（或租赁）费用。内容包括：①施工时可能发生的场内、场外材料搬运费用。②搭、拆脚手架、斜道、上料平台费用。③安全网的铺设费用。④拆除脚手架后材料的堆放费用。

9）混凝土模板及支架（撑）费。是指混凝土施工过程中需要的各种钢模板、木模板、支架等的支拆、运输费用及模板、支架的摊销（或租赁）费用。内容包括：①混凝土施工过程中需要的各种模板的制作费用。②模板安装、拆除、整理堆放及场内外运输费用。③清理模板黏结物及模内杂物、刷隔离剂等费用。

10）垂直运输费。是指现场所用材料、机具从地面运至相应高度以及职工人员上下工作面等所发生的运输费用。内容包括：①垂直运输机械的固定装置、基础制作、安装费。②行走式垂直运输机械轨道的铺设、拆除、摊销费。

11）超高施工增加费。当单层建筑物檐口高度超过 20m、多层建筑物超过 6 层时，可计算超高施工增加费。内容包括：①建筑物超高引起的人工工效降低以及由于人工工效降低引起的机械降效费。②高层施工用水加压水泵的安装、拆除及工作台班费。③通信联络设备的使用及摊销费。

12）大型机械设备进出场及安拆费。是指机械整体或分体自停放场地运至施工现场或由一个施工地点运至另一个施工地点，所发生的机械进出场运输及转移费用及机械在施工现场进行安装、拆卸所需的人工费、材料费、机械费、试运转费和安装所需的辅助设施的费用。

a. 进出场费。包括施工机械、设备整体或分体自停放地点运至施工现场或由一施工地点运至另一施工地点所发生的运输、装卸、辅助材料等费用。

b. 安拆费。包括施工机械、设备在现场进行安装拆卸所需人工、材料、机械和试运转费用以及机械辅助设施的折旧、搭设、拆除等费用。

13）施工排水、降水费。是指将施工期间有碍施工作业和影响工程质量的水排到施工场地以外以及防止在地下水位较高的地区开挖深基坑出现基坑浸水，地基承载力下降，在动水压力作用下还可能引起流砂、管涌和边坡失稳等现象而必须采取有效的降水和排水措施费用，由成井和排水、降水费用组成。

a. 成井。包括准备钻孔机械、埋设护筒、钻机就位；泥浆制作、固壁；成孔、出渣、清孔等。对接上、下井管（滤管），焊接，安放，下滤料，洗井，连接试抽等。

b. 包括管道安装、拆除，场内搬运等；抽水、值班、降水设备维修等。

14）其他。根据建设项目的专业特点或所在地区不同，可能会出现其他的措施项目，如工程定位复测费和特殊地区施工增加费等。

a. 工程定位复测费　是指工程施工过程中进行全部施工测量放线和复测工作的费用。

b. 特殊地区施工增加费　是指工程在沙漠或其边缘地区、高海拔、高寒、原始森林等特殊地区施工增加的费用。

（2）措施项目费的计算

措施项目费的计算应根据相应专业计量规范的规定进行，按《房屋建筑与装饰工程工程量计算规范》（GB 50854）的规定，对于房屋建筑与装饰工程专业，其措施项目分为应予计量的措施项目和不宜计量的措施项目两类分别计算。

1）应予计量的措施项目，包括脚手架费，混凝土模板及支架（支撑）费，垂直运输费，超高施工增加费，大型机械设备进出场及安拆费，施工排水、降水费，计算方法与分部分项工程费相同，其计算公式为：

$$措施项目费=\sum（措施项目工程量×综合单价）\tag{2.33}$$

2）不宜计量的措施项目，通常采用计算基数乘以费率的方法予以计算。

a. 安全文明施工费。计算公式为：

$$安全文明施工费=计算基数×安全文明施工费费率（\%）\tag{2.34}$$

式中，计算基数应为定额基价（定额分部分项工程费+定额中可以计量的措施项目费）、定额人工费或定额人工费与定额机械费之和，其费率由工程造价管理机构根据各专业工程的特点综合确定。

b. 其余不宜计量的措施项目。包括夜间施工增加费，非夜间施工增加费，二次搬运费，冬雨季施工增加费，地上、地下设施和建筑物的临时保护设施费，已完工程及设备保护费等，其计算公式为：

$$措施项目费=计算基数×措施项目费费率（\%）\tag{2.35}$$

式中，计算基数应为定额人工费或定额人工费与定额机械费之和，其费率由工程造价管理机构根据各专业工程特点和调查资料综合分析确定。

2.3.3.3　其他项目费

其他项目费的内容包括暂列金额、计日工和总承包服务费。

（1）暂列金额

暂列金额是指建设单位在工程量清单中暂定并包括在工程合同价款中的一笔款项。用于施工合同签订时尚未确定或者不可预见的所需材料、工程设备、服务的采购，施工中可能发生的工程变更、合同约定调整因素出现时的工程价款调整以及发生的索赔、现场签证确认等的费用。

暂列金额由建设单位根据工程特点，按有关计价规定估算，施工过程中由建设单位掌握使用，扣除合同价款调整后如有余额，归建设单位。

（2）计日工

计日工是指在施工过程中，施工企业完成建设单位提出的施工图纸以外的零星项目或工作所需的费用。

计日工由建设单位和施工企业按施工过程中的签证计价。

（3）总承包服务费

总承包服务费是指总承包人为配合、协调建设单位进行的专业工程发包，对建设单位自行采购的材料、工程设备等进行保管以及施工现场管理、竣工资料汇总整理等服务所需的费用。

总承包服务费由建设单位在招标控制价中根据总包服务范围和有关计价规定编制，施工企业投标时自主报价，施工过程中按签约合同价执行。

2.3.3.4 规费和税金

规费和税金的内容与计算同按费用构成要素划分的建筑安装工程费用项目组成部分是相同的。

2.4 工程建设其他费用的构成与计算

工程建设其他费用是指从工程筹建到工程竣工验收交付使用为止的整个建设期间，除设备及工器具购置费用和建筑安装工程费用以外的、为保证工程建设顺利完成和交付使用后能够正常发挥效用而发生的各项费用。工程建设其他费用按内容可分为建设用地费、与项目建设有关的其他费用和与未来生产经营有关的其他费用三类。

2.4.1 建设用地费

建设用地费是指为获得工程项目建设土地的使用权而在建设期内发生的各项费用，包括通过划拨方式取得土地使用权而支付的土地征用及迁移补偿费，或者通过土地使用权出让方式取得土地使用权而支付的土地使用权出让金。

2.4.1.1 取得建设用地的基本方式

取得建设用地，实质是依法获取国有土地的使用权，根据我国《房地产管理法》的规定，有划拨和出让两种基本方式。

（1）通过划拨方式获取国有土地使用权

国有土地使用权划拨，是指经县级以上人民政府依法批准，在土地使用者缴纳补偿、安置等费用后将该幅土地交付其使用，或者将土地使用权无偿交付给土地使用者使用的行为。依法以划拨方式取得土地使用权的，除法律、行政法规另有规定外，没有使用期限的限制。因企业改制、土地使用权转让或者改变土地用途等不再符合划拨要求的，应当实行有偿使用。

国家对划拨用地有着严格的规定，经县级以上人民政府依法批准，可通过划拨方式取得的建设用地包括：①国家机关用地和军事用地；②城市基础设施用地和公益事业用地；③国家重点扶持的能源、交通、水利等基础设施用地；④法律、行政法规规定的其他用地。

（2）通过出让方式获取国有土地使用权

国有土地使用权出让，是指国家将国有土地使用权在一定年限内出让给土地使用者，由土地使用者向国家支付土地使用权出让金的行为。土地使用权出让最高年限是按用途确定的，具体规定是：居住用地 70 年；工业用地 50 年；教育、科技、文化、卫生、体育用地 50 年；商业、旅游、娱乐用地 40 年；综合或者其他用地 50 年。土地使用权出让的具体方式有竞争出让和协议出让两种。

1）竞争出让方式。有投标、竞拍和挂牌三种竞争方式，按照国家相关规定：①工业（包括仓储用地，但不包括采矿用地）、商业、旅游、娱乐和商品住宅等各类经营性用地，必须以招标、拍卖或者挂牌方式出让；②上述规定以外用途的土地的供地计划公布后，同一宗地有两个以上意向用地者的，也应当采用招标、拍卖或者挂牌方式出让。

2）协议出让方式。按照国家相关规定，除依照法律、法规和规章的规定应当采用招标、拍卖或者挂牌方式外，方可采取协议方式。以协议方式出让国有土地使用权的出让金不得低于按国家规定所确定的最低价，协议出让底价不得低于拟出让地块所在区域的协议出让最低价。

2.4.1.2 取得建设用地的费用

通过划拨方式取得的建设用地，须承担征地补偿费用或拆迁补偿费用（对原用地单位或个人）；通过出让方式取得的建设用地，则不但须承担以上费用，还须向土地所有者支付有偿使用费，即土地出让金。

（1）征地补偿费用

建设用地的征地补偿费用由以下各项构成。

1）土地补偿费。是对农村集体经济组织因土地被征用而造成的经济损失的一种补偿。征用耕地的补偿费，为该耕地被征前三年平均年产值的 6～10 倍。征用其他土地的补偿费标准，由省、自治区、直辖市参照征用耕地的补偿费标准规定。土地补偿费归农村集体经济组织所有。

2）青苗补偿费。是因征地时对其正在生长的农作物受到损害而做出的一种赔偿。在农村实行承包责任制后，农民自行承包土地的青苗补偿费应付给本人，属于集体种植的青苗补偿费可纳入当年集体收益。凡在协商征地方案后抢种的农作物、树木等，一律不予补偿。

3）地上附着物。是指房屋、水井、树木、涵洞、桥梁、公路、水利设施、林木等地面建筑物、构筑物、附着物等，视协商征地方案前地上附着物价值与折旧情况确定，如附着物产权属个人，则该项补助费付给个人，地上附着物的补偿标准，由省、自治区、直辖市规定。

4）安置补助费。应支付给被征地单位和安置劳动力的单位，作为劳动力安置与培训的支出以及作为不能就业人员的生活补助。征收耕地的安置补助费，按照需要安置的农业人口数计算。需要安置的农业人口数，按照被征收的耕地数量除以征地前被征收单位平均每人占有耕地的数量计算。

5）新菜地开发建设基金。指征用城市郊区商品菜地时支付的费用，菜地是指城市郊区为供应城市居民蔬菜，连续 3 年以上常年种菜或者养殖鱼、虾等的商品菜地和精养鱼塘。这项费用交给地方财政，作为开发建设新菜地的投资。

6）耕地占用税。是对占用耕地建房或者从事其他非农业建设的单位和个人征收的一种税收，目的是合理利用土地资源、节约用地，保护农用耕地。耕地占用税征收范围，不仅包括占用耕地，还包括占用鱼塘、园地、菜地及其农业用地建房或者从事其他非农业建设，均按实际占用的面积和规定的税额一次性征收。

7）土地管理费。主要作为征地工作中所发生的办公、会议、培训、宣传、差旅、借用人员工资等必要的费用。土地管理费的收取标准，一般是在土地补偿费、青苗费、地面附着物补偿费、安置补助费四项费用之和的基础上提取 2%～4%。

（2）拆迁补偿费用

在城市规划区内国有土地上实施房屋拆迁，拆迁人应当对被拆迁人给予补偿、安置。

1）拆迁补偿。拆迁补偿的方式可以实行货币补偿，也可以实行房屋产权调换。①货币补偿的金额，根据被拆迁房屋的区位、用途、建筑面积等因素，以房地产市场评估价格确定。②实行房屋产权调换的，拆迁人与被拆迁人按照计算得到的被拆迁房屋的补偿金额和所调换房屋的价格，结清产权调换的差价。

2）搬迁、安置补助费。拆迁人应当对被拆迁人或者房屋承租人支付搬迁补助费。①对于在规定的搬迁期限届满前搬迁的，拆迁人可以付给提前搬家奖励费；②在过渡期限内，被拆迁人或者房屋承租人自行安排住处的，拆迁人应当支付临时安置补助费；③被拆迁人或者房屋承租人使用拆迁人提供的周转房的，拆迁人不支付临时安置补助费。

（3）出让金、土地转让金

土地使用权出让金为用地单位向国家支付的土地所有权收益，出让金标准一般参考城市基准地价并结合其他因素制定。基准地价是以城市土地综合定级为基础，用某一地价或地价幅度表示某一类别用地在某一土地级别范围的地价，以此作为土地使用权出让价格的基础。在有偿出让和转让土地时，政府对地价不作统一规定，土地使用权出让或转让，应先由地价评估机构进行价格评估后，再签订土地使用权出让和转让合同。

2.4.2　与项目建设有关的其他费用

2.4.2.1　建设管理费

建设管理费是指建设单位为组织完成工程项目建设，在建设期内发生的各类管理性费用。

（1）建设管理费的内容

1）建设单位管理费：是指建设单位发生的管理性质的开支。包括：工作人员工资、工资性补贴、施工现场津贴、职工福利费、住房基金、基本养老保险费、基本医疗保险费、失业保险费、工伤保险费、办公费、差旅交通费、劳动保护费、工具用具使用费、固定资产使用费、必要的办公及生活用品购置费、必要的通信设备及交通工具购置费、零星固定资产购置费、招募生产工人费、技术图书资料费、业务招待费、设计审查费、工程招标费、合同契约公证费、法律顾问费、咨询费、完工清理费、竣工验收费、印花税和其他管理性质开支。

2）工程监理费：是指建设单位委托工程监理单位实施工程监理的费用。此项费用应按国家发改委与建设部联合发布的《建设工程监理与相关服务收费管理规定》（发改价格〔2007〕670号）计算。依法必须实行监理的建设工程施工阶段的监理收费实行政府指导价；其他建设工程施工阶段的监理收费和其他阶段的监理与相关服务收费实行市场调节价。

3）总承包管理费：如建设单位采用工程总承包方式，其总承包管理费由建设单位与总承包单位根据总承包工作范围在合同中商定，从建设管理费中支出。

（2）建设单位管理费的计算

建设单位管理费按照工程费用之和（包括设备工器具购置费和建筑安装工程费用）乘以建设单位管理费费率计算，计算公式如下：

$$建设单位管理费＝工程费用×建设单位管理费费率 \tag{2.36}$$

式中，建设单位管理费费率按照建设项目的不同性质、不同规模确定。

2.4.2.2　可行性研究费

可行性研究费是指在工程项目投资决策阶段，依据调研报告对有关建设方案、技术方案或生产经营方案进行的技术经济论证以及编制、评审可行性研究报告所需的费用，此项费用应依据前期研究委托合同计列，或参照《国家计委关于印发〈建设项目前期工作咨询收费暂行规定〉的通知》（计投资［1999］1283号）的规定计算。

2.4.2.3 研究试验费

研究试验费是指为建设项目提供或验证设计数据、资料等进行必要的研究试验及按照相关规定在建设过程中必须进行试验、验证所需的费用。包括自行或委托其他部门研究试验所需人工费、材料费、试验设备及仪器使用费等。这项费用按照设计单位根据本工程项目的需要提出的研究试验内容和要求计算。

在计算时要注意不应包括以下项目：①应由科技三项费用（即新产品试制费、中间试验费和重要科学研究补助费）开支的项目。②应在建筑安装费用中列支的施工企业对建筑材料、构件和建筑物进行一般鉴定、检查所发生的费用及技术革新的研究试验费。③应由勘察设计费或工程费用中开支的项目。

2.4.2.4 勘察设计费

勘察设计费是指对工程项目进行工程水文地质勘察、工程设计所发生的费用。包括：工程勘察费、初步设计费（基础设计费）、施工图设计费（详细设计费）、设计模型制作费。此项费用应按《关于发布〈工程勘察设计收费管理规定〉的通知》（计价格［2002］10号）的规定计算。

2.4.2.5 环境影响评价费

环境影响评价费是指按照《中华人民共和国环境保护法》、《中华人民共和国环境影响评价法》等规定，在工程项目投资决策过程中，对其进行环境污染或影响评价所需的费用。包括编制环境影响报告书（含大纲）、环境影响报告表以及对环境影响报告书（含大纲）、环境影响报告表进行评估等所需的费用。此项费用可参照《关于规范环境影响咨询收费有关问题的通知》（计价格［2002］125号）规定计算。

2.4.2.6 劳动安全卫生评价费

劳动安全卫生评价费是指按照劳动部《建设项目（工程）劳动安全卫生监察规定》和《建设项目（工程）劳动安全卫生预评价管理办法》的规定，在工程项目投资决策过程中，为编制劳动安全卫生评价报告所需的费用。包括编制建设项目劳动安全卫生预评价大纲和劳动安全卫生预评价报告书以及为编制上述文件所进行的工程分析和环境现状调查等所需费用。

必须进行劳动安全卫生预评价的项目包括：①属于《国家计划委员会、国家基本建设委员会、财政部关于基本建设项目和大中型划分标准的规定》中规定的大中型建设项目。②属于《建筑设计防火规范》（GB 50016）中规定的火灾危险性生产类别为甲类的建设项目。③属于劳动部颁布的《爆炸危险场所安全规定》中规定的爆炸危险场所等级为特别危险场所和高度危险场所的建设项目。④大量生产或使用《职业性接触毒物危害程度分级》（GB Z30）规定的Ⅰ级、Ⅱ级危害程度的职业性接触毒物的建设项目。⑤大量生产或使用石棉粉料或含有10%以上的游离二氧化硅粉料的建设项目。⑥其他由劳动行政部门确认的危险、危害因素大的建设项目。

2.4.2.7 场地准备及临时设施费

(1) 场地准备及临时设施费的内容

1) 建设项目场地准备费是指为使工程项目的建设场地达到开工条件，由建设单位组织进行的场地平整等准备工作而发生的费用。

2）建设单位临时设施费是指建设单位为满足工程项目建设、生活、办公的需要，用于临时设施建设、维修、租赁、使用所发生或摊销的费用。

（2）场地准备及临时设施费的计算

新建项目的场地准备和临时设施费应根据实际工程量估算，或按工程费用的比例计算，不包括已列入建筑安装工程费用中的施工单位临时设施费用，改扩建项目一般只计拆除清理费，计算公式如下：

$$场地准备和临时设施费＝工程费用×费率＋拆除清理费 \tag{2.37}$$

2.4.2.8 引进技术和引进设备其他费

引进技术和引进设备其他费是指引进技术和设备发生的但未计入设备购置费中的费用。

（1）引进项目图纸资料翻译复制费、备品备件测绘费

可根据引进项目的具体情况计列或按引进货价（FOB）的比例估列，引进项目发生备品备件测绘费时按具体情况估列。

（2）出国人员费用

包括买方人员出国设计联络、出国考察、联合设计、监造、培训等所发生的差旅费、生活费等，依据合同或协议规定的出国人次、期限以及相应的费用标准计算。生活费按照财政部、外交部规定的现行标准计算，差旅费按中国民航公布的票价计算。

（3）来华人员费用

包括卖方来华工程技术人员的现场办公费用、往返现场交通费用、接待费用等。依据引进合同或协议有关条款及来华技术人员派遣计划进行计算。来华人员接待费用可按每人次费用指标计算，引进合同价款中已包括的费用内容不得重复计算。

（4）银行担保及承诺费

指引进项目由国内外金融机构出面承担风险和责任担保所发生的费用以及支付贷款机构的承诺费。应按担保或承诺协议计取，投资估算和概算编制时可以担保金额或承诺金额为基数乘以费率计算。

2.4.2.9 工程保险费

是指为转移工程项目建设的意外风险，在建设期内对建筑工程、安装工程、机械设备和人身安全进行投保而发生的费用。包括建筑安装工程一切险、引进设备财产保险和人身意外伤害险等，根据不同的工程类别，分别以其建筑、安装工程费乘以建筑、安装工程保险费率计算。

2.4.2.10 特殊设备安全监督检验费

特殊设备安全监督检验费是指安全监察部门对在施工现场组装的锅炉及压力容器、压力管道、消防设备、燃气设备、电梯等特殊设备和设施实施安全检验收取的费用。此项费用按照建设项目所在省（市、自治区）安全监察部门的规定标准计算，无具体规定的，在编制投资估算和概算时可按受检设备现场安装费的比例估算。

2.4.2.11 市政公用设施费

市政公用设施费是指使用市政公用设施的工程项目，按照项目所在地省级人民政府有关

规定建设或缴纳的市政公用设施建设配套费用以及绿化工程补偿费用，此项费用按工程所在地人民政府规定标准计列。

2.4.3 与未来企业生产经营有关的其他费用

（1）联合试运转费

联合试运转费是指新建或新增加生产能力的工程项目，在交付生产前按照设计文件规定的工程质量标准和技术要求，对整个生产线或装置进行负荷联合试运转所发生的费用净支出（试运转支出大于收入的差额部分费用）。

试运转支出包括试运转所需原材料、燃料及动力消耗、低值易耗品、其他物料消耗、工具用具使用费、机械使用费、保险金、施工单位参加试运转人员工资以及专家指导费等；试运转收入包括试运转期间的产品销售收入和其他收入。

联合试运转费不包括应由设备安装工程费用开支的调试及试车费用以及在试运转中暴露出来的因施工原因或设备缺陷等发生的处理费用。

（2）专利及专有技术使用费

专利及专有技术使用费的主要内容包括：①国外设计及技术资料费、引进有效专利、专有技术使用费和技术保密费。②国内有效专利、专有技术使用费。③商标权、商誉和特许经营权费等。

专利及专有技术使用费按专利使用许可协议和专有技术使用合同的规定计列。

（3）生产准备及开办费

生产准备及开办费是指在建设期内，建设单位为保证项目正常生产而发生的人员培训费、提前进厂费以及投产使用必备的办公、生活家具用具及工器具等的购置费用。包括：①人员培训费及提前进厂费。②为保证初期正常生产（或营业、使用）所必需的生产办公、生活家具用具购置费。③为保证初期正常生产（或营业、使用）必需的第一套不够固定资产标准的生产工具、器具、用具购置费，不包括备品备件费。

新建项目生产准备及开办费按设计定员为基数计算，改扩建项目按新增设计定员为基数计算，计算公式如下：

$$生产准备费 = 设计定员 \times 生产准备费指标（元/人）\tag{2.38}$$

2.5　预备费与建设期贷款利息的计算

2.5.1 预备费

按我国的现行规定，预备费包括基本预备费和价差预备费。

2.5.1.1 基本预备费

（1）基本预备费的内容

基本预备费，又称为工程建设不可预见费，是指针对项目实施过程中可能发生难以预料的支出而事先预留的费用，主要指的是设计变更及施工过程中可能增加工程量的费用。基本预备费包括以下内容。

1) 在批准的初步设计范围内，技术设计、施工图设计及施工过程中所增加的工程费用。如，设计变更、工程变更、材料代用、局部地基处理等增加的费用。

2) 一般自然灾害造成的损失和预防自然灾害所采取的措施费用，实行工程保险的项目该费用应适当降低。

3) 竣工验收时为鉴定工程质量，对隐蔽工程进行必要的挖掘和修复费用。

4) 超规超限设备运输增加的费用。

(2) 基本预备费的计算

基本预备费按设备及工器具购置费、建筑安装工程费用和工程建设其他费用三者之和为计取基础，乘以基本预备费费率进行计算。

$$基本预备费=\left(\begin{matrix}设备及工器具\\购置费\end{matrix}+\begin{matrix}建筑安装\\工程费用\end{matrix}+\begin{matrix}工程建设\\其他费用\end{matrix}\right)\times 基本预备费费率 \quad (2.39)$$

式中，基本预备费费率的取值应执行国家及部门的有关规定，一般地，在项目建议书和可行性研究阶段，基本预备费率取 10%，在初步设计阶段，基本预备费率取 7%～10%。

2.5.1.2 价差预备费

(1) 价差预备费的内容

价差预备费，又称为价格变动不可预见费，是指为建设期内利率、汇率或价格等因素的变化而预留的可能增加的费用。价差预备费的内容包括：人工、设备、材料、施工机械的价差费，建筑安装工程费及工程建设其他费用调整，利率、汇率调整等增加的费用。

(2) 价差预备费的估算

价差预备费的估算，一般是根据国家规定的投资综合价格指数，以估算年份价格水平的投资额为基数，采用复利方法计算，有两种计算方法。

1) 当项目投资估算的年份与项目开工年份在同一年时，价差预备费的计算公式为：

$$PF=\sum_{t=1}^{n}I_{t}\left[(1+f)^{t}-1\right] \quad (2.40)$$

式中　PF——价差预备费；

　　　I_t——建设期中第 t 年的投资计划额，包括设备及工器具购置费、建筑安装工程费、工程建设其他费和基本预备费，即第 t 年的静态投资计划额；

　　　n——建设期年份数；

　　　f——年涨价率；

　　　t——施工年度。

2) 当项目投资估算的年份与项目开工年份相隔一年以上时，价差预备费的计算公式为：

$$PF=\sum_{t=1}^{n}I_{t}\left[(1+f)^{m}(1+f)^{0.5}(1+f)^{t-1}-1\right] \quad (2.41)$$

式中　PF——价差预备费；

　　　I_t——建设期中第 t 年的投资计划额，包括设备及工器具购置费、建筑安装工程费、工程建设其他费和基本预备费，即第 t 年的静态投资计划额；

　　　n——建设期年份数；

　　　f——年涨价率；

　　　m——建设前期年限（从编制估算到开工建设，单位：年）；

t——施工年度。

2.5.2 建设期贷款利息

（1）建设期贷款利息的内容

建设期贷款利息是指在建设期内发生的为工程项目筹措资金的融资费用及债务资金利息，它包括向国内银行和其他非银行金融机构贷款、出口信贷、外国政府贷款、国际商业银行贷款以及在境内外发行的债券等在建设期内应偿还的借款利息，按规定应列入建设项目投资之内。

（2）建设期贷款利息的计算

建设期贷款利息实行复利计算，根据贷款发放方式的不同，有以下两种计算方法。

1）一次性发放总贷款且利率固定的贷款利息计算方法 对于贷款总额一次性贷出且利率固定的贷款，其建设期贷款利息的计算公式如下：

$$F = P(1+i)^n \tag{2.42}$$
$$q = F - P = P[(1+i)^n - 1] \tag{2.43}$$

式中　F——建设期贷款的本利和；

P——年初一次性贷款金额；

i——贷款年利率；

n——贷款期限；

q——建设期贷款利息。

2）分年均衡发放总贷款的贷款利息计算方法 对于总贷款是分年均衡发放的情况，建设期贷款利息可按当年借款在年中支用考虑，即当年贷款按半年计息、上年贷款按全年计息，其建设期贷款利息的计算公式如下：

$$q_j = \left(P_{j-1} + \frac{1}{2}A_j\right)i \tag{2.44}$$

式中　q_j——建设期第 j 年应计贷款利息；

P_{j-1}——建设期第 $(j-1)$ 年末累计本金与利息之和；

A_j——建设期第 j 年贷款金额；

i——贷款年利率。

国外贷款利息的计算中，还应包括国外贷款银行根据贷款协议向贷款方以年利率的方式收取的手续费、管理费、承诺费以及国内代理机构经国家主管部门批准的以年利率的方式向贷款单位收取的转贷费、担保费、管理费等。

2.5.3 预备费与建设期贷款利息计算实例

【例2.3】 某建设项目计划当年开工建设，建设期为3年，各年投资计划额如下，第一年投资5000万元，第二年9600万元，第三年2400万元，年均投资价格上涨率为6%，求建设项目建设期间的价差预备费。

解 $PF_1 = I_1[(1+f)-1] = 5000 \times 0.06 = 300$（万元）

$PF_2 = I_2[(1+f)^2-1] = 9600 \times (1.06^2-1) = 1186.56$（万元）

$PF_3 = I_3[(1+f)^3-1] = 2400 \times (1.06^3-1) = 458.44$（万元）

则，建设期的价差预备费为：

$PF = 300 + 1186.56 + 458.44 = 1945$（万元）

【例 2.4】 某建设项目，建设前期为 2 年，建设期为 3 年，各年投资计划额如下，第一年投资 720 万元，第二年 1980 万元，第三年 900 万元，年均投资价格上涨率为 6%，求建设项目建设期间价差预备费。

解 $PF_1 = I_1[(1+f)^2(1+f)^{0.5}(1+f)^0 - 1] = 720 \times 0.157 = 113.04$（万元）

$PF_2 = I_2[(1+f)^2(1+f)^{0.5}(1+f)^1 - 1] = 1980 \times 0.226 = 447.48$（万元）

$PF_3 = I_3[(1+f)^2(1+f)^{0.5}(1+f)^2 - 1] = 900 \times 0.3 = 270$（万元）

则，建设期的价差预备费为：

$PF = 113.04 + 447.48 + 270 = 830.52$（万元）

【例 2.5】 某建设项目的静态投资为 32310 万元，按该项目计划要求，项目建设期为 3 年，3 年的投资分年使用比例为第一年 25%，第二年 45%，第三年 30%，建设期内年平均价格变动率预测为 6%，估计该项目建设期的价差预备费。

解 $PF_1 = 32310 \times 25\% \times [(1+6\%) - 1] = 484.65$（万元）

$PF_2 = 32310 \times 45\% \times [(1+6\%)^2 - 1] = 1797.08$（万元）

$PF_3 = 32310 \times 30\% \times [(1+6\%)^3 - 1] = 1851.52$（万元）

则，建设期的价差预备费：

$PF = 484.65 + 1797.08 + 1851.52 = 4133.25$（万元）

【例 2.6】 某工程建设期为 3 年，分年贷款的额度为：第一年贷款 350 万元，第二年 500 万元，第三年 350 万元，年利率为 5%。用复利法理论计算建设期借款利息。

解 $I_1 = 0.5 \times 350 \times 5\% = 8.75$（万元）

$I_2 = (358.75 + 0.5 \times 500) \times 5\% = 30.44$（万元）

$I_3 = (889.19 + 0.5 \times 350) \times 5\% = 53.2$（万元）

则，建设期末累计借款利息：

$I = 8.75 + 30.44 + 53.21 = 92.4$（万元）

【例 2.7】 某拟建项目的固定资产静态投资估算为 22540 万元，根据项目实施进度规划，项目建设期为 3 年，3 年的投资分年使用比例分别为 25%、55%、20%，其中各年投资中贷款比例为年投资的 30%，预计建设期内各年的贷款利率分别为 5.5%、6%、6.5%，试估算该项目建设期的贷款利息。

解 $I_1 = (0 + 22540 \times 25\% \times 30\% \times 0.5) \times 5.5\% = 46.49$（万元）

$I_2 = (22540 \times 25\% \times 30\% + 46.49 + 22540 \times 55\% \times 30\% \times 0.5) \times 6\% = 215.79$（万元）

$I_3 = (22540 \times 80\% \times 30\% + 46.49 + 215.79 + 22540 \times 20\% \times 30\% \times 0.5) \times 6.5\% = 412.63$（万元）

则，建设期贷款利息总额为：

$I = 46.49 + 215.79 + 412.63 = 674.91$（万元）

思 考 题

2.1　简述我国现行建设项目总投资的构成。

2.2　简述静态投资与动态投资各自包括的内容。

2.3　简述工程造价构成的分类。

2.4　简述我国现行工程造价费用的构成。

2.5　进口设备有几种交货方式？各种方式的风险承担特点是怎样的？

2.6　简述进口设备抵岸价格的构成。

2.7　按费用构成要素划分的建筑安装工程费用的构成是怎样的？

2.8　按工程造价形成划分的建筑安装工程费用的构成是怎样的？

2.9　简述人工费和材料费的构成。

2.10　简述措施项目费的构成。

2.11　简述规费和税金的构成。

2.12　简述与项目有关的其他费用的内容。

2.13　简述基本预备费的内容。

2.14　简述价差预备的内容。

案 例 计 算 题

【背景】

　　某建设项目的静态投资为 28050 万元，建设前期为 2 年，建设期为 3 年，基本预备费率为 10%，各年的投资分年使用比例为：第 1 年 30%，第 2 年 40%，第 3 年 30%，建设期内年平均价格变动率预测为 6%；其中各年投资中贷款比例为年投资的 25%，预计建设期内各年的贷款利率分别为 5%、6%、6.5%。

【问题】

计算该项目建设期的基本预备费、价差预备费和贷款利息。

3

工程造价的确定依据

【本章学习要点】

◆ 掌握：工程建设定额的概念、工程建设定额的分类、劳动定额的表现形式、预算定额消耗量的确定方法、预算定额基价的确定方法、工程造价指数的编制。

◆ 熟悉：施工定额的概念和编制原则、劳动定额的定义、确定劳动定额的方法、机械台班消耗定额的表现形式、预算定额概述、预算定额的内容、预算定额的编制要求、工程造价指数的概念和分类。

◆ 了解：确定材料消耗定额的方法、确定机械台班消耗定额的方法、概算定额的内容与编制程序、概算指标的内容、投资估算指标概述、投资估算指标的内容。

3.1　工程建设定额概述

3.1.1　工程建设定额的概念

3.1.1.1　工程建设定额的含义

定额是指在生产活动中，人力、物力、财力消耗方面应遵守或达到的数量标准。工程建设定额是指工程建设中在正常的施工条件下，采用科学合理的施工工艺，制定完成一定计量单位的质量合格产品所必须消耗人工工日、材料、机械台班等资源的数量标准。如图3.1所示。

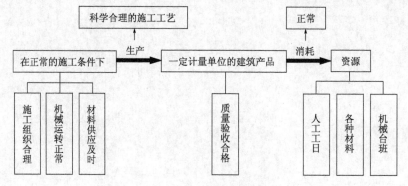

图 3.1　建设工程定额概念图

3.1.1.2 工程建设定额的特性

(1) 科学性和客观性

工程建设定额是在认真研究建筑生产的基本经济规律、价值规律的基础上，经长期 (1950 年始) 的观察、测定，广泛搜集和总结生产实践经验及有关的资料，应用科学的方法对工时分析、作业研究、现场布置、机械设备改革以及施工技术与组织的合理配合等方面进行综合分析、研究后制定的，工程建设定额应和生产力发展水平相适应，反映出工程建设中生产消费的客观规律。因此，它具有一定的科学性和客观性。

工程建设定额的科学性和客观性主要体现在：①尊重客观实际，用科学的态度制定定额，力求定额水平合理；②利用现代科学管理的成就，形成一套系统的、完整的、在实践中行之有效的制定定额的技术方法；③通过制定定额提供贯彻的依据，通过定额的贯彻实现造价管理的目标，对定额进行信息反馈，在实践中保证定额的制定和贯彻一体化。④工程建设定额管理在理论、方法和手段上必须适应现代科学技术和信息社会发展的需要。

(2) 系统性和统一性

工程建设定额的系统性是由工程建设的特点决定的，工程建设是庞大的实体系统，具有多种类、多层次特点，工程建设定额是为这个实体系统服务的，因此也是由多种定额结合而成的有机的整体，是相对独立的系统，有鲜明的层次和明确的目标。

为了使国民经济按照既定的目标发展，就需要借助于某些在一定范围内保证统一尺度的标准、定额、参数等，对工程建设进行规划和组织、调节和控制，以实现国家对经济发展的有计划的宏观调控职能，这就决定了工程建设定额的统一性。

工程建设定额的统一性主要体现在：①按照定额的制定、颁布和贯彻使用来看，有统一的程序、统一的原则、统一的要求和统一的用途；②按照其影响力和执行范围来看，有全国统一定额，地区统一定额和行业统一定额等。

(3) 稳定性和时效性

任何一种工程建设定额都是一定时期的构件工厂化、施工机械化和预制装配化程度以及工艺、材料等建筑技术发展水平和管理水平的反映，因而在一段时间内都表现出稳定的状态，保持定额的稳定性是维护定额的权威性所必需的，更是有效地贯彻定额所必要的。但随着生产技术的发展，各种资源的消耗量下降，劳动生产率会有所提高，导致定额的水平提高，因此，工程建设定额也不是固定不变的，变化是绝对的，稳定是相对的，定额的稳定性与时效性是对立统一的关系。

3.1.2 工程建设定额的分类

工程建设定额是工程建设中各类定额的总称，可以按照不同的原则和方法对进行分类。

3.1.2.1 按定额反映的生产要素内容分类

分为劳动定额、材料消耗定额和机械台班定额。

(1) 劳动定额

也称人工定额。是指完成单位合格产品所需活劳动消耗的数量标准。为了便于综合和核算，劳动定额大多采用工作时间消耗量来计算劳动消耗的数量，所以劳动定额的主要表现形式是时间定额，同时也表现为产量定额。

（2）材料消耗定额

简称材料定额。是指完成单位合格产品所需消耗材料的数量标准。材料是工程建设中使用的原材料、成品、半成品、构配件、燃料以及水、电等动力资源的统称。

（3）机械台班消耗定额

简称机械台班定额。是指为完成单位合格产品所需施工机械消耗的数量标准。机械消耗定额的主要表现形式是机械时间定额，同时也表现为产量定额。

劳动定额、材料消耗定额和机械台班定额是工程建设定额的三大基础定额，是组成所有定额消耗内容的基础。

3.1.2.2 按照定额的编制程序和用途分类

分为施工定额、预算定额、概算定额、概算指标和投资估算指标。

（1）施工定额

是以施工工序为研究对象编制的定额，它由劳动定额、机械定额和材料定额三个相对独立的部分组成，是工程建设定额中分项最细、定额子目最多的一种定额，也是工程建设定额中的基础性定额。

（2）预算定额

是以建筑物或构筑物的各个分部分项工程为对象编制的定额，它的内容包括劳动定额、材料定额和机械定额三个组成部分，预算定额属计价定额的性质。

（3）概算定额

是以扩大的分部分项工程为对象编制的定额，是在预算定额的基础上综合扩大而成的，每一综合分项概算定额都包含了数项预算定额的内容。概算定额的内容也包括劳动定额、材料定额和机械定额三个组成部分，概算定额也是一种计价定额。

（4）概算指标

是以整个建筑物和构筑物为对象，是在概算定额的基础上以更为扩大的计量单位来编制的一种计价指标。概算指标是控制项目投资的有效工具，它所提供的数据也是工程管理计划工作的依据和参考。

（5）投资估算指标

是以独立的单项工程或完整的工程项目为对象，根据历史形成的预决算资料编制的一种指标。投资估算指标也是一种计价指标，它是在项目决策阶段计算投资需要量时使用的定额，也可作为编制固定资产长远计划投资额的参考。

3.1.2.3 按照投资的费用性质分类

分为建筑工程定额、设备安装工程定额、建筑安装工程费用定额、工器具定额以及工程建设其他费用定额等。

（1）建筑工程定额

建筑工程定额在整个工程建设定额中是一种非常重要的定额，在定额管理中占有突出的地位，是建筑工程的施工定额、预算定额、概算定额和概算指标的统称。建筑工程，一般理解为房屋和构筑物工程，具体包括一般土建工程、电气工程（动力、照明、弱电）、卫生技术（水、暖、通风）工程、工业管道工程、特殊构筑物工程等。广义上它也包括除了房屋和构筑物外的其他各类工程，如道路、铁路、桥梁、隧道、运河、堤坝、港口、电站、机场等工程。

（2）设备安装工程定额

设备安装工程定额也是工程建设定额中的重要部分，是安装工程施工定额、预算定额、概算定额和概算指标的统称。设备安装工程是指对需要安装的设备进行定位、组合、校正、调试等工作的工程。在工业项目中，机械设备安装和电气设备安装工程占有重要地位，在非生产性的建设项目中，由于社会生活和城市设施的日益现代化，设备安装工程量也在不断增加。

（3）建筑安装工程费用定额

建筑安装工程费用定额是用以明确建筑安装工程费用构成内容、计价方法和计算程序的定额，根据《建筑安装工程费用项目组成》（建标〔2013〕44号）、《建设工程工程量清单计价规范》（GB 50500—2013）的内容，各省的编制方法虽不尽相同，但均包括了建筑安装工程费用构成要素、建筑安装工程造价组成内容以及建筑安装工程造价计算程序和计价方法等内容。

（4）工器具定额

工器具定额是为新建或扩建项目投产运转首次配置的工具、器具数量标准。工具和器具是指按照有关规定不够固定资产标准而起劳动手段作用的工具、器具和生产用家具，如翻砂用模型、工具箱、计量器、容器、仪器等。

（5）工程建设其他费用定额

工程建设其他费用定额是独立于建筑安装工程费、设备和工器具购置费之外的其他费用开支的额度标准。工程建设其他费用的发生和整个项目的建设密切相关，一般要占项目总投资的10%左右，因此，为合理控制这些费用的开支，工程建设其他费用定额是按各项独立费用分别制定的。

3.1.2.4　按照专业性质分类

分为全国通用定额、行业通用定额和专业专用定额。其中，全国通用定额是指在部门和地区间都可以使用的定额；行业通用定额是指具有专业特点在行业部门内可以通用的定额；专业专用定额是指只能在规定范围内使用的特殊专业的定额。

3.1.2.5　按照主编单位和管理权限分类

分为全国统一定额、行业统一定额、地区统一定额、企业定额和补充定额。

（1）全国统一定额

是由国家建设行政主管部门综合全国工程建设中技术和施工组织管理的情况编制，并在全国范围内执行的定额，如《房屋建筑与装饰工程消耗量定额》（TY01-31—2015）、《通用安装工程消耗量定额》（TY02-31—2015）、《市政工程消耗量定额》（ZYA1-31—2015）等。

（2）行业统一定额

行业统一定额是考虑到各行业部门专业工程技术特点以及施工生产和管理水平编制的、只在本行业和相同专业性质的范围内使用的专业定额，如矿井建设工程定额、铁路建设工程定额等。

（3）地区统一定额

地区统一定额包括省、自治区、直辖市定额，主要是考虑地区性特点和全国统一定额水平做适当调整补充编制的，如四川省建设工程工程量清单计价定额、广东省建筑工程预算定额等。

（4）企业定额

是指由施工企业考虑本企业具体情况，参照国家、部门或地区定额的水平制定的定额。企业定额只在企业内部使用，是企业综合素质的一个标志。企业定额水平一般应高于国家现行定额，这样才能满足生产技术发展、企业管理和市场竞争的需要

（5）补充定额

是指随着工程设计和施工技术的发展，现行定额不能满足需要的情况下，为了补充缺项所编制的定额。补充定额只能在指定的范围内使用，可以作为今后修订定额的基础。

3.2 施 工 定 额

3.2.1 施工定额概述

3.2.1.1 施工定额的概念

施工定额是以施工工序为研究对象编制的定额，是具有合理劳动组织的建筑安装工人或工作小组在正常施工条件下，为完成单位合格工程建设产品所需人工、机械台班、材料消耗的数量标准。

施工定额也称为企业定额，是施工企业内部用于组织施工生产和加强管理的一种定额，属于企业生产定额的性质，反映施工企业的施工生产与生产消费之间的数量关系，企业的技术和管理水平不同，企业定额的定额水平也不同。

3.2.1.2 施工定额的编制原则

（1）平均先进性原则

平均先进性原则要求施工定额应按平均先进的定额水平编制。

定额水平，是指规定消耗在单位产品上的人工、材料和机械数量的多少。所谓平均先进水平，就是在正常的施工条件下，大多数施工队组和大多数生产工人经过努力能够达到和超过的水平。这种水平使先进者感到一定压力，使处于中间水平的工人感到定额水平可望可及，对于落后工人不迁就，使他们意识到必须下功夫改善施工条件，提高技术操作水平，珍惜劳动时间，节约材料消耗，尽快达到定额的水平。

（2）简明适用性原则

简明适用性原则要求施工定额的内容和形式应简明适用，便于施工企业贯彻和执行。

施工定额的内容要能满足组织施工生产和计算工人劳动报酬等多种需要；同时，又要简单明了，易于掌握，便于查阅、计算和携带。贯彻定额的简明适用性原则，关键是做到定额项目设置完全，项目划分粗细适当，定额步距间隔合理。

（3）以专家为主编制定额的原则

以专家为主编制定额的原则要求编制施工定额要有一支经验丰富、技术与管理知识全面、有一定政策水平的稳定的专家队伍。

贯彻这项原则要求做到：①必须保持施工队伍的稳定性。有了稳定的施工专业人员，才能积累资料、积累经验，保证编制施工定额的延续性；②必须注意培训专业人才。这类专业

人才既有施工技术、管理知识和实践经验，具有编制定额的工作能力，又懂得国家技术经济政策，同时还拥有良好的联系工人群众的工作作风。

（4）独立自主的原则

独立自主的原则要求企业独立自主地制定定额。

编制施工定额时，应由施工企业自主地确定定额水平、自主地划分定额项目、自主地根据需要增加新的定额项目。但是，施工定额毕竟是一定时期企业生产力水平的反映，不可能也不应该割断历史，因此施工定额应是对原有国家、部门和地区性施工定额的继承和发展。

（5）时效性原则

时效性原则要求施工定额必须随着市场的变化在实施一段时间后进行修订或重新编制。

施工定额是一定时期内技术发展和管理水平的反映，所以在一段时间内表现出稳定的状态。而这种稳定又是相对的，施工定额还具有显著的时效性，随着建筑市场的完善与发展，当施工定额不再适应市场竞争和成本控制的需要时，就要重新编制和修订，否则就会削弱施工人员的积极性，甚至产生负效应。

（6）保密原则

保密原则要求各施工企业的施工定额指标体系及标准要严格保密。

施工定额是施工企业参与市场竞争的核心竞争能力的具体表现，是企业的商业秘密，建筑市场强手林立，竞争激烈，如果因为泄漏了企业现行的定额水平，使得工程项目在投标中被竞争对手获取，会使企业陷入十分被动的境地，给企业带来不可估量的损失。所以，企业要对施工定额有自我保护意识和相对的加密措施。

3.2.1.3　施工定额的作用和组成

（1）施工定额的作用

1）施工定额是施工企业进行施工管理和投标报价的基础和依据。

2）施工定额是企业编制施工组织设计、施工预算、施工作业计划、签发施工任务单、限额领料等的依据。

3）施工定额是施工企业推行承包责任制，进行工料分析、两算对比、结算计件工资或计量奖励工资等经济核算工作的依据。

4）施工定额可以确定人工、材料及机械需求量计划，是编制预算定额的基础和依据。

总之，施工定额的建立和运用可以提高企业的管理水平和生产力水平，是业内推广先进技术和鼓励创新的工具。

（2）施工定额的组成

施工定额由劳动定额、材料消耗定额和机械台班消耗定额三大基础定额构成，确定劳动定额、材料消耗定额和机械台班消耗定额，主要是分别确定人工消耗量、材料消耗量和机械台班消耗量。

3.2.2　劳动定额

3.2.2.1　劳动定额的概念

（1）劳动定额的定义

劳动定额也称为人工定额，是指在正常的施工（生产）技术组织条件下，为完成一定计量单位的合格建筑产品所需消耗的劳动时间，或一定的劳动时间内所生产的合格建筑产品的数量。劳动定额消耗量的计量单位是工日，1 个工日是指一个建筑安装工人工作一个工作班（即 8h）。

（2）劳动定额的作用

劳动定额是施工定额中非常重要的一部分。它关系到施工生产中劳动力计划、组织和调配，是组织施工和酬金分配的重要参考依据。

1）在组织生产方面，如签发施工任务书、编制施工进度计划和劳动力安排计划进，均须以它为依据；在企业改善劳动组织、提高劳动生产率、挖掘生产潜力方面也必须以它为基础。

2）在酬金分配方面，计算计件工资和工人奖金时，也必须以劳动定额为依据，劳动定额是衡量建筑安装工人劳动成果的主要尺度，它把工人的劳动成果和劳动报酬紧密地联系在一起。

3.2.2.2　施工中工人工作时间消耗的分类

施工中工人工作时间消耗，是指工人在同一工作班内，全部劳动时间的消耗，按其消耗的性质，可分为必需消耗的时间和损失时间两大类。施工中工人工作时间的分类，如图 3.2 所示。

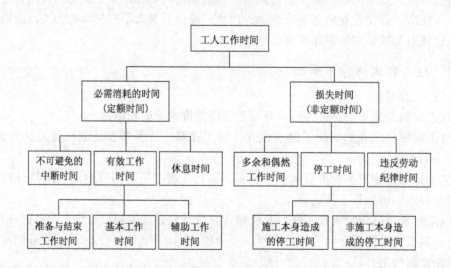

图 3.2　工人工作时间分类图

（1）必需消耗的时间

即定额时间，是指工人在正常施工条件下，为完成一定产品合格产品（工作任务）所消耗的时间，是制定定额的主要依据。在工人必需消耗的工作时间里，包括有效工作时间、休息时间和不可避免的中断时间。

1）有效工作时间。是从生产效果来看与产品生产直接有关的时间消耗，它包括基本工作时间、辅助工作时间、准备与结束工作时间。

a. 基本工作时间，是指工人完成能生产一定产品的施工工艺过程所消耗的时间。通过这些施工工艺过程可以改变材料的外形、结构和性质，如钢筋的弯曲、混凝土构件的浇筑与养护等；可以使预制构配件安装组合成型；也可以改变建筑产品的外部及表面的性质，如墙面刷涂料等。基本工作时间所包括的内容依工作性质而各不相同，基本工作时间的长短与工作量大小成正比例关系。

b. 辅助工作时间，是为了保证基本工作能顺利完成所消耗的时间，如工作过程中工具的矫正和小修，机器的上油，机械的调整等。在辅助工作时间里，不能使产品的形状大小、性质或位置发生变化，辅助工作时间的结束，往往就是基本工作时间的开始，辅助工作时间的长短与工作量大小有关。

c. 准备与结束工作时间，是指执行任务前或任务完成后所消耗的工作时间，包括工作地点、劳动工具和劳动对象的准备工作时间以及工作结束后的整理工作时间，如工人每天从工地仓库领取工具、设备的时间以及交接班时间等。准备与结束工作时间的长短与所担负的工作量大小无关，但往往与工作的内容有关。

2）休息时间。是指工人在工作过程中为恢复体力所必需的短暂休息和生理需要的时间消耗。休息时间的长短和劳动强度、劳动条件有关，劳动越繁重紧张、劳动条件越差（如高温等），则休息时间越长。

3）不可避免的中断时间。是指由于施工工艺特点引起的工作中断所必需的时间。

a. 与施工工艺特点有关的工作中断时间，要计入定额时间。如起重机起吊预制构件时安装工人等待的时间、电器安装工人由一根电焊转移到另一根电焊的时间等应包括在定额时间内，但应尽量缩短此项时间消耗。

b. 与施工工艺特点无关的工作中断时间，是由劳动组织不合理所引起的，属于损失时间，不能计入定额时间。

（2）损失时间

是指与产品生产无关、而与施工组织和技术上的缺点有关，与工人在施工过程中的个人过失或某些偶然因素有关的时间消耗。工人损失的工作时间中，包括多余和偶然工作时间、停工时间、违反劳动纪律时间。

1）多余和偶然工作时间。包括多余工作引起的工时损失和偶然工作引起的时间损失两种情况。

a. 多余工作时间，是指工人进行了任务以外的不能增加产品数量的工作。多余工作的工时损失，如重砌质量不合格的不平整的墙体等，一般都是由于工程技术人员和工人的差错而引起的修补废品和多余加工造成的，因此，不应计入定额时间内。

b. 偶然工作时间，也是指工人在任务外进行的工作，但能够获得一定的产品，如电工在铺设电缆时需要临时在墙上开洞等，在定额中不考虑它所占用的时间，但由于偶然工作能获得一定的产品，拟定定额时要适当考虑它的影响。

2）停工时间。是指工作班内停止工作造成的工时损失，按其性质可分为施工本身造成的停工时间和非施工本身造成的停工时间。

a. 若是因为施工本身造成的停工时间，如施工组织不善，材料供应不及时等情况引起的，在拟定定额时不应该计入；

b. 若是因为非施工本身造成的停工时间，如气候条件、水源、电源的中断等情况引起的，定额中应给予合理的考虑。

3）违反劳动纪律时间。是指因工人违反劳动纪律而造成的工作时间的损失，如工作班开始和午休后的迟到、午饭和工作班结束前的早退、工作时间内聊天等情况造成的工时损失，定额内是不予考虑的。

3.2.2.3　劳动定额的表现形式

劳动定额按其定义，有时间定额和产量定额两种表现形式。

(1) 时间定额

时间定额是指在正常的施工技术组织条件下，为完成一定计量单位（如 m、m^3、m^2、t、块等）的合格建筑产品所需消耗的劳动时间（工日），时间定额的单位是：工日/m（或 m^3、m^2、t、块）。

示例：一砖厚双面清水砖墙，时间定额为 0.69 工日/m^3，指的是一个建筑安装工人砌 $1m^3$ 一砖厚双面清水砖墙，必需消耗的工作时间为 0.69 工日。

(2) 产量定额

是指在正常的施工技术组织条件下，单位劳动时间（工日）内完成合格建筑产品的数量（如 m、m^3、m^2、t、块等）；产量定额的单位是：（m、m^3、m^2、t、块等）/工日。

示例：一砖厚双面清水砖墙，产量定额为 1.49 工日/m^3，指的是一个建筑安装工人一个工日可砌一砖厚双面清水砖墙 $1.45m^3$。

(3) 时间定额和产量定额的关系

时间定额和产量定额互为倒数。

示例：砌 $1m^3$ 一砖厚双面清水砖墙，时间定额是 0.69 工日，则每工产量为 1/0.69＝$1.45m^3$；反之，时间定额为 1/1.45＝0.69 工日。

(4) 时间定额与产量定额的作用

1) 时间定额是单位产品所需时间，便于计算完成某一分部（项）工程的工日数，即可用以确定分项工期，进而编制施工进度计划。

2) 产量定额是单位时间内完成的产品数量，便于小组分配任务，考核工人的劳动效率和签发施工任务单。

【例 3.1】　某土方工程二类土，挖基槽的工程量为 $450m^3$，每天有 24 名工人负责施工，时间定额为 0.205 工日/m^3，试计算完成该分项工程的施工天数。

解　施工天数＝450×0.205/24＝3.84（取 4 天）

即完成该分项工程需 4 天。

【例 3.2】　某二砖混水外墙，由 11 人砌筑负责施工，产量定额为 0.862m^3/工日，试计算一个月完成的工程量。

解　月工程量＝11×0.862×30＝284.4（m^3）

即该小队一个月完成的工程量为 $284.4m^3$。

3.2.2.4　确定劳动定额的方法

为了便于综合和核算，劳动定额大都采用工作时间消耗量来计算劳动消耗的数量，即采用时间定额形式，因此在确定了时间定额后，产量定额即可由时间定额的倒数得到。时间定额是由基本工作时间、辅助工作时间、不可避免的中断时间、准备与结束工作时间以及休息时间组成的，有以下两种制定方法。

(1) 根据计时观察资料确定时间定额

即确定的基本工作时间、辅助工作时间、不可避免中断时间、准备与结束的工作时间和休息时间之和，就是劳动定额的时间定额，如式（3.1）所示。而时间定额的倒数即为产量定额。

$$时间定额＝基本工作时间＋辅助工作时间＋准备与结束工作时间$$
$$＋不可避免中断时间＋休息时间 \qquad (3.1)$$

（2）利用工时规范确定时间定额

定额时间可分为工序作业时间和规范时间，其中，工序作业时间包括基本工作时间和辅助工作时间；规范时间包括准备与结束工作时间、不可避免的中断时间和休息时间。利用工时规范确定时间定额的计算公式如下。

1）工序作业时间＝基本工作时间＋辅助工作时间 $\qquad (3.2)$
$\qquad$＝基本工作时间/（1－辅助工作时间％） $\qquad (3.3)$

式中，辅助工作时间％是指占工序作业时间的百分比；

2）规范时间＝准备与结束时间＋不可避免的中断时间＋休息时间 $\qquad (3.4)$

3）定额时间＝工序作业时间＋规范时间 $\qquad (3.5)$
$\qquad$＝工序作业时间/（1－规范时间％） $\qquad (3.6)$

式中，规范时间％是指占定额时间（工作日）的百分比。

【例3.3】 完成1m³砌体需消耗的基本工作时间为16.6h（折算为一人工作量），辅助工作时间占工序作业时间的3％；准备与结束时间、不可避免的中断时间、休息时间分别占工作日的2％、2％、18％。试计算砌筑每立方米砖墙的时间定额和产量定额。

解 ① 基本工作时间＝16.6h＝2.075（工日/m³）

② 工序作业时间＝2.075/（1－3％）＝2.139（工日/m³）

③ 定额时间＝2.139/（1－2％－2％－18％）＝2.742（工日/m³）

④ 产量定额＝1/时间定额＝1/2.742＝0.365（工日/m³）

故，砌筑每立方米砖墙的时间定额为2.742工日/m³，产量定额为0.365工日/m³。

3.2.3 材料消耗定额

3.2.3.1 材料消耗定额的概念

（1）材料消耗定额的定义

材料消耗定额，简称材料定额，是指在正常的施工组织条件下，在合理使用材料的前提下，生产单位质量合格的建筑产品所必须消耗一定品种、规格的建筑材料的数量标准。

材料定额消耗量的单位，多以材料、设备的自然、物理计量单位表示。自然计量单位是指以实物自身为计量单位，如"个、件、台"等，物理计量单位是指物质的物理属性，以国际统一计量标准为单位，如体积以立方米（m³）、面积以平方米（m²）、长度以延长米（m）为计量单位等。

（2）材料消耗定额的作用

建筑材料在施工生产中有着重要地位，资金占用额约为50％以上，对材料消耗实行定额管理，是工程建设中不可忽视的环节。在建筑工程中，材料消耗量的多少，节约还是浪费，对工程成本有着直接的影响，而建筑材料的需求量与供应量又主要取决于材料消耗定额，因此，材料消耗定额在很大程度上决定着材料的合理调配与使用。科学地确定材料消耗定额，就可以保证及时地供应、调配和使用材料，减少材料的积压和浪费，对施工企业节约材料、降低成本、加速流动资金周转、减少资金占用，都具有十分重要的现实意义。

3.2.3.2 材料消耗分类

合理确定材料消耗定额，必须研究和区分在施工过程中材料消耗的类别，按材料消耗的性质及其与工程实体的关系，分类如下。

（1）根据材料消耗的性质划分

施工中材料的消耗可分为必需的材料消耗和损失的材料两类。

1）必需消耗的材料，是指在合理用料的条件下，生产合格产品所需消耗的材料。它包括：①直接用于建筑和安装工程的材料；②不可避免的施工废料和材料损耗。必须消耗的材料属于施工正常消耗，是确定材料消耗定额的基本数据。其中，直接用于建筑和安装工程的材料，编制材料净用量定额；不可避免的施工废料和材料损耗，编制材料损耗定额。

2）损失的材料，是指施工生产中不合理的材料消耗，在确定材料定额消耗量时一般不考虑。

（2）根据材料消耗与工程实体的关系划分

施工中的材料消耗可分为实体材料消耗和非实体材料消耗两类。

1）实体材料消耗，是指建筑工程施工中直接构成工程实体的材料消耗，包括直接性材料消耗和辅助材料消耗。直接性材料消耗，是指直接用于工程中构成建筑物或结构本体的一次性消耗的主要材料，如砖、砂、石等；辅助性材料是指施工过程中必需的，但并未构成建筑物或结构本体的材料，如爆破工程中的炸药、引信、雷管等。主要材料用量大，辅助材料用量少。

2）非实体材料消耗，是指在施工中必须使用但又不能构成工程实体的施工措施性材料消耗，主要指的是周转性材料，如模板、脚手架、挡土板等在工程施工中能多次使用、反复周转的工具性材料、配件和用具等。

3.2.3.3 确定材料消耗定额的方法

（1）实体性材料消耗的确定方法

1）实体性材料消耗由材料净用量和材料损耗量组成，计算公式如下。

$$材料损耗量＝材料净耗量＋材料合理损耗量 \qquad (3.7)$$

$$损耗率＝\frac{损耗量}{净耗量}\times100\% \qquad (3.8)$$

$$材料消耗量＝\frac{净耗量}{1-损耗率} \qquad (3.9)$$

2）材料合理损耗量的内容包括：①施工操作过程中的材料损耗量，包括操作过程中不可避免的废料和损耗量。②领料时材料从工地仓库、现场堆放地点或施工现场内的加工地点运至施工操作地点不可避免的场内运输损耗量、装卸损耗量。③材料在施工操作地点的不可避免的堆放损耗量。④材料预算价格中没有考虑的场外运输损耗量。

3）确定实体性材料净用量和材料损耗量的计算数据，主要有现场技术测定法、实验室试验法、现场统计法和理论计算法。

a. 现场技术测定法，是通过现场观察、测定，取得产品产量和材料消耗的情况，又称为观测法。主要适用于确定材料的损耗量和净用量，如通过观测现场铺设地砖的情况，确定地砖的损耗量和净用量。

b. 实验室试验法，是通过试验，对材料的结构、化学成分和物理性能以及按强度等级控制的混凝土、砂浆配合比作出科学的结论。主要适用于确定材料的净用量，如通过混凝土配合比试验确定水泥、砂、石的净用量。

c. 现场统计法，是通过分析施工现场料单和完成的产品数量等统计资料，得出材料消耗量，如钢筋损耗量的测定。这种方法由于不能分清材料消耗的性质，所以不能作为确定材料净用量和损耗量的依据，而只能作为编制材料定额的辅助方法应用。

d. 理论计算法，即对于工程特点比较熟悉的施工工艺通过计算确定材料消耗定额，如砌砖工程中标准砖用量及砂浆用量的计算。

(2) 非实体性材料消耗的确定方法

1) 计算公式。非实体性材料即周转材料的定额消耗量是指每使用一次摊销的数量，按周转性材料在其使用过程中发生消耗的规律，其摊销量的计算公式如下。

$$摊销量 = \frac{一次使用量 \times (1 + 损耗率)}{周转次数} \tag{3.10}$$

2) 公式中的相关概念。

a. 一次使用量是指周转性材料一次使用的基本量，即一次投入量，根据施工图计算，其用量与各分部分项工程部位、施工工艺和施工方法有关。

b. 损耗率是指周转性材料每使用一次后的损失率，应根据材料的不同材质、不同的施工方法及不同的现场管理水平通过统计工作来确定。

c. 周转次数是指周转性材料从第一次使用起可重复使用的次数，它与不同的周转性材料、使用的工程部位、施工方法及操作技术有关。

3) 影响周转次数的主要因素包括：①材质及功能对周转次数的影响，如金属制的周转材料比木制的周转次数多 10 倍，甚至百倍。②使用条件的好坏以及施工速度的快慢，对周转次数的影响。③周转材料的保管、保养和维修的好坏，对周转材料使用次数的影响。

【例 3.4】 已知砌筑墙体时，标准黏土砖和砂浆的损耗率分别为 2% 和 1%，灰缝宽 10mm，砂浆实体积折合为虚体积的系数为 1.07，试计算砌筑 $1m^3$ 一砖混水砖墙中砖和砂浆的消耗量。

解 (1) 计算砖的消耗量

$$
\begin{aligned}
砖的消耗量 &= \frac{1}{(砖宽+灰缝) \times (砖厚+灰缝)} \times \frac{1}{砖长} \times (1+损耗率) \\
&= \frac{1}{(0.115+0.01) \times (0.053+0.01)} \times \frac{1}{0.24} \times (1+2\%) \\
&= 529.1 \times 1.02 \\
&= 540 \text{ 块}/m^3
\end{aligned}
$$

(2) 计算砂浆的消耗量

$$
\begin{aligned}
砂浆的消耗量 &= (1 - 0.24 \times 0.115 \times 0.053 \times 529) \times 1.07 \times (1+1\%) \\
&= 0.244 m^3/m^3
\end{aligned}
$$

故，砌筑 $1m^3$ 一砖混水砖墙需砖 540 块，砂浆 $0.244m^3$。

【例 3.5】 已知铺贴墙面砖 (规格为 $300 \times 300 \times 5$) 时，面砖的损耗率分别为 2% 和 1%，缝宽 15mm，面砖结合层砂浆厚为 10mm，砂浆实体积折合为虚体积的系数为 1.07，试计算铺贴 $1m^2$ 外墙面砖 (规格为 $300 \times 300 \times 5$) 时，面砖和砂浆的消耗量。

解 (1) 计算面砖的消耗量

$$面砖的消耗量 = \frac{1}{(面砖长+灰缝)\times(面砖宽+灰缝)}\times(1+损耗率)$$
$$= \frac{1}{(0.3+0.015)\times(0.3+0.015)}\times(1+2\%)$$
$$= 10\ 块/m^2$$

（2）计算砂浆的消耗量

$$砂浆的消耗量 = 结合层砂浆消耗量+灰缝砂浆消耗量$$
$$= [(1-0.3\times0.3\times10)\times0.005+1\times0.01]\times1.07\times(1+1\%)$$
$$= 0.0113m^3/m^2$$

故，铺贴 $1m^2$ 外墙面砖（规格为 $300\times300\times5$）需面砖 10 块，砂浆 $0.0113m^3$。

3.2.4　机械台班消耗定额

3.2.4.1　机械台班消耗定额的概念

（1）机械台班消耗定额的定义

机械台班消耗定额，简称机械台班定额，又称为机械台班使用定额。是指在正常的施工组织条件下，合理的劳动力组合和合理的使用施工机械的前提下，生产单位合格建筑产品所必须消耗的机械台班数量标准。机械台班消耗定额的计量单位是台班，台班是指一台机械工作一个工作班（即8h）。

（2）机械台班消耗定额的作用

随着建筑施工向构配件生产工厂化、装配化和施工现场机械化的发展，机械台班消耗定额的作用也更加重要，它不但在考核机械工作效率、编制施工作业计划和签发施工任务单等方面与劳动定额起着同样重要的作用，还标志着建筑施工机械生产率水平的高低。加强机械台班消耗定额的管理，将使其在组织施工生产方面发挥更大的作用。

3.2.4.2　施工中机械工作时间消耗的分类

施工中机械工作时间消耗，也称台班消耗，是指机械在正常运转情况下，在一个工作班内的全部工作时间消耗。机械在工作班内消耗的工作时间，按其消耗的性质，可分为必需消耗的时间和损失时间两大类。施工中机械工作时间的分类，如图3.3所示。

（1）必需消耗的时间

在必需消耗的时间里，包括有效工作时间、不可避免的无负荷工作时间和不可避免的中断时间。

1）有效工作时间。是指机械直接为施工生产而进行工作的工时消耗，它包括正常负荷下的工作时间、有根据地降低负荷下的工作时间。

a. 正常负荷下的工作时间，是指机器在与机器的技术说明书中规定的额定负荷相符的情况下进行工作的时间。

b. 有根据地降低负荷下的工作时间，是指在个别情况下由于技术上的原因，机器在低于其额定负荷下工作的时间。如汽车运输重量轻而体积大的货物时，不能充分利用汽车的载重吨位，而不得不降低其计算负荷等情况。

2）不可避免的无负荷工作时间。是指由施工过程和机械结构的特点造成的机械无负荷工作时间。如筑路机在工作区的末端调头、载重汽车在工作班时间内的单程空返等情况。

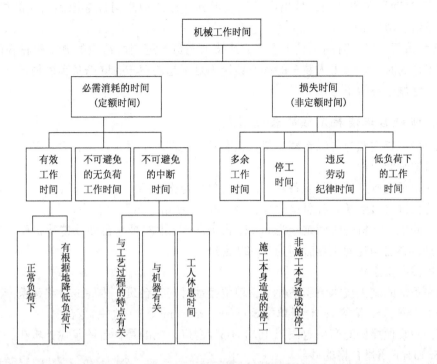

图 3.3　机械工作时间分类图

3）不可避免的中断时间。是指与工艺过程的特点、机器的使用、保养和工人休息有关的工作中断时间，包括以下三类。

①与工艺过程的特点有关的不可避免的中断时间。有循环的和定期的两种。a. 循环的不可避免的中断时间，是指在机械工作的每一个循环中重复一次，如汽车装货和卸货时的停车时间。b. 定期的不可避免的中断时间，是指经过一定时间重复一次，如当把砂浆搅拌机从一个工作地点转移到另一个工作地点时，引起机械工作中断的时间。

②与机械有关的不可避免的中断时间。是指由于工人进行准备与结束工作或辅助工作时，机械停止工作而引起的中断时间，是与机器的使用、维修和保养有关的不可避免的中断时间。

③工人休息时间。与劳动定额中的休息时间概念相同，但在此要注意为了充分利用工作时间，工人休息时间应尽量利用与工艺过程有关的和与机器有关的不可避免中断时间。

（2）损失时间

机械损失的工作时间中，包括多余工作时间、停工时间、违反劳动纪律的时间、低负荷下的工作时间。

1）机器的多余工作时间，是指机器进行任务内和工艺过程内未包括的工作而延续的时间以及机械在负荷下所做的多余工作。以砂浆搅拌工作为例，工人没有及时上料而导致搅拌机空转的时间以及搅拌机拌料超过规定搅拌时间而多延续的时间等多余工作，定额中是不给予考虑的。

2）机器的停工时间，若是由于施工本身造成的停工，如由于施工组织的不好等情况引起的停工，定额中是不给予考虑的。若是由于非施工本身造成的停工，如气候突变、停电等情况引起的停工，定额中将给予合理考虑。

3）违反劳动纪律的时间，是指由于工人迟到早退或擅离岗位等原因引起的机器停工，定额中是不给予考虑的。

4）低负荷下的工作时间，是由于工人或技术人员的过错所造成的施工机械在降低负荷的情况下工作的时间。如工人装车的砂石数量不足引起的汽车在降低负荷的情况下工作所延续的时间，定额中不给予考虑。

3.2.4.3 机械台班消耗定额的表现形式

机械台班消耗定额与劳动定额类似，也有时间定额和产量定额两种表现形式。

（1）机械时间定额

是指在正常的施工技术组织条件下，完成单位合格产品（如 m、m^3、m^2、t、块等）所必需消耗的机械台班数量，计量单位是：台班/m（或 m^3、m^2、t、块）。

示例：砂浆搅拌机的时间定额为 0.022 台班/m^3，指的是一台砂浆搅拌机生产 $1m^3$ 质量合格的砂浆，必需消耗的工作时间为 0.022 台班。

（2）机械产量定额

是指在正常的施工技术组织条件下，单位劳动时间（台班）内完成合格建筑产品的数量（如 m、m^3、m^2、t、块等）；计量单位是：（m、m^3、m^2、t、块等）/台班。

示例：砂浆搅拌机的产量定额为 45.454m^3/台班，指的是一台砂浆搅拌机在一个台班内能生产 45.454m^3 质量合格的砂浆。

（3）机械时间定额和机械产量定额的关系

1）当只有单人操作机械时，时间定额和产量定额互为倒数，公式如下：

$$机械台班产量定额 = 1/机械时间定额 \tag{3.11}$$

2）当机械操作小组人数为 2 人及以上时，以小组工日表示的机械时间定额和产量定额的乘积在数值上等于小组人数，公式如下：

$$机械台班产量定额 = 小组成员工日数总和/时间定额 \tag{3.12}$$

示例：液压反铲挖土机，斗容量为 0.75m^3，挖掘深度为 3.5m 以内，三类土，每 100m^3 需用的机械定额查定额得：0.493/4.06。即：时间定额为 0.493 台班/（100m^3）；产量定额为 4.06（100m^3）/台班；小组人数为 0.493×4.06=2 人。

3.2.4.4 确定机械台班消耗定额的方法

（1）确定机械 1h 纯工作正常生产率

机械纯工作时间是指机械的必需消耗时间；机械 1h 纯工作正常生产率，是指在正常施工组织条件下，具有必需的知识和技能的技术工人操纵机械 1h 的生产率。根据机械工作特点的不同，机械 1h 纯工作正常生产率的确定方法，也有所不同。

1）对于循环动作机械，确定机械纯工作 1h 正常生产率的计算公式如下：

$$机械一次循环的正常延缓时间 = \Sigma \left(\frac{循环各组成部分}{正常延续时间} \right) - 交叠时间 \tag{3.13}$$

$$机械纯工作 1h 循环次数 = \frac{60 \times 60（s）}{一次循环的正常延续时间} \tag{3.14}$$

$$机械纯工作 1h 正常生产率 = 机械纯工作 1h 正常循环次数 \times 一次循环生产的产品数量 \tag{3.15}$$

2）对于连续动作机械，确定机械纯工作 1h 正常生产率要根据机械的类型和结构特征以及工作过程的特点来进行。计算公式如下：

$$连续动作机械纯工作 1h \atop 正常生产率 = \frac{工作时间内生产的产品数量}{工作时间（h）} \tag{3.16}$$

工作时间内的产品数量和工作时间的消耗，要通过多次现场观察和机械说明书来取得数据。

（2）确定施工机械的正常利用系数

施工机械的正常利用系数，是指施工机械在工作班内对工作时间的利用率，机械的利用系数和机械在工作班内的工作状况有着密切的关系。所以，要确定机械的正常利用系数，首先要拟定机械工作班的正常工作状况，确定机械正常利用系数的计算公式如下：

$$机械正常利用系数 = \frac{机械在一个工作班内纯工作时间}{一个工作班延续时间（8h）} \tag{3.17}$$

（3）计算施工机械台班消耗定额

计算施工机械的台班产量定额，用下列公式：

$$施工机械台班 \atop 产量定额 = \frac{机械 1h 纯工作}{正常生产率} \times \frac{工作班}{纯工作时间} \tag{3.18}$$

$$施工机械台班 \atop 产量定额 = \frac{机械 1h 纯工作}{正常生产率} \times \frac{工作班}{延续时间} \times \frac{机械正常}{利用系数} \tag{3.19}$$

$$施工机械时间定额 = \frac{1}{机械台班产量定额指标} \tag{3.20}$$

【例 3.6】 某工程现场采用出料容量 500L 的混凝土搅拌机，每一次循环中，装料、搅拌、卸料、中断需要的时间分别为 1min、3min、1min、1min，机械正常利用系数为 0.9，求该机械的台班产量定额。

解 该搅拌机一次循环的正常延续时间＝1＋3＋1＋1＝6（min）＝0.1（h）

该搅拌机纯工作 1h 循环次数＝10（次）

该搅拌机纯工作 1h 正常生产率＝10×500＝5000（L）＝5（m³）

则，该搅拌机台班产量定额＝5×8×0.9＝36（m³/台班）

【例 3.7】 已知某挖土机的一个工作循环需 2min，每循环一次挖土 0.5m³，工作班的延续时间为 8h，时间利用系数为 0.85，计算机械台班产量定额。

解 1）1 小时挖土机工作的循环次数：60（min）/2（min）＝30（次）

2）1 小时挖土机正常生产率：30×0.5（m³）＝15（m³/h）

台班产量定额：15m³/h×8h×0.85＝102m³/台班

3.3 预 算 定 额

3.3.1 预算定额概述

（1）预算定额的概念

预算定额，是在正常的施工条件下，完成一定计量单位合格分项工程和结构构件所需人工、材料和机械台班的数量及相应费用标准。

预算定额按工程基本构造要素规定劳动力、材料和机械的消耗数量，以满足编制施工图预算、确定和控制工程造价的要求，是工程建设中一项重要的技术经济文件。预算定额的编制基础是施工定额。

（2）预算定额的作用

预算定额是一种计价性质的定额，在工程建设定额中占有很重要的地位。

1）预算定额是编制施工图预算、确定建筑安装工程造价的基础。

施工图预算造价主要取决于工程量的计算、预算定额水平和人工、材料、机械台班的单价以及各项组价费用的取费标准等因素，因此，预算定额是确定建筑安装工程造价的基础。

2）预算定额是合理编制招标控制价、投标报价的基础。

尽管随着工程造价管理的不断深化改革，预算定额作为指令性的作用正日益削弱，但由于其编制过程的科学性和客观性，预算定额对于确定工程成本的指导性作用还很强，因此，无论是招标人编制招标控制价，还是施工企业进行投标报价，预算定额仍然是重要的基础性依据。

3）预算定额是编制施工组织设计的依据，也是评价施工工艺方案合理性的基础。

施工单位在缺乏企业定额的情况下，可以根据预算定额比较准确地计算出施工中各项资源的需要量，为有计划地组织劳动力、安排材料采购和预制构件加工以及调配施工机械的进出场，提供可靠的依据。在施工过程中，还可通过资源的实际消耗情况，做好施工方案的评价与改进。

4）预算定额是建设单位和施工单位双方办理工程款、进行工程结算的依据。

随着施工的进展，建设单位需按合同约定以及进度情况向施工单位支付工程款，工程款是根据预算定额计算已完工程造价计算得到的；单位工程验收后，建设单位和施工单位要进行工程结算，结算造价也是根据预算定额计算竣工工程量得到的。

5）预算定额是施工单位进行经济活动分析的依据。

预算定额规定的人工、材料、机械的消耗指标是施工单位在生产经营中允许消耗的最高标准，施工单位必须以预算定额作为评价和衡量企业管理工作的重要依据，对施工过程中资源的消耗情况进行具体的分析，对于低功效、高消耗的薄弱环节，在施工中尽量降低劳动消耗、采用新技术、提高劳动者的素质、提高劳动生产率，以取得好的经济效益。

6）预算定额是编制概算定额的基础。

概算定额是在预算定额的基础上经综合扩大编制的。利用预算定额作为编制依据，不仅可以节省编制概算定额所需的大量人力、物力和时间，收到事半功倍的效果，还可以保证概算定额与预算定额的水平保持一致。

3.3.2 预算定额的内容

预算定额为方便使用，一般表现为"量"、"价"合一的形式，内容包括章、节、定额子目，再加上必要的说明与附录，就组成了一套预算定额手册。

（1）预算定额的表现形式

1）预算定额一般以单位工程为对象独立成册，如房屋建筑与装饰工程计价定额、通用安装工程计价定额、市政工程计价定额等预算定额手册；

2) 预算定额手册按分部工程分章，如房屋建筑与装饰工程计价定额中分为土石方工程、桩基工程、砌筑工程等章；

3) 各章以下为节，如砌筑工程一章中又分为砖砌体、砌块砌体、石砌体等节；

4) 各节以下为定额子目，如砖砌体一节中又包括砖基础、实心砖墙、填充墙等定额子目。每一个定额子目代表一个与之相对应的分项工程，分项工程是构成预算定额的最小单元。

（2）预算定额的内容

完整的预算定额手册，一般由主管部门文件、目录、总说明、建筑面积计算规则、各分部的说明、定额项目表及有关附录等内容构成。

1) 建设行政主管部门发布的文件　该文件是预算定额具有法令性的必要依据。文件中明确规定预算定额的执行时间、适用范围，并说明预算定额手册的解释权和管理权所属。

2) 目录　预算定额的目录列在建设行政主管部门发布的文件之后，一般章、节、定额总子目列出三级标题与页码。

3) 预算定额手册的总说明　总说明的内容主要包括：①预算定额的指导思想、编制依据、目的和作用以及适用范围；②预算定额中人工、材料、机械台班消耗量校准以及预算造价的费用组成。③预算定额的一些共性问题。如：预算定额已考虑的因素、未考虑的因素及未包括的内容及其处理方法；其他的一些共性问题等。

4) 建筑面积计算规则　按修订定额时最新规范编写，规定计算建筑面积的范围及其计算规则以及不计算建筑面积的范围。

5) 各分部工程的说明　各分部工程的说明中主要包括：①分部工程各定额项目的工程量计算规则；②分部工程定额内综合的内容及允许换算的有关规定；③分部工程中各调整系数的使用规定。

6) 预算定额项目表　是预算定额的核心部分，包括：①在定额项目表的上方说明本节工程工作内容及计量单位；②各子目的定额编号、项目名称；②各定额子目的基价，包括人工费、材料费、机械费；③各定额子目的人工、材料、机械的名称、单位、单价和数量标准；④在定额项目表的下方可标注说明和附注等。

7) 预算定额附录　一些常用的资料或数据可以文字或附表的形式附在预算定额表的最后，如混凝土和砂浆的配合比等。

3.3.3　预算定额的编制要求

3.3.3.1　预算定额的编制原则

为保证预算定额的质量，做到使用简便合理，以充分发挥预算定额的作用，应遵循以下编制原则。

（1）按社会平均水平的原则确定预算定额指标

预算定额是确定和控制建筑安装工程造价的主要依据，因此，它必须遵照价值规律的客观要求，按生产过程中所消耗的社会必要劳动时间确定定额水平，即社会平均水平。预算定额的社会平均水平，是指在正常的施工条件、合理的施工组织和工艺条件下，保证平均劳动熟练程度和劳动强度的情况下，完成单位分项工程基本构造要素所需的劳动时间。

（2）按简明适用原则确定预算定额项目

为使预算定额更易于掌握且更具有可操作性，确定定额项目的内容和划分时应简明适用，即：①编制预算定额时，对于主要的、常用的、价值量大的项目，在进行子目划分时宜细；对于次要的，不常用的、价值量相对较小的项目，则可以放粗一些。②要注意补充因采用新技术、新结构、新材料和新工艺而出现的新的定额项目。③要注意合理确定预算定额的计量单位，简化工程量的计算，尽可能避免同一种材料用不同的计量单位，并减少附加说明和工程量的换算。

3.3.3.2　预算定额的编制依据

1）现行的施工定额。预算定额是以现行的施工定额即劳动定额、材料消耗定额和机械台班消耗定额为基础，进行的项目划分、计量单位以及人工、材料、机械消耗量的确定。

2）现行的设计规范、施工及验收规范、质量评定标准和安全操作规程。预算定额中正常的施工条件是以这些规范、标准和规程的要求为依据设定的。

3）具有代表性的典型工程施工图及有关标准图集。这些图与图集是编制预算定额时选择施工方法确定定额含量的依据。

4）新技术、新结构、新材料、新工艺和先进的施工方法等。这些资料是调整定额水平和增减预算定额项目的主要依据。

5）有关的科学实验、技术测定和统计、经验资料。这些资料是确定预算定额水平的主要依据。

6）现行的预算定额、材料预算价格及有关文件规定等。这些资料是预算定额编制的基础依据和重要参考。

3.3.3.3　预算定额的编制程序和工作内容

（1）预算定额编制程序

预算定额的编制程序包括准备、收集资料、定额编制、定额报批和定额修改定稿5个阶段。

1）准备阶段。主要是拟定编制方案，从相关单位抽调专业人员组成编制定额专家组。

2）收集资料阶段。主要是通过专题研讨会确定定额编制的指导思想、原则和适用范围，并据此收集相关定额编制依据。

3）定额编制阶段。整理、研究、分析各项资料，进行预算定额各项内容的编制。

4）定额报批阶段。审核定稿，测算预算定额的总水平，准备上报材料。

5）定额修改定稿。根据审批意见修改方案、修改定额项目内容，撰写编制说明，立档成卷。

（2）定额编制阶段的工作内容

预算定额的编制程序中，定额编制阶段是最主要的决定阶段，其主要工作内容如下。

1）参照施工定额分项项目，综合确定预算定额的分项工程（或结构构件）项目及其所含子项目的名称。

2）根据正常条件下的施工组织设计和各种操作规程，合理地确定施工方法和工作内容。

3）根据分项工程（或结构构件）的形体特征和变化规律确定定额项目计量单位。一般情况下，确定计量单位的原则如下。

a. 建筑结构构件的断面有一定的形状和大小，但是长度不定时，可按长度以延长米为计量单位。如管道线路、踢脚线、楼梯栏杆等。

b. 建筑结构构件的厚度有一定规格，但是长度和宽度不定时，可按面积以平方米为计量单位。如地面、楼面、墙面和天棚面抹灰等。

c. 建筑结构构件的长度、厚（高）度和宽度都变化时，可按体积以立方米为计量单位。如土方、钢筋混凝土构件等。

d. 钢结构由于重量与价格差异很大，形状又不固定，采用重量以吨为计量单位。

e. 凡建筑结构没有一定规格，而其构造又较复杂时，可按个、台、座、组为计量单位。如卫生洁具安装、铸铁水斗等。

f. 为减少小数位数和提高预算定额的准确性，通常采用扩大单位的办法，如 10m、100m³ 等。

4）确定分项工程的定额人工、材料和施工机械台班消耗量指标和单价，相乘得到相应预算定额基价。

5）完成定额表，填制各项内容。定额项目表的一般格式是：横向排列为各分项工程的项目名称，竖向排列为分项工程的人工、材料、机械台班单价和消耗量指标。如表 3.1 所示为《全国统一建筑工程基础定额》中砖石工程的前 3 项。

表 3.1   砖基础、砖墙定额表   计量单位：10m³

工作内容：砖基础：调、运、铺砂浆，运砖，清理基槽坑、砌砖等。

砖墙：调、运、铺砂浆，运砖，砌砖包括窗台虎头砖、腰线、门窗套；安装木砖、铁件等。

定额编号			4-1	4-2	4-3
项目		单位	砖基础	清水砖墙	
				1/2 砖	1 砖
人工	综合工日	工日	11.79	21.79	18.87
材料	水泥砂浆 M5	m³		1.95	
	水泥砂浆 M10	m³	2.36		2.25
	水泥混合砂浆 M2.5	m³			
	普通黏土砖	千块	5.236	5.641	5.314
	水	m³	1.05	1.13	1.06
机械	灰浆搅拌机 200L	台班	0.39	0.33	0.4

3.3.4 预算定额消耗量的确定

预算定额消耗量，指的是各分项工程的人工、材料和施工机械台班消耗量。预算定额的水平，就取决于定额消耗量的合理确定，在确定这些指标时，必须先按施工定额的分项逐项计算出消耗量指标，然后，再按预算定额的项目加以综合。要注意，这种综合不是简单的合并和相加，而是在综合的过程中增加了两种定额之间的适当水平差。

3.3.4.1 预算定额人工工日消耗量的确定

预算定额人工工日消耗量，是指在正常施工条件下，完成单位合格产品所必需消耗的人工工日数量，是由分项工程所综合的各个工序劳动定额包括的基本用工和其他用工两部分组成的。

（1）基本用工的组成与计算

基本用工是指完成一定计量单位的分项工程或结构构件的各项工作过程的施工任务所必需消耗的技术工种用工。按技术工种相应劳动定额工时定额计算，以不同工种列出定额工日。基本用工包括以下项目。

1）完成定额计量单位的主要用工。按综合取定的工程量和相应劳动定额进行计算，计算公式如下：

$$基本用工 = \sum（综合取定的工程量 \times 劳动定额） \tag{3.21}$$

例如工程实际中的砖基础，有1砖厚、1砖半厚、2砖厚等之分，其用工各不相同，在预算定额中由于不区分厚度，需要按照统计的比例，加权平均得出综合取定的用工。

2）按劳动定额规定应增加计算的用工量。例如砖基础埋深超过1.5m，超过部分要增加用工，预算定额中应按一定比例给予增加。

3）预算定额中多包括的工作内容增加的用工量。例如在砖墙项目中，分项工程的工作内容包括了附墙烟囱孔、壁橱等零星组合部分的内容，其人工消耗量相应增加附加人工消耗。

（2）其他用工的组成与计算

其他用工是指辅助基本用工完成生产任务所耗用的人工，包括超运距用工、辅助用工和人工幅度差用工。

1）超运距用工。超运距是指劳动定额中已包括的材料、半成品场内水平搬运距离与预算定额所考虑的现场材料、半成品堆放地点到操作地点的水平运输距离之差。计算公式如下：

$$超运距用工 = 预算定额取定运距 - 劳动定额已包括的运距 \tag{3.22}$$

$$超运距用工 = \sum（超运距材料数量 \times 时间定额） \tag{3.23}$$

注意：实际工程现场运距超过预算定额取定运距时，可另行计算现场二次搬运费。

2）辅助用工。指没有包含在劳动定额内而在预算定额内又必须考虑的用工。例如，机械土方工程配合用工、材料加工（筛砂、洗石、淋化石膏），电焊点火用工等。计算公式如下：

$$辅助用工 = \sum（材料加工数量 \times 相应的加工劳动定额） \tag{3.24}$$

3）人工幅度差。即预算定额与劳动定额的差额，主要是指在劳动定额中未包括而在正常施工情况下不可避免但又很难准确计量的用工和各种工时损失。内容包括：①各工种间的工序搭接及交叉作业相互配合或影响所发生的停歇用工；②施工机械在单位工程之间转移及临时水电线路移动所造成的停工；③质量检查和隐蔽工程验收工作的影响；④班组操作地点转移用工及施工中不可避免的其他零星用工。人工幅度差计算公式如下：

$$人工幅度差 = （基本用工 + 辅助用工 + 超运距用工） \times 人工幅度差系数 \tag{3.25}$$

人工幅度差系数一般为10%～15%。

（3）预算定额人工工日消耗量的计算

综上所述，预算定额人工工日消耗量就等于该分项工程的基本用工与其他用工数量之和，计算公式如下：

$$预算定额人工工日消耗量 = 基本用工 + 其他用工 \tag{3.26}$$

$$其他用工 = 辅助用工 + 超运距用工 + 人工幅度差 \tag{3.27}$$

【例 3.8】　某砌筑工程，定额测定资料为：完成 10m³ 砌体的基本用工为 13.5 工日，辅助用工为 2.0 工日，超运距用工 1.5 工日，人工幅度差系数为 10%，求预算定额中的人工工日消耗量（单位：工日/10m³）。

解　预算定额中的人工工日消耗量＝（13.5＋2.0＋1.5）×（1＋10%）

$$=18.7 \text{ 工日}/10m^3$$

3.3.4.2　预算定额材料消耗量的确定

预算定额材料消耗量，是指在正常施工条件下，完成单位合格产品所必须消耗的各种材料数量。

（1）预算定额中材料的分类

预算定额中材料按用途划分为以下 4 类：①主要材料。指直接构成工程实体的材料，其中也包括成品、半成品的材料。②辅助材料。除主要材料以外的构成工程实体的其他材料，如垫木、钉子、铅丝等。③周转性材料。指脚手架、模板等多次周转使用的不构成工程实体的摊销性材料。④其他材料。指用量较少、难以计量的零星用料。如：棉纱、编号用的油漆等。

（2）预算定额材料消耗量的确定方法

1）理论公式计算法。①凡有标准规格的材料，按规范要求计算定额计量单位的耗用量，如砖、防水卷材、块料面层等。②凡施工图中标注了尺寸及下料要求的构件，按设计图纸尺寸计算材料净用量，如门窗制作耗用的材料、金属材料等。

2）换算法。对于各种胶结、涂料等材料的配合比用料，可以根据要求的条件通过换算得出材料用量。

3）实验室测定法。对于各种强度等级的混凝土及砌筑砂浆原材料数量，须通过实验室测定法得到，即先按照规范要求对原材料进行试配，得到实验配合比，然后进行试压，试压合格并经过必要调整后得出施工配合比，从而得到水泥、砂子、石子、水的用量。

4）现场测定法。对新材料、新结构、新工艺等不能用其他方法计算材料消耗用量时，须用现场测定方法来确定，根据不同条件可以采用写实记录法和观察法，得出定额的消耗量。

（3）预算定额材料消耗量的组成与计算

1）组成。预算定额材料消耗量由材料净用量和材料损耗量组成。①材料净用量，是指直接用于建筑和安装工程的材料；②材料损耗量，是指不可避免的施工废料和不可避免的材料损耗，如施工现场内材料运输损耗及施工操作过程中的损耗等。

2）计算。预算定额材料消耗量按下列公式计算：

$$\text{材料损耗率}=\text{材料损耗量}/\text{材料净用量}\times100\% \tag{3.28}$$

$$\text{材料损耗量}=\text{材料净用量}\times\text{材料损耗率（\%）} \tag{3.29}$$

$$\text{材料消耗量}=\text{材料净用量}+\text{材料损耗量} \tag{3.30}$$

或　　　　$$\text{材料消耗量}=\text{材料净用量}\times[1+\text{材料损耗率（\%）}] \tag{3.31}$$

3.3.4.3　预算定额机械台班消耗量的确定

预算定额机械台班消耗量是指在正常施工条件下，生产单位合格产品必须消耗的某种型号施工机械的台班数量，一般按施工定额中的机械台班消耗量，并考虑一定的机械幅度差进行计算。

机械台班幅度差是指在施工定额中所规定的范围内没有包括，而在实际施工中又不可避免产生的影响机械或使机械停歇的时间。其内容包括：①工程开工或收尾时工作量不饱满所损失的时间。②在正常施工组织条件下，机械在施工中不可避免的工序间歇。③施工机械转移工作面及配套机械相互影响损失的时间。④检查工程质量或临时停电停机影响机械操作的时间。⑤机械维修引起的停歇时间。

机械幅度差由施工定额机械台班消耗量乘以机械幅度差系数得到，大型机械幅度差系数为：土方机械 25%，打桩机械 33%，吊装机械 30%；砂浆、混凝土搅拌机由于按小组配用，以小组产量计算机械台班产量，不另增加机械幅度差；其他如钢筋加工、木材、水磨石等各项专用机械的幅度差系数为 10%。

综上所述，预算定额的机械台班消耗量计算公式如下：

$$\text{预算定额机械台班消耗量} = \text{施工定额机械台班消耗量} \times (1 + \text{机械幅度差系数}) \qquad (3.32)$$

3.3.5　预算定额基价的确定

（1）预算定额基价的含义

预算定额基价就是预算定额分项工程或结构构件的单价，包括人工费、材料费和施工机械使用费，也称工料单价或直接工程费单价。

预算定额基价一般是通过编制单位估价表、地区单位估价表及设备安装价目表所确定的单价，用于编制施工图预算。在预算定额中列出的预算价值或基价，应视作该预算定额编制时的工程单价。

（2）预算定额基价的编制方法

预算定额基价的编制方法，就是将人工、材料、机械台班的预算定额消耗量与人工、材料、机械台班的预算定额单价相结合过程，计算公式如下：

$$\text{分项工程预算定额基价} = \text{人工费} + \text{材料费} + \text{施工机械使用费} \qquad (3.33)$$

其中，人工费由预算定额中每一分项工程的用工数，乘以地区人工工日单价得到，材料费由预算定额中每一分项工程的各种材料消耗量，乘以地区相应材料预算价格并加和得到，机械费由预算定额中每一分项工程的各种机械台班消耗量，乘以地区相应施工机械台班预算价格并加和得到，计算公式如下：

$$\text{人工费} = \sum (\text{定额项目人工工日消耗量} \times \text{人工日工资单价}) \qquad (3.34)$$

$$\text{材料费} = \sum (\text{定额项目各种材料消耗量} \times \text{相应材料单价}) \qquad (3.35)$$

$$\text{人工费} = \sum (\text{定额项目机械台班消耗量} \times \text{机械台班单价}) \qquad (3.36)$$

（3）预算定额基价的调整

预算定额基价是根据编制时期的现行定额和当地的价格水平确定的，具有相对的稳定性和可变性。因此，为了适应市场价格的变动，在编制施工图预算时，必须结合工程造价管理部门最新发布的调价文件对固定的预算定额单价进行调整，以调整后的定额基价乘以工程量，就可以得到符合实际市场情况的直接工程费。

【例 3.9】　根据某预算定额项目表，见表 3.2，计算混水砖墙定额子目的工、料、机单价以及定额基价。

表 3.2 某预算定额项目表

定额编号				3-11	3-14
项目				M5 混水砖墙	M5 清水砖墙
基价					
其中	人工费				
	材料费				
	机械费				
	名称	单位	单价	数量	数量
人工	综合工日	工日	24.950	16.080	16.080
材料	混合砂浆 M5	m³	140.55	2.240	
	水泥砂浆 M5	m³	145.45		2.240
	标准砖	千匹	156	5.310	5.310
	水	m³	2	1.212	1.212
机械	灰浆搅拌机 200L	台班	50.28	0.38	0.38

解 (1) M5 混水砖墙

1) 定额人工费 $=24.95\times16.080=401.20$ (元)

2) 定额材料费 $=140.55\times2.24+156\times5.31+2\times1.212=1145.62$ (元)

3) 定额机械台班费 $=50.28\times0.38=19.11$ (元)

4) 定额基价 $=401.2+1145.62+19.11=1565.93$ (元)

(2) M5 清水砖墙

1) 定额人工费 $=24.95\times16.080=401.20$ (元)

2) 定额材料费 $=145.45\times2.24+156\times5.31+2\times1.212=1156.59$ (元)

3) 定额机械台班费 $=50.28\times0.38=19.11$ (元)

4) 定额基价 $=401.2+1156.59+19.11=1576.9$ (元)

3.4 概算定额与概算指标

3.4.1 概算定额概述

3.4.1.1 概算定额的概念

概算定额,又称为扩大结构定额。是在预算定额的基础上,确定完成合格的单位扩大分项工程或单位扩大结构构件所需消耗的人工、材料和施工机械台班的数量及其费用标准。

概算定额是预算定额的综合与扩大,它将预算定额中有联系的若干个分项工程项目增加适当幅度差后综合为一个概算定额项目。如砖基础概算定额项目,就是以砖基础分项工程为主,综合了平整场地、挖地槽、铺设垫层、砌砖基础、铺设防潮层、回填土及运土等预算定额中有联系的分项工程项目而形成的。

3.4.1.2　概算定额的作用和特点

（1）概算定额的作用

概算定额的主要作用包括：①是对设计方案进行技术经济分析比较的基础资料之一。②是初步设计阶段编制概算、扩大初步设计阶段编制修正概算的主要依据。③是建设工程主要材料计划编制的依据，是控制施工图预算的依据。④是工程竣工后进行竣工决算和后评价的依据。⑤是编制概算指标的依据。

（2）概算定额的特点

1）概算定额表达的主要内容、主要方式及基本应用方法都与预算定额相近，都是以建（构）筑物各个结构部分和分部分项工程为单位表示的，内容也都包括人工、材料和机械台班消耗量及单价，并列有基准价。

2）概算定额的应用相对预算定额要简单。概算定额主要用于设计阶段概算的编制，由于概算定额在项目划分和综合扩大程度上不同于预算定额，是综合了若干分项工程的预算定额后形成的，因此概算工程量计算和概算表的编制，都比施工图预算的编制要简单一些。

3.4.1.3　概算指标的编制原则和依据

（1）编制原则

1）社会平均水平的原则。与预算定额性质相似，概算定额也是工程计价定额，也应符合价值规律，反映大多数企业的生产力水平，因此，也应按社会平均水平编制，但在概算定额和预算定额的水平之间应保留必要的幅度差。

2）简明适用原则。概算定额的内容和深度要满足设计概算的编制要求，在对预算定额项目的合并过程中应合理考虑综合扩大程度，不得遗漏或增加项目，以保证其严密和正确性，做到简化、准确和适用。

（2）概算定额的编制依据

概算定额的编制依据主要包括：①现行的设计、施工相关规范、标准、规定等和各类工程预算定额。②具有代表性的设计图纸、标准图集和其他设计资料。③现行的人工工资标准、材料价格、机械台班单价及其他的费用资料。

3.4.2　概算定额的内容与编制程序

3.4.2.1　概算定额的内容

概算定额一般按专业和地区特点编制，内容包括文字说明、定额项目表和附录三个部分。

（1）文字说明部分

文字说明部分包括总说明和分部工程说明。在总说明中，主要阐述概算定额的编制依据、使用范围、包括的内容及作用、应遵守的规则及建筑面积计算规则等。分部工程说明主要阐述各分部工程所包括的综合工作内容及分部分项工程的工程量计算规则等。

（2）定额项目表

定额项目表是概算定额手册的主要内容，其中按定额项目的划分列出具体的定额内容。

1）概算定额项目的划分。有两种方法：①按工程结构划分。一般是按土石方、基础、墙、梁板柱、门窗、楼地面、屋面、装饰、构筑物等工程结构划分。②按工程部位（分部）

划分。一般是按基础、墙体、梁柱、楼地面、屋盖、其他工程部位等划分，如基础工程中包括了砖、石、混凝土基础等项目。

2）概算定额项目表。由若干分节定额组成，各节定额由工程内容、定额表及附注说明组成。定额表中列有定额编号、计量单位、概算价格、人工、材料、机械台班消耗量指标，综合了预算定额的若干项目与数量。

（3）附录

概算定额的附录一般包括混凝土、砂浆配合比的系列表格及其他常用的参考数据等。

3.4.2.2 概算定额的编制程序

概算定额的编制程序包括准备阶段、编制阶段、测算阶段和审查定稿阶段。

（1）准备阶段

该阶段主要是确定编制机构和人员组成，通过充分调研，了解现行概算定额的执行情况和存在的问题，明确概算定额的编制目的、制定编制的方案并确定概算定额的项目。

（2）编制阶段

该阶段是根据已经确定的编制方案和概算定额项目，收集和整理各种编制依据，对各种资料进行深入细致的测算和分析，确定人工、材料和机械台班的消耗量指标，编制概算定额项目表及相关说明。

（3）测算阶段

该阶段的主要工作是测算新编概算定额的水平是否符合社会平均水平的原则及其与预算定额水平之间是否保持有规定的幅度差（一般在5%以内）。测算时既要分项进行，同时还需通过编制单位工程概算以单位工程为对象进行综合测算。

（4）审查定稿阶段

新编概算定额经与现行概算定额及预算定额测算比较并定稿后，可报送国家授权机关审批。

3.4.2.3 概算定额基价的编制

概算定额基价包括人工费、材料费和机械费，是通过编制扩大单位估价表所确定的单价得到的，可用于编制设计概算。概算定额基价按下列公式计算：

$$概算定额基价＝人工费＋材料费＋机械费 \tag{3.37}$$

$$人工费＝概算定额人工工日消耗量×人工单价 \tag{3.38}$$

$$材料费＝\sum（概算定额各种材料消耗量×相应材料单价） \tag{3.39}$$

$$机械费＝\sum（概算定额机械台班消耗量×相应机械台班单价） \tag{3.40}$$

表3.3所示为某现浇钢筋混凝土柱概算定额基价表示形式。

表3.3 某现浇钢筋混凝土柱概算定额基价表　　　　计量单位：10m³

工作内容：模板制作、安装、拆除、钢筋制作、安装、混凝土浇捣、抹灰、刷浆。

概算定额编号			4-4	
项目	单位	单价/元	矩形柱	
			周长1.8以外	
			数量	合价

续表

概算定额编号				4-4	
项目		单位	单价/元	矩形柱	
				周长1.8以外	
				数量	合价
基价		元		12948.04	
其中	人工费	元		1728.76	
	材料费	元		10562.61	
	机械费	元		856.67	
合计工		工日	22.00	78.58	1728.76
材料	中(粗)砂(天然)	t	35.81	8.817	315.74
	碎石5～20mm	t	36.18	12.207	441.65
	石灰膏	m³	98.89	0.155	15.33
	普通木成材	m³	1000.00	0.187	187.00
	圆钢(钢筋)	t	3000.00	2.407	7221.00
	组合钢模板	kg	4.00	39.848	159.39
	钢支撑	kg	4.85	21.134	102.5
	零星卡具	kg	4.00	21.004	84.02
	铁钉	kg	5.96	1.912	11.4
	镀锌铁丝22#	kg	8.07	9.206	74.29
	电焊条	kg	7.84	17.212	134.94
	803涂料	kg	1.45	16.038	23.26
	水	m³	0.99	12.300	12.21
	水泥425#	kg	0.25	517.117	129.28
	水泥525#	kg	0.30	4141.200	1242.36
	脚手架	元			90.60
	其他材料费	元			117.64
机械	垂直运输费	元			510.00
	其他机械费	元			346.47

3.4.3　概算指标概述

（1）概算指标的定义

概算指标通常是指以整个建筑物或构筑物为对象，以建筑面积、体积或成套设备装置的台或组为计量单位而规定的人工、材料、机械台班的消耗量标准和造价指标。

（2）概算指标与概算定额的区别

1）确定各种消耗量指标的对象不同　概算定额是以单位扩大分项工程或单位扩大结构构件为对象，而概算指标则是以整个建筑物或构筑物为对象，因此，概算指标比概算定额的综合性更大。

2）确定各种消耗量指标的依据不同　概算定额是以现行预算定额为基础，通过计算之后综合确定出各种消耗量指标，而概算指标中各种消耗量指标的确定，则主要来源于各种已完工程的预算或结算资料。

（3）概算指标的作用

概算指标主要用于初步设计阶段或投资估价阶段，其主要作用是：①可以作为编制投资估算的参考。②是设计单位进行设计方案比较、设计技术经济分析的依据。③是初步设计阶段编制设计概算的依据，概算指标中的主要材料指标可以作为匡算主要材料用量的依据。④概算指标是编制固定资产投资计划，确定投资额的主要依据。

（4）概算指标的编制原则

与概算定额类似，概算指标的编制也应遵循社会平均水平原则和简明适用的原则，但概算指标的内容和表现形式应更加体现综合扩大的性质，适应面更广，同时还应便于在使用时根据拟建工程的具体情况进行调整换算，以满足不同用途的需要；另外，概算指标所依据的工程设计资料，应具有代表性，保证技术先进、经济合理。

3.4.4 概算指标的内容

3.4.4.1 概算指标的组成内容

概算指标的组成内容一般分为文字说明和列表形式两部分以及必要的附录。

（1）文字说明

是指概算指标的总说明和分册说明。其内容一般包括：概算指标的编制范围、编制依据、分册情况、指标包括的及未包括的内容、指标的使用方法、指标允许调整的范围及调整方法等。

（2）列表形式

1）建筑工程列表形式。房屋建筑物、构筑物一般是以建筑面积、建筑体积、"座"、"个"等为计算单位，附以必要的示意图。示意图画出建筑物的轮廓示意或单线平面图，列出综合指标：元/m² 或元/m³、自然条件（如地耐力、地震烈度等）、建筑物的类型、结构形式及各部位中结构的主要特点、主要工程量。

2）设备及安装工程的列表形式。设备以"t"或"台"为计算单位，也可以设备购置费或设备原价的百分比（%）表示；工艺管道一般以"t"为计算单位；通信电话站安装以"站"为计算单位。列出指标编号、项目名称、规格、综合指标（元/计算单位）之后一般还要列出其中的人工费，必要时还要列出主要材料费、辅材费。

3）房屋建筑工程列表形式的内容。

① 示意图。表明工程的结构，对于工业项目还要表示出吊车及起重能力等。

② 工程特征。对于房屋建筑的工程特征，主要是说明工程的结构形式、层高、层数和建筑面积，如表 3.4 所示；对于采暖工程特征应列出采暖热媒及采暖形式；对电气照明工程特征可列出建筑层数、结构类型、配线方式、灯具名称等。

表 3.4 内浇外砌住宅结构特征

结构类型	层数	层高	檐高	建筑面积
内浇外砌	六层	2.8m	17.7m	4206m²

③ 经济指标。说明该项目每 100m²、座的造价指标及其中土建、水暖和电照等单位工程的相应造价，如表 3.5 所示。

表 3.5　内浇外砌住宅经济指标（100m² 建筑面积）　　　　单位：万元

项目		合计	其中			
			直接费	间接费	利润	税金
单方造价		30422	21860	5576	1893	1093
其中	土建	26133	18778	4790	1626	939
	水暖	2565	1843	470	160	92
	电气照明	1724	1239	316	107	62

4）构造内容及工程量指标。说明该工程项目的构造内容和相应计算单位的工程量指标及人工、材料消耗指标。如表 3.6 和表 3.7 所示。

表 3.6　内浇外砌住宅构造内容及工程量指标（100m² 建筑面积）

序号		构造特征	工程量	
			单位	数量
一、土建				
1	基础	灌注桩	m³	14.64
2	外墙	二砖墙、清水墙勾缝、内墙抹灰刷白	m³	24.32
3	内墙	混凝土墙、一砖墙、抹灰刷白	m³	22.70
4	柱	混凝土柱	m³	0.70
5	地面	碎砖垫层、水泥砂浆面层	m²	13
6	楼面	120mm 预制空心板、水泥砂浆面层	m²	65
7	门窗	木门窗	m²	62
8	屋面	预制空心板、水泥珍珠岩保温、三毡四油卷材防水	m²	21.7
9	脚手架	综合脚手架	m²	100
二、水暖				
1	采暖方式	集中采暖		
2	给水性质	生活给水明设		
3	排水性质	生活排水		
4	通风方式	自然通风		
三、电气照明				
1	配电方式	塑料管暗配电线		
2	灯具种类	日光灯		
3	用电量			

表 3.7　内浇外砌住宅人工及主要材料消耗指标（100m² 建筑面积）

序号	名称及规格	单位	数量	序号	名称及规格	单位	数量
一、土建				二、水暖			
1	人工	工日	506	1	人工	工日	39
2	钢筋	t	3.25	2	钢管	t	0.18
3	型钢	t	0.13	3	暖气片	m²	20
4	水泥	t	18.10	4	卫生器具	套	2.35
5	白灰	t	2.10	5	水表	个	1.84
6	沥青	t	0.29	三、电气照明			
7	红砖	千块	15.10	1	人工	工日	20
8	木材	m³	4.10	2	电线	m	283
9	砂	m³	41	3	钢管	t	0.04
10	砺	m³	30.5	4	灯具	套	8.43
11	玻璃	m²	29.2	5	电表	个	1.84
12	卷材	m²	80.8	6	配电箱	套	6.1
				四、机械使用费		%	7.5
				五、其他材料费		%	19.57

3.4.4.2　概算指标的表现形式

概算指标在具体内容的表示方法上，分为综合指标和单项指标两种形式。

1）综合概算指标。是按照工业或民用建筑及其结构类型而制定的概算指标。综合概算指标的概括性较大，其准确性、针对性不如单项指标强。

2）单项概算指标。是指为某种建筑物或构筑物而编制的概算指标。单项概算指标针对性较强，只有拟建工程项目的结构形式、工程内容与单项指标中的工程概况一致时，才可套用。

3.5　投资估算指标与工程造价指数

3.5.1　投资估算指标概述

（1）投资估算指标的定义

投资估算指标是确定和控制建设项目全过程各项投资支出的技术经济指标，反映了项目实施阶段的静态投资以及项目建设前期和交付使用期内发生的动态投资，其范围涉及建设前期、建设实施期和竣工验收交付使用期等各个阶段的费用支出。

（2）投资估算指标的作用

投资估算指标为完成项目建设的投资估算提供依据和手段，是编制项目建议书、可行性研究报告等前期决策工作阶段投资估算的依据，也可以作为编制固定资产长远规划投资额的参考，是合理确定项目投资的基础。

投资估算指标在固定资产的形成过程中起着投资预测、投资控制、投资效益分析的作用，投资估算指标的正确制定对提高投资估算的准确度、建设项目投资的合理评估、正确决策具有重要意义。

（3）投资估算指标编制原则

投资估算指标除应遵循一般建设定额的编制原则外，还必须坚持以下原则。

1）以投资估算指标为依据编制的投资估算，包含了项目建设的全部投资额，这就要求投资估算指标比其他各种计价定额具有更大的综合性和概括性。

2）投资估算指标的编制要反映不同行业、不同项目和不同专业的特点，在内容上既要贯彻指导性、准确性和可调性原则，又要有一定的深度和广度，满足项目建设前期的工作需要。

3）投资估算指标的编制还应考虑以后几年编制项目建议书和可行性研究报告中投资估算的需要，保证既能反映正常建设条件下的造价水平，也能适应今后若干年的科技发展水平。坚持技术上先进、可行和经济上的合理，力争以较少的投入取得最大的投资效益。

4）投资估算指标的编制要贯彻静态和动态相结合的原则，充分考虑在市场经济条件下，各种动态因素如价格、利息等由于建设条件、实施时间和建设期限等的变化所导致的变动对投资估算的影响，对其给予必要的调整和修正，使投资估算指标具有更强的适用性。

3.5.2 投资估算指标的内容

投资估算指标内容因行业不同而各异，一般可分为建设项目综合指标、单项工程指标和单位工程指标3个层次。某住宅项目的投资估算指标如表3.8所示。

表3.8　某住宅项目投资估算指标

一、工程概况（表一）						
工程名称	住宅楼	工程地点	××市	建筑面积	4549m²	
层数	七层	层高	3.00m	檐高	21.60m	结构类型	砖混
地耐力	130KPa	地震烈度		7度	地下水位	−0.65m、−0.83m	
土建部分	地基处理						
	基础		C10混凝土垫层,C20钢筋混凝土带形基础,砖基础				
	墙体	外	一砖墙				
		内	一砖、1/2砖墙				
	柱		C20钢筋混凝土构造柱				
	梁		C20钢筋混凝土单梁、圈梁、过梁				
	板		C20钢筋混凝土平板,C30预应力钢筋混凝土空心板				
	地面	垫层	混凝土垫层				
		面层	水泥砂浆面层				
	楼面		水泥砂浆面层				
	屋面		块体刚性屋面,沥青铺加气混凝土块保温层,防水砂浆面层				
	门窗		木胶合板门(带纱),塑钢窗				

续表

<table>
<tr><td colspan="7" align="center">一、工程概况(表一)</td></tr>
<tr><td rowspan="3">土建部分</td><td rowspan="3">装饰</td><td>天棚</td><td colspan="4">混合砂浆、106涂料</td></tr>
<tr><td>内粉</td><td colspan="4">混合砂浆、水泥砂浆,106涂料</td></tr>
<tr><td>外粉</td><td colspan="4">水刷石</td></tr>
<tr><td rowspan="2">安装</td><td colspan="2">水卫(消防)</td><td colspan="4">给水镀锌钢管,排水塑料管,坐式大便器</td></tr>
<tr><td colspan="2">电气照明</td><td colspan="4">照明配电箱,PVC塑料管暗敷,穿铜芯绝缘导线,避雷网敷设</td></tr>
</table>

二、每平方米综合造价指标(表二)　　　　　　　　　　　　单位:元/m²

项目	综合指标	直接工程费				取费(综合费)
		合价	其中			三类工程
			人工费	材料费	机械费	
工程造价	530.39	407.99	74.69	308.13	25.17	122.40
土建	503.00	386.92	70.95	291.80	24.17	116.08
水卫(消防)	19.22	14.73	2.38	11.94	0.41	4.49
电气照明	8.67	6.35	1.36	4.39	0.60	2.32

三、土建工程各分部占直接工程费的比例及每平方米直接费(表三)

分部工程名称	所占比例/%	元/m²	分部工程名称	所占比例/%	元/m²
±0.00以下工程	13.01	50.40	楼地面工程	2.62	10.13
脚手架及垂直运输	4.02	15.56	屋面及防水工程	1.43	5.52
砌筑工程	16.90	65.37	防腐、保温、隔热工程	0.65	2.52
混凝土及钢筋混凝土工程	31.78	122.95	装饰工程	9.56	36.98
构件运输及安装工程	1.91	7.40	金属结构制作工程		
门窗及木结构工程	18.12	70.09	零星项目		

四、人工、材料消耗指标(表四)

项目	单位	每100m²消耗量	材料名称	单位	每100m²消耗量
(一)定额用工	工日	382.06	(二)材料消耗(土建工程)		
土建工程	工日	363.83	钢材	吨	2.11
			水泥	吨	16.76
水卫(消防)	工日	11.60	材	m³	1.80
			标准砖	千块	21.82
电气照明	工日	6.63	中粗砂	m³	34.39
			碎(砾)石	m³	26.20

(1) 建设项目综合指标

是指按规定应列入建设项目总投资的从立项筹建开始至竣工验收交付使用为止的全部投资额,包括单项工程投资、工程建设其他费用和预备费等。

建设项目综合指标一般以项目的综合生产能力单位投资表示,如"元/吨"、"元/千瓦";或以使用功能表示,如医院的综合指标以"元/床"表示。

(2) 单项工程指标

是指按规定应列入能独立发挥生产能力或使用效益的单项工程内的全部投资额,包括建筑工程费、安装工程费、设备、工器具及生产家具购置费和其他费用。

单项工程指标一般以单项工程生产能力单位投资，如"元"或其他单位表示。如：变配电站单项工程以"元/（千伏·安）"表示，锅炉房单项工程以"元/蒸汽吨"表示，供水站以"元/米"表示，办公室、仓库、宿舍、住宅等房屋建筑则依据不同结构形式以"元/米²"表示。

（3）单位工程指标

是指按规定应列入能独立设计、施工的工程项目的费用，即建筑安装工程费用。

单位工程指标一般表示为：房屋建筑区别不同结构形式以"元/m²"表示；道路区别不同结构层、面层以"元/米"表示；水塔区别不同结构层、容积以"元/座"表示；管道区别不同材质、管径以"元/米"表示。

3.5.3 工程造价指数的概念和分类

3.5.3.1 工程造价指数的概念

工程造价指数是反映一定时期由于价格变化对工程造价影响程度的一种指标，它是进行工程造价价差调整的依据，它反映了报告期与基期相比的价格变动趋势。

工程造价指数可用以分析价格变动趋势及其原因，估计宏观经济变化对工程造价的影响，是工程承发包双方进行工程估价和结算的重要依据。

3.5.3.2 工程造价指数的分类

（1）按照工程范围、类别、用途分类

可分为单项价格指数和综合造价指数两类。

1）单项价格指数。属于个体指数，是分别反映各类工程的人工、材料、施工机械报告期对基期价格的变化程度的指标，可利用它研究主要单项价格变化的情况及其发展变化的趋势。如人工费价格指数、材料价格指数、施工机械台班价格指数等。

2）综合价格指数。属于总指数，是综合反映各类项目或单项工程人工费、材料费、施工机械使用费和设备费等报告期价格对基期价格变化而影响工程造价程度的指标，它是研究造价总水平变化趋势和程度的主要依据。如设备、工器具价格指数、建筑安装工程费指数、建设项目或单项工程造价指数等。

（2）按造价资料期限的长短分类

可分为时点造价指数、月造价指数、季造价指数、年造价指数4类。

1）时点造价指数。是不同时点造价对比计算的相对数。此指数是对应到上一年的同一时点的，如2016年12月9日8时对2015年12月9日8时的造价对比相对数。

2）月造价指数。是不同月份造价对比计算的相对数。此指数是对应到上一月份的，如2016年12月对2016年11月的造价对比相对数。

3）季造价指数。是不同季度价格对比计算的相对数。此指数是对应到上一季度的，如2016年4季度对2016年3季度的造价对比相对数。

4）年造价指数。是不同年度价格对比计算的相对数。此指数是对应到上一年的，如2016年对2015年的造价对比相对数。

（3）按不同基期分类

可分为定基指数和环比指数两类。按基期分类时，作为动态对比基础时的价格，称为基期价格，所要分析时期的价格，称为报告期价格。

1）定基指数。是各时期价格与某固定时期的造价对比后编制的指数。如，以某年材料价格为基准计算之后各年的指数，即为定基指数。

2）环比指数。是各时期价格都以其前一期价格为基础计算的造价指数。如，与上月对比计算的指数，为月环比指数。

3.5.4　工程造价指数的编制

工程造价指数的内容包括各种单项价格指数，设备、工器具价格指数，建筑安装工程造价指数，建设项目或单项工程造价指数。以合理的方法编制的工程造价指数，不仅能反映出工程造价的变动趋势和变化幅度，而且可用以剔除价格水平变化对造价的影响，正确反映建筑市场的供求关系和生产力发展水平。

（1）各种单项价格指数的编制

各种单项价格指数包括人工费价格指数、材料费价格指数、机械费价格指数、措施费费率指数、企业管理费费率指数、工程建设其他费费率指数。

这些单项价格指数都属于个体指数，编制方法相对比较简单，即报告期价格与基期价格之比，计算公式如下。

$$人工费（材料费、施工机械使用费）价格指数 = P_n/P_0 \tag{3.41}$$

式中　P_0——基期人工日工资单价（材料价格、机械台班单价）；

　　　P_n——报告期人工日工资单价（材料价格、机械台班单价）。

$$企业管理费（工程建设其他费）费率指数 = P_n/P_0 \tag{3.42}$$

式中　P_0——基期企业管理费（工程建设其他费）费率；

　　　P_n——报告期企业管理费（工程建设其他费）费率。

（2）设备、工器具价格指数

该指数属于总指数，用综合指数的形式来表示。设备、工器具费用的变动通常是由两个因素引起，即设备、工器具单件采购价格的变化和采购数量的变化，因此，它又是一种质量指标指数。在计算价格指数时往往选择用量大、价格高、变动多的主要设备的购置数量和单价进行。计算公式如下：

$$设备、工器具价格指数 = \frac{\sum(报告期设备工器具单价 \times 报告期购置数量)}{\sum(基期设备工器具单价 \times 报告期购置数量)} \tag{3.43}$$

（3）建筑安装工程造价指数

建筑安装工程造价指数也属于总指数，也是一种综合指数，但其中包括了人工费、材料费、施工机械使用费以及措施费、企业管理费等各项个体指数的综合影响，因此，相对比较复杂，涉及的方面较广，利用综合指数来进行计算分析难度较大，可以通过对各项个体指数的加权平均，用平均数指数的形式来表示，平均数指数是综合指数的变形。计算公式如下：

$$建筑安装工程造价指数 = \frac{报告期建筑安装工程费}{\dfrac{报告期人工费}{人工费指数} + \dfrac{报告期材料费}{材料费指数} + \dfrac{报告期施工机具使用费}{施工机具使用费指数} + \dfrac{报告期企业管理费}{企业管理费指数} + 利润 + 规费 + 税金}$$

$$\tag{3.44}$$

（4）建设项目或单项工程造价指数

该指数是由设备、工器具指数、建筑安装工程造价指数、工程建设其他费用指数综合得到的。它也属于总指数，也是一种综合指数，并且与建筑安装工程造价指数类似，一般也是用平均数指数的形式来表示，计算公式如下。

$$\text{建设项目或单项工程指数} = \cfrac{\text{报告期建设项目或单项工程造价}}{\cfrac{\text{报告期建筑安装工程费}}{\text{建筑安装工程造价指数}} + \cfrac{\text{报告期设备工器具费}}{\text{设备工器具价格指数}} + \cfrac{\text{报告期工程建设其他费}}{\text{工程建设其他费用指数}}} \tag{3.45}$$

【例 3.10】 某典型工程，其建筑工程造价的构成及相关费用与上年度同期相比的价格指数如表 3.9 所示。和去年同期相比，求该典型工程的建筑工程造价指数。

表 3.9 价格指数表

费用名称	人工费	材料费	机械费	措施费	企业管理费	规费	利润	税金
造价/万元	110	645	55	40	50	30	66	34
指数	128	110	105	110	102	—	—	—

解 该建筑工程造价指数

$=1030/(110/128+645/110+55/105+40/110+50/102+30/100+66/100+34/100)$

$=109.57$

思 考 题

3.1 简述工程建设定额的含义。

3.2 简述工程建设定额的特性。

3.3 简述工程建设定额的分类。

3.4 简述施工定额的编制原则。

3.5 简述施工定额的组成。

3.6 简述劳动定额的定义和表现形式。

3.7 简述施工中工人工作时间消耗的分类。

3.8 简述材料消耗定额的分类。

3.9 简述机械定额的含义和表现形式。

3.10 简述预算定额编制阶段的工作内容。

3.11 简述预算定额人工日消耗量的组成。

3.12 简述预算定额基价的含义。

3.13 简述概算定额的特点和编制原则。

3.14 简述工程造价指数的分类。

4 建设项目决策阶段工程造价管理

【本章学习要点】

◆ 掌握：建设项目决策与工程造价的关系、建设项目决策阶段工程造价管理的内容、投资估算的概念、投资估算的编制内容与编制步骤、固定资产投资估算的编制方法、盈利能力分析评价指标的计算。

◆ 熟悉：建设项目决策的概念、建设项目决策阶段影响工程造价的因素、可行性研究的概念、可行性研究报告的内容、流动资金投资估算的编制方法、财务评价的概念与内容、财务评价的指标体系、国民经济评价与财务评价的关系。

◆ 了解：可行性研究的作用与内容、可行性研究报告的编制与项目的审批、投资估算的审查、财务评价的基本报表、偿债能力分析指标的计算、国民经济评价的概念。

4.1 概　　述

4.1.1 建设项目决策的概念

(1) 建设项目决策的定义

建设项目的决策是指对拟建项目的必要性和可行性进行技术、经济论证，对不同建设方案进行技术经济分析、比较、选择及做出判断和决定的过程。项目投资决策是投资者对投资规模、方向、结构、分配和布局等方面做出决定，实施投资行为的前提和准则，项目决策正确与否，直接影响工程造价的高低及投资效果的好坏，并关系到项目建设的成败。

(2) 建设项目决策与工程造价的关系

1) 建设项目决策的正确性是工程造价合理性的前提。

建设项目决策正确，意味着对项目建设做出科学的决断，优选出最佳投资行动方案，达到资源的合理配置，以此为基础估算的工程造价符合建设要求，并且在实施建设方案时，能有效地控制工程造价，实现投资目标。而建设项目决策失误，如，投资项目或建设地点的选择错误等，会造成不必要的资源浪费，甚至造成不可弥补的损失。因此，对工程造价的合理估价和有效管理的前提是保证项目决策的正确性，避免决策失误。

2）建设项目决策的内容是决定工程造价的基础。

工程造价的计价与控制贯穿于项目建设的全过程，而决策阶段的是项目建设的起始阶段，是影响工程造价的程度最高的阶段，可达到80％～90％。决策阶段的各项技术经济决策，特别是建设规模的确定、建设地点的选择、工艺设备的选用等，直接关系到工程造价的高低，对全过程造价起着宏观控制的作用，因此，决策阶段是决定工程造价的关键阶段，决策的内容是决定工程造价的基础。

3）建设项目决策的深度影响着工程造价的精确度。

建设项目的决策阶段包括项目建议书和可行性研究阶段，而项目的投资决策，也相应地划分为若干阶段，各阶段其内容由浅入深、不断深化，不同阶段的决策深度不同，工程造价的精确度也不同。如投资机会及项目建议书阶段是投资决策的最初阶段，投资估算的误差率在±30％左右，到了初步可行性研究阶段，投资估算的误差率在±20％左右，而到了详细可行性研究阶段即投资决策的最终阶段，投资估算的误差率为±10％以内。因此，建设项目决策的深度影响着工程造价的精确度，决策程度越深、工程造价的精确度越高，控制效果也越好。

4）建设项目决策阶段的工程造价数额影响着决策结果。

建设项目决策阶段的工程造价即投资估算值，是进行建设方案比选时优选方案的重要因素之一，也是建设方案确定后进行方案优化的重要依据之一，同时还是决定项目是否可行以及主管部门进行项目审批的重要参考依据。因此，工程造价数额的高低影响着建设项目决策的结果。

4.1.2 建设项目决策阶段影响工程造价的因素

建设项目决策阶段影响工程造价的因素主要有：项目建设规模的确定、项目建设地区和具体建设地点的选择、项目生产技术方案和项目设备方案的选择。

4.1.2.1 项目建设规模的确定

建设规模即生产规模，是指建设项目在其设定的正常生产运营年份可达到的生产能力或使用效益，应按照规模经济效益的原则确定。合理的经济规模是指在一定的技术条件下，项目投入产出比处于较优状态，资源和资金可以得到充分利用，并可获得较优经济效益的规模。合理确定生产规模决定着工程造价支出是否合理有效，制约项目建设规模合理化的因素包括市场、技术和环境因素，确定项目的建设规模时，要充分考虑这些因素。

（1）市场因素是制约项目建设规模的首要因素

1）拟建项目的市场需求状况是确定项目建设规模的前提。①应通过对产品市场需求的科学分析与预测，在准确把握市场需求状况、及时了解竞争对手情况的基础上，最终确定项目的最佳生产规模。②还应根据项目产品市场的长期发展趋势作相应调整，确保所建项目在未来能够保持合理的盈利水平和持续发展的能力。

2）原材料、资金、劳动力等的市场供求状况对建设规模的选择也起着不同程度的制约作用。①生产规模过小，资源得不到合理有效的配置，单位产品成本较高，经济效益差；②生产规模过大，超过了项目产品市场的需求量，则会导致产品积压或降价销售，使项目的经济效益降低。

（2）技术因素是项目规模效益的基础和保证因素

生产技术决定着主导设备的技术经济参数，先进的生产技术及技术装备是实现项目规模效益的基础，而技术人员的管理水平则是实现项目规模效益的保证。如果与经济规模生产相适应的技术及装备的来源没有保障，或技术成本过高，或技术管理水平跟不上，则不仅预期的规模效益难以实现，还会给拟建项目带来生存和发展危机，导致项目工程造价支出的浪费。因此，在确定项目建设规模时，应综合考虑技术因素对应的标准规模、主导设备制造商和技术管理的水平等因素。

（3）环境因素是保证取得良好规模效益的重要因素

项目的建设、生产、经营离不开一定的自然和社会经济环境。因此，在确定项目规模时不仅要考虑可获得的自然环境条件，还要考虑产业、投资、技术经济等政策因素，以及国家、地区、行业制定的生产经济规模标准。另外，国家对部分行业的新建规模作了下限规定，在选择拟建项目规模时也应遵照执行，并尽可能地使项目达到或接近经济规模，以提高项目的市场竞争能力，取得良好的规模效益。

4.1.2.2 项目建设地区和具体建设地点的选择

项目建设地区和具体建设地点是两个不同层次的选择，是一种递进关系，既相互联系又相互区别。其中，建设地区的选择是指在几个不同地区之间对拟建项目适宜配置的区域范围的选择，具体建设地点的选择则是指对建设项目具体坐落位置的选择。

（1）项目建设地区的选择

项目建设地区选择的合理与否，在很大程度上决定着拟建项目的命运，不仅影响着工程造价的高低、建设工期的长短和建设质量的好坏，还影响到项目建成后的运营状况。因此，建设地区的选择应充分考虑各种制约因素，按原则确定。

1）制约建设地区选择的因素。包括：①要符合国民经济发展战略规划、国家工业布局总体规划和地区经济发展规划的要求。②要根据项目的特点和需要，充分考虑原材料、能源和水源条件以及各地区对项目产品需求及运输条件等。③不仅要综合考虑气象、地质、水文等自然条件的影响，还要充分考虑劳动力来源、生活环境、协作、施工力量、风俗文化等社会环境因素的影响。

2）建设地区选择应遵循的原则。包括：①按项目的技术经济特点和要求，尽量靠近原料、燃料提供地和产品消费地的原则，可以避免原料、燃料和产品的长期远途运输，减少运输费用，降低产品的生产成本，并且缩短流通时间，加快流动资金的周转速度。②在工业布局中，按照工业项目适当聚集的原则，应尽量将一系列相关的工业项目聚成适当规模的工业基地和城镇，从而有利于发挥集聚效益。

（2）具体建设地点的选择

建设地区选定后，具体建设地点的选择也尤为重要，直接影响到项目的建设投资、建设速度和施工条件以及未来企业的经营管理及所在地的城乡建设规划与发展。因此，必须从国民经济和社会发展的全局出发，进行系统分析和决策。具体建设地点的选择应尽量满足以下要求。

1）节约土地、少占耕地、减少拆迁移民数量。①尽量选择在荒地、劣地、山地和不可耕种的地点，力求节约土地，降低土地补偿费用。②尽量选择在少拆迁、少移民的区域，尽可能不靠近、不穿越人口密集的城镇或居民区，以减少或不发生拆迁安置费，降低工程造价。

2）尽量选择在工程、水文地质条件较好的地段，土壤耐压力应满足拟建项目的要求，地下水位应尽可能低于地下建筑物的基准面。严防选在断层、熔岩、流沙层与有用矿床上以及已采矿坑塌陷区、滑坡区以及洪水淹没区和地震多发区等不良地段和区域。

3）尽量选择在交通运输和水电供应等条件好的地方。①尽量选择在靠近铁路、公路、水路等的地方，以缩短运输距离，减少建设投资和未来的运营成本；②尽量选择在供电、供热和其他协作条件便于取得的地方，有利于施工条件的满足和项目运营期间的正常运作。

4）尽量满足拟建项目对占地面积和地形的要求。①建设地点的土地面积与外形能满足建设项目的需要，适合于按科学的工艺流程布置建设项目的建筑物与各种构筑物并留有一定的发展余地。②建设地点的地形力求平坦而略有坡度（一般5%～10%为宜），以减少平整土地的土方工程量，既节约投资，又便于地面排水。

5）尽量减少对环境的污染。①对于排放大量有害气体和烟尘的项目，不能建在城市的上风口，以免对整个城市造成污染；②对于噪声大的项目，建设地点应远离居民集中区，同时，要设置一定宽度的绿化带，以减弱噪声的干扰；③对于生产或使用易燃、易爆、辐射产品的项目，建设地点应远离城镇和居民密集区。

4.1.2.3 生产技术方案

生产技术方案是指产品生产所采用的工艺流程和生产方法，在建设规模和建设地点确定后，生产技术方案的确定很大程度上影响着工程建设成本以及建成后的运营成本。生产技术方案选择的基本原则是先进适用、安全可靠和经济合理。

（1）先进适用的原则

是评定技术方案最基本的标准，要综合考虑工艺技术的先进性与适用性。

1）首先应满足工艺技术的先进性。工艺技术的先进性能带来产品质量、生产成本的优势，决定项目的市场竞争力。

2）还应注重工艺技术的适用性。在满足先进性的同时，应考察工艺技术是否符合我国的技术发展政策，是否与我国的资源条件、经济发展和管理水平相适应，是否与项目建设规模、产品方案相适应。

（2）安全可靠的原则

安全可靠的生产技术方案能够确保生产安全、高效运行，发挥项目的经济效益。所以，建设项目必须选择技术过关、质量可靠、安全稳定、有详尽技术分析数据和可靠性记录的生产技术方案，必须采用经过多次试验和实践证明的成熟的并且生产工艺的危害程度控制在国家规定的标准之内的工艺流程和生产方法。如，对于核电站、油田、煤矿等产生有毒有害、易燃易爆物质的项目，应该更加重视技术方案的安全可靠性。

（3）经济合理的原则

经济合理是指所采用的技术或工艺应讲求经济效益，以最小的消耗取得最佳的经济效果。经济合理的原则要求综合考虑所采用的生产技术方案产生的经济效益和国家的经济承受能力之间的关系，在可行性研究阶段，尽可能多地提出不同的技术方案，通过对各方案的投资需用额、劳动需要量、能源消耗量、产品质量和产品成本等方面差异的计算、分析和比较，优选出技术上可行，经济上合理的生产技术方案。

4.1.2.4　设备方案的选择

在确定生产技术方案后，应根据建设项目的生产规模、工艺流程和生产方法的要求，选择设备的型号和数量。

（1）设备方案选择的要求

设备的选择与先进的技术密切相关，没有先进的技术就无法充分利用好的设备，没有好的设备也无法体现先进的技术，二者必须相互匹配。

设备方案选择的要求是：①主要设备方案应与确定的建设规模、产品方案和技术方案相适应，并满足项目投产后生产或使用的要求。②主要设备之间、主要设备与辅助设备之间的生产或使用性能要相互匹配。③设备质量应安全可靠、性能成熟，保证生产和产品质量稳定，在保证设备性能的前提下，力求经济合理。④选择的设备应符合政府部门或专门机构发布的技术标准要求。

（2）设备方案选择的注意事项

主要设备方案的选择，应注意以下事项。

1）要尽量选用国产设备。①凡是国内能够制造，且能保证质量、数量和按期供货的设备，原则上必须国内生产，不必从国外进口。②凡是只需引进关键设备就能由国内配套使用的，就不必从国外成套引进。

2）选用进口设备时，要注意引进设备的配套问题。

a.进口设备之间衔接配套问题。对于项目引进设备是分别向几家制造厂购买的，必须注意各厂所供设备之间技术、效率等方面的衔接配套问题，对这类设备，最好采用总承包采购的方式引进。

b.国内外设备之间衔接配套问题。对于项目一部分为进口设备，另一部分是通过引进技术由国内制造的设备，要注意处理好二者的衔接与配套。对于技术改造项目，要考虑进口设备与原有设备、厂房之间的配套问题。

c.进口设备与原材料、备品备件及维修能力之间的配套问题。应尽量避免引进设备所用的主要原料、备品备件需要进口的情况，注重培训国内技术人员对引进设备的操作和维修技能。

4.1.3　建设项目决策阶段工程造价管理的内容

建设项目决策阶段工程造价管理，主要是从整体上把握项目的投资，分析影响建设项目投资决策的主要因素，编制项目建议书和可行性研究阶段建设项目的投资估算，对建设项目进行经济分析与评价，具体内容如下所述。

（1）分析确定影响建设项目投资决策的主要因素

1）确定建设项目的资金来源和筹资方法　不同的资金来源和筹资方法其筹集资金的成本不同，应根据建设工程项目的实际情况和所处环境选择恰当的资金来源选择适当的集中筹资方法进行组合，使得建设工程项目的资金筹集不仅可行，而且经济。

2）合理确定决策阶段影响工程造价的主要因素　是指合理地确定项目的建设规模、建设地区和具体建设地点、生产技术方案和设备方案等影响因素，这些因素将直接影响到项目的工程造价和全寿命成本。

（2）编制建设项目的投资估算

1）投资估算的作用　投资估算是建设项目决策阶段的主要造价文件，是项目建议书和项目可行性研究报告的主要组成部分，从某种意义上讲，它决定着项目的决策与投资的成败。

2）投资估算的编制要求　编制投资估算时，应根据建设项目的具体内容及国家有关规定和估算指标等，结合估算编制时的市场价格进行，并应按照有关规定，合理地预测估算编制后至竣工期间的价格、利率、汇率等动态因素的变化对投资的影响，在误差允许的范围内打足建设投资额，确保投资估算的编制质量。

（3）进行建设项目的经济分析与评价

1）建设项目的经济分析　是指以建设项目和技术方案为对象的经济方面的研究。它是可行性研究的核心内容，是建设项目决策的主要依据。其主要内容是对建设项目的经济效果和投资效益进行分析。

2）建设项目的经济评价　是在项目决策的可行性研究和评价过程中，采用现代化分析方法，对拟建项目计算期（包括建设期和生产期）内投入产出等诸多经济因素进行调查、预测、研究、计算和论证，做出全面的财务和国民经济评价，提出投资决策的经济依据，确定最佳投资方案。

4.2　建设项目的可行性研究

4.2.1　可行性研究的概念

4.2.1.1　可行性研究的定义

可以从研究内容和研究思路两个方面对可行性研究给出定义。

（1）从研究内容的方面

可行性研究是指在建设项目拟建之前，运用多种科学手段综合论证建设项目在技术上是否先进、实用，在财务上是否盈利，做出环境影响、社会效益和经济效益的分析和评价，以及建设项目抗风险能力等的结论，从而确定建设项目是否可行以及选择最佳实施方案等结论性意见，为投资决策提供科学的依据。可行性研究广泛应用于新建、改建和扩建项目。

（2）从研究思路的方面

建设项目的可行性研究是在投资决策前，对与拟建项目有关的社会、经济、技术等各方面进行深入细致的调查研究，对各种可能拟定的技术方案和建设方案进行认真的技术经济分析和比较论证，对项目建成后的经济效益进行科学的预测和评价。在此基础上，对拟建项目的技术先进性和适用性、经济合理性和有效性以及建设必要性和可行性进行全面分析、系统论证、多方案比较和综合评价，由此得出该项目是否应该投资和如何投资等结论性意见，为项目投资决策提供可靠的科学依据。

4.2.1.2　可行性研究的阶段划分

建设项目可行性研究工作是由建设部门或建设单位委托设计单位或工程咨询公司承担的，分为投资机会研究、初步可行性研究、详细可行性研究和项目评估与决策四个阶段。各研究阶段的目的、任务、要求以及所需时间和费用各不相同，研究的深度与可靠程度也不同，可行性研究的阶段划分及深度要求如表 4.1 所示。

表 4.1　可行性研究的阶段划分及内容深度要求对比表

阶段名称	研究目的	投资误差范围	研究所需时间	研究费用占总投资额的比重
投资机会研究	鉴别投资方向，寻找投资机会，提出项目投资建议	±30%	1~2 个月	0.2%~1%
初步可行性研究	对项目作专题研究，筛选方案，确定项目的初步可行性	±20%	2~3 个月	0.25%~1.25%
详细可行性研究	进行技术经济分析，多方案优选，提出结论性意见	±10%	3~6 个月	小项目为1%~3%大项目为0.8%~1%
项目评估与决策	对可行性研究报告进行评估，对项目作出最终决策		1~3 个月	

可行性研究各阶段的主要任务如下所述。

(1) 投资机会研究阶段

这个阶段的主要任务是提出建设项目投资方向建议，基于社会是否需要和有无开展项目的基本条件选择建设项目，寻找投资的有利机会。这一阶段的工作比较粗略，一般是根据条件和背景相似的建设项目来估算投资额和生产成本，初步分析建设投资效果，提供可能进行建设的投资项目或投资方案。

(2) 初步可行性研究阶段

这个阶段是在项目建议书批准之后，对于投资规模大、技术工艺比较复杂的大中型项目进行的，也称为预可行性研究，是正式的详细可行性研究前的预备性研究阶段。初步可行性研究作为投资项目机会研究与详细可行性研究的中间研究阶段，主要目标是确定是否需要进行详细可行性研究以及确定需要进行辅助性专题研究的关键问题。经过初步可行性研究认为该项目具有一定的可行性，便可进行详细可行性研究阶段，否则该项目的前期研究工作终止。

(3) 详细可行性研究阶段

详细可行性研究是投资决策的主要阶段，是建设项目投资决策的基础。它为项目决策提供技术、经济、社会、商业方面的评价依据，为项目具体实施提供科学依据。这一阶段的主要目标是提出项目建设方案、进行效益分析和最终方案选择、确定项目投资的最终可行性和选择依据标准，提交项目可行性研究报告。

(4) 项目评估与决策阶段

在项目可行性研究报告提交后，由具有一定资质的咨询评价机构对拟建项目本身及可行性研究报告进行技术上、经济上的评价论证，决定项目可行性研究报告提出的方案是否可行，客观、科学、公正地提出对可行性研究报告的评估意见，对项目的可行性做出最终评价，最终决策工程项目投资是否可行并选择最优的投资方案。

4.2.1.3　可行性研究的目的

在建设项目投资决策之前，通过可行性研究，使项目的投资决策工作建立在科学可靠、先进合理的基础之上，做到避免错误的投资判断、减小投资风险、保证合理的总投资与总工期、控制项目建设过程中的变更，从而实现项目投资决策科学化，减少和避免投资决策的失误，达到建设项目投资最佳经济效果的目的。

4.2.2 可行性研究的作用与内容

4.2.2.1 可行性研究的作用

可行性研究是项目建设前期工作的主要组成部分，对项目的投资决策起着重要的作用，主要体现在以下几个方面。

（1）可行性研究是建设项目投资决策的依据

可行性研究是建设项目投资建设的首要环节，对于建设项目有关的各方面都进行了调查研究和分析，并以大量数据论证了项目的先进合理性、经济适用性以及其他方面的可行性，因此，项目的主管部门主要是根据可行性研究的评估结果，并结合国家的财政经济条件和国民经济发展的需要，对该项目是否投资和如何投资做出相关决定。

（2）可行性研究是筹集建设资金和向金融机构贷款的依据

可行性研究报告详细预测了建设项目的财务、经济和社会效益以及抗风险能力，因此在建设项目筹集建设资金时，投、融资方和金融机构可以通过审查可行性研究报告确认项目的盈利能力、借款偿还能力以及经济效益水平后，做出投资与贷款的决定并确定额度。

（3）可行性研究是编制建设项目设计文件的依据

可行性研究报告经审批通过后，该建设项目即正式批准立项，可进入设计阶段，而可行性研究阶段，对于项目选址、建设规模、主要生产流程、设备选型等方面都进行了比较详细的分析和研究，因此，可行性研究报告中的相关内容可作为设计任务书及初步设计文件编制的主要依据。

（4）可行性研究是向当地政府、规划、环保和其他有关部门申请建设执照的依据

建设项目在建设过程和建成后的运营中对市政建设、环境及生态均有影响，因此项目的开工建设需要当地市政、规划、环保及其他有关部门的审批和认可。在可行性研究报告中，对选址、总图布置、环境及生态保护方案等均作了详细论证，为建设项目申请和批准建设执照提供了依据。

（5）可行性研究报告是建设项目后评价的依据

建设项目的预期目标是在可行性研究报告中确定的，其实现与否需在项目运营一段时期后通过建设项目的后评价予以确认。因此，可行性研究报告是项目后评价确定项目实际运营效果是否达到预期目标或目标实现程度的主要依据和参考标准。

4.2.2.2 可行性研究的内容

可行性研究的内容包括建设项目在技术、财务、经济和管理等方面的可行性调研与论证，重点包括以下内容。

1）根据经济预测和市场预测确定建设规模和产品方案。

2）调研资源、原材料、燃料、动力、运输及公用设施的供应情况。

3）调研建设条件，确定建设地区与建设地点以及项目的技术与设备方案。

4）确定主要单项工程、公用辅助设施、协作配套工程、整体布置的方案，估算土建工程量。

5）根据环境保护、城市规划等要求确定相应措施和方案。

6）确定企业组织、劳动定员和人员培训方案。

7）确定建设工程和施工进度总工期安排，确定项目投资额和资金筹措方案。

8）分析与评价建设项目的经济效益和社会效益，并做风险预测。

9）形成建设项目的可行性研究报告，明确项目是否可行。

4.2.3　可行性研究报告的内容

（1）可行性研究报告的组成

根据可行性研究的内容，可行性研究报告的组成可以概括为市场研究、技术研究和效益研究三大部分。

1）市场研究　是项目可行性研究的前提和基础，其主要任务是确定项目建设的必要性，包括产品的市场调查和预测研究等。

2）技术研究　是项目可行性研究的技术基础，其主要任务是确定项目的技术可行性，包括建设条件和技术方案等。

3）效益研究　是项目可行性研究的核心部分，其主要任务是确定项目的经济合理性，包括项目的经济效益分析与评价等。

（2）可行性研究报告的内容

可行性研究报告的具体内容根据建设项目的性质不同而略有区别，总体归纳起来，其总体内容主要由以下 11 个部分和若干附件组成。

1）总论。包括项目背景、可行性研究结论、主要技术经济指标表。

2）项目背景和发展概况。包括项目提出的背景、项目发展概况、投资的必要性。

3）市场分析与建设规模。包括市场调查、市场预测、市场促销战略、产品方案、建设规模、产品销售收入预测。

4）建设地区和建设地点选择。包括资源和原材料选择、建设地区和地点选择。

5）技术方案。项目组成、生产技术方案、总平面布置和运输、土建工程、其他工程。

6）环境保护和劳动安全。包括建设地区环境现状、项目主要污染源和污染物、环保标准与方案、环境监测制度、环保投资估算、环境影响评价结论、劳动保护与安全卫生。

7）企业组织和劳动定员。包括企业组织、劳动定员和人员培训。

8）项目实施进度安排。包括项目实施的各阶段、项目实施进度表、项目实施费用。

9）投资估算与资金筹措。包括项目总投资估算、资金筹措、投资使用计划。

10）财务效益、经济社会效益评价。包括生产成本和销售收入估算、财务评价、国民经济评价、不确定性分析、社会效益和社会影响。

11）可行性研究结论与建议。包括结论与建议、附件、附图。

4.2.4　可行性研究报告的编制与项目的审批

4.2.4.1　可行性研究报告的编制程序

（1）建设单位提出项目建议书和初步可行性研究报告

各投资单位在广泛调查研究、收集资料、踏勘建设地点、初步分析投资效果的基础上，提出需要进行可行性研究的项目建议书和初步可行性研究报告。跨地区、跨行业的建设项目以及对国计民生有重大影响的大型建设项目，由有关部门和地区联合提出项目建议书和初步可行性研究报告。

（2）项目业主、承办单位委托有资格的单位进行可行性研究

当项目建议书经审定批准后，项目业主或承办单位就可以通过签订合同的方式，委托有资格的工程咨询公司或设计单位着手编制拟建项目的可行性研究报告。在双方签订的合同协议文件中，应规定研究工作的依据、范围和内容、前提条件、质量和进度安排、费用支付办法、协作方式以及双方的责任和有关违约处理的方法等。

（3）设计或咨询单位进行可行性研究工作，编制完整的可行性研究报告

可行性研究工作一般按以下 5 个步骤进行。

1）了解有关部门与委托单位对项目的建设意图、组建工作小组，制定工作计划。

2）调查研究与收集资料。拟订调研提纲，组织人员进行实地调查，收集整理数据与资料，从市场和资源两方面着手分析论证研究项目建设的必要性。

3）方案设计和优选。结合市场和资源调查，在收集基础资料和基准数据的基础上，建立几种可供选择的技术方案和建设方案，并进行论证和比较，从中选出最优方案。

4）经济分析和评价。项目经济分析人员根据调查资料和上级管理部门有关规定，选定与本项目有关的经济评价基础数据和定额指标参数，对优选的建设方案进行详细的经济评价和社会效益评价。

5）编写可行性研究报告。项目可行性研究各专业方案，经过技术经济论证和优化后，由各专业组分工编写，经项目负责人衔接协调，综合汇总，提出初稿，与委托单位交换意见后定稿。

4.2.4.2 可行性研究报告的编制依据和要求

（1）可行性研究报告的编制依据

可行性研究报告的编制包括以下主要依据：①国家经济发展的长远规划和行业、地区规划、行业或地区的发展规划。②国家相关政策、法律法规、经批准的项目建议书。③国家批准的资源报告、国土开发整治规划、区域规划等有关文件。④与项目有关的工程技术经济方面的规范、标准和定额等。⑤合资、合作项目各方签订的协议书或意向书，委托单位关于可行性研究工作的目标、范围和内容等要求的委托合同。⑥进行项目选址和技术经济分析等需要的自然、地理、水文、地质、社会、经济等基础数据以及经国家统一颁布的有关项目经济评价的基本参数和指标等。

（2）可行性研究的编制要求

1）编制单位必须具备承担可行性研究的条件。可行性研究报告的编制单位必须具有经国家有关部门审批登记的资质等级证明，并且具有承担编制可行性研究报告的能力和经验，如工程咨询公司、设计院或专门单位等。

2）承担可行性研究的单位应遵循的原则。①科学性原则，即按科学的态度、依据和方法进行项目的可行性研究。②客观性原则，即坚持从实际出发、实事求是的原则。③公正性原则，即排除各种干扰，尊重事实，不弄虚作假，站在公正的立场上为建设项目的投资决策提供可靠依据。

3）确保可行性研究报告内容和深度符合投资决策的要求。①内容要保证真实性和科学性，报告编制单位和人员应对提供的可行性研究报告质量负完全责任。②深度要做到规范化和标准化，可行性研究报告内容要完整、文件要齐全、结论要明确，以满足决策者确定方案的要求。

4）可行性研究报告必须经签字认可和审核批准。可行性研究报告编制完成后，应由编制单位的行政、技术、经济方面的负责人签字，并对研究报告质量负责。另外，还需按要求上报主管部门审批。

4.2.4.3　投资项目的审批

根据《国务院关于投资体制改革的决定》（国发［2004］20 号）文件中关于简化和规范政府投资项目审批程序，合理划分审批权限的规定，对于政府投资建设的项目采用审批制度，对于企业不使用政府投资建设的项目，一律不再实行审批制，区别不同情况实行核准制和备案制。

（1）投资项目的审批制度

对于政府投资建设的项目，采用直接投资和资本金注入方式的，从投资决策角度只审批项目建议书和可行性研究报告，除特殊情况外，不再审批开工报告，同时应严格政府投资项目的初步设计、概算审批工作。

（2）投资项目的核准制度

1）政府仅对重大项目和限制类项目从维护社会公共利益角度进行核准。

2）企业投资建设实行核准制的项目，仅需向政府提交项目申请报告，不再经过批准项目建议书、可行性研究报告和开工报告的程序。

3）政府对企业提交的项目申请报告，主要从维护经济安全、合理开发利用资源、保护生态环境、优化重大布局、保障公共利益、防止出现垄断等方面进行核准。对于外商投资项目，政府还要从市场准入、资本项目管理等方面进行核准。

（3）投资项目的备案制度

1）除实行审批制和核准制的项目外，其他项目无论规模大小，均改为备案制。

2）实行备案制项目的市场前景、经济效益、资金来源和产品技术方案等均由企业自主决策、自担风险，并依法办理环境保护、土地使用、资源利用、安全生产、城市规划等许可手续和减免税确认手续。

3）对于企业使用政府补助、转贷、贴息投资建设的项目，政府只审批资金申请报告。

4.3　建设项目的投资估算

4.3.1　投资估算的概念

4.3.1.1　投资估算的定义

投资估算是指建设项目在整个投资决策的过程中，依据已有的资料，运用一定的方法和手段，对建设项目全部投资费用进行的预测和估算；是在决策阶段研究确定项目的建设规模、建设地点、生产技术方案、设备方案、项目总进度计划等的基础上，估算项目从筹建、施工直至建成投产所需全部建设资金总额并测算建设期各年资金使用计划的过程。

投资估算的成果文件称为投资估算书，通常也简称为投资估算，是项目建议书和可行性研究报告的重要组成部分，是项目决策的重要依据之一。投资估算的准确与否不仅决定了可行性研究工作的质量和经济评价结果，进而关系到建设项目资金筹措方案的实施，还会直接影响到设计阶段概算和施工图预算的编制，因此，全面准确地进行投资估算是可行性研究乃至整个决策阶段工程造价管理的重要任务。

4.3.1.2　投资估算的作用

投资估算是对建设项目进行技术经济评价和投资决策的重要依据，是论证拟建项目可行性的重要经济文件，在建设项目的决策阶段，对于投资决策、筹集资金和工程造价控制等方面都起着重要的作用。

（1）项目建议书阶段投资估算的作用

1）是项目主管部门审批或核准项目建议书的依据之一。

2）是编制项目规划、确定建设规模的参考依据。

（2）可行性研究阶段投资估算的作用

1）是项目投资决策的重要依据，也是研究、分析、计算项目投资经济效果重要的基础条件。经评定的可行性研究报告中的投资估算额，将成为设计任务书中的投资限额，即建设项目投资的最高限额，不得随意突破。

2）是建设项目设计招标、优选设计单位和设计方案的重要依据，也是设计阶段造价控制的依据。

a. 在工程设计招标阶段，招标单位对于投标单位报送的包括项目设计方案、投资估算和经济性分析的投标书，根据投资估算进行各项设计方案的经济合理性分析、衡量、比较，并在此基础上，择优确定设计单位和设计方案。

b. 对工程设计概算起着控制作用，是限额设计的依据，作为衡量和控制各专业设计的标准额度，用以对各设计专业实行投资纵向分配。

3）可作为项目资金筹措及制订建设贷款计划的依据。建设单位可根据批准的项目投资估算额，进行资金筹措和向银行申请贷款。

4）是核算建设项目固定资产投资需要额和编制固定资产投资计划的重要依据。

4.3.1.3　投资估算阶段的划分

投资估算贯穿于整个建设项目的决策阶段，涉及项目规划、项目建议书、项目初步可行性研究和详细可行性研究等投资决策的各个过程，因此，我国建设项目的投资估算工作也相应地分为四个阶段。

（1）项目规划阶段的投资估算

是指有关部门根据国民经济发展规划以及地区和行业发展规划的要求，编制建设项目的建设规划时，按项目规划的要求和内容，粗略估算建设项目所需投资额的经济文件。这个阶段对投资估算精度的要求为允许误差大于±30％。

（2）项目建议书阶段的投资估算

是指按项目建议书中的建设规模、产品的技术方案和生产工艺等初步设定资料，估算建设项目所需投资额的经济文件。这个阶段的投资估算是审批或核准项目建议书的依据，是判断项目是否有必要进入可行性研究阶段的主要依据，其对投资估算精度的要求为误差控制在±30％以内。

（3）初步可行性研究阶段的投资估算

是指在进一步细化方案、掌握的资料更为具体深入的条件下，估算建设项目所需投资额的经济文件。这个阶段项目的投资估算是初步明确项目方案、进行项目的技术经济论证以及判断是否进行详细可行性研究的主要依据，其对投资估算精度的要求为误差控制在±20%以内。

（4）详细可行性研究阶段的投资估算

是对项目进行详细的技术经济分析，决定项目是否可行，并据此优选投资方案所依据的经济文件。这个阶段的投资估算将作为整个建设项目全生命周期的投资限额，其对投资估算精度的要求为误差控制在±10%以内。

4.3.2 投资估算的编制内容与编制步骤

4.3.2.1 投资估算的编制内容

根据国家规定，从满足建设项目投资计划和投资规模的角度，建设项目投资估算包括建设项目总投资，由固定资产投资估算和流动资金估算构成，如图4.1所示。

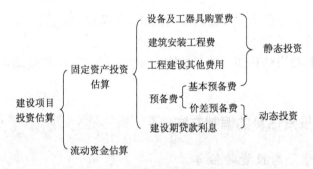

图 4.1 建设项目投资估算构成图

（1）固定资产投资估算

固定资产投资估算的内容按照费用的性质划分，包括设备及工器具购置费、建筑安装工程费、工程建设其他费用、基本预备费、价差预备费和建设期利息。其中，设备及工器具购置费、建筑安装工程费、工程建设其他费用、基本预备费为静态投资，价差预备费和建设期贷款利息为动态控制。

（2）流动资金估算

流动资金是指生产经营性项目投产后，用于购买原材料、燃料、支付工资及其他经营费用等所需的周转资金，是由流动资产与流动负债之间的差值得到的。在投资估算中，流动资产主要考虑现金、应收账款和存货，流动负债主要考虑应付账款。

因此，建设项目投资估算的内容也可以表达为由固定资产的静态投资、固定资产的动态投资和流动资金三部分构成。

4.3.2.2 投资估算的编制依据、要求和步骤

（1）投资估算的编制依据

包括：①拟建项目的类型、规模、建设地点、时间、总体建筑结构、施工方案、主要设备类型、建设标准等项目特征及工程量。②主管机构发布的建设工程造价费用构成、估算指标、概算指标、概预算定额、各类工程造价指数及计算方法以及其他有关计算工程造价的文件。③主管机构发布的工程建设其他费用计算办法和费用标准以及政府部门发布的物价指数。④项目建议书、建设方案或可行性研究报告。⑤资金来源与设计参数，包括资金筹措方

案以及各种建筑面积指标、能源消耗指标等。⑥现场情况，如地理位置、地质条件、交通、供水、供电条件等。

（2）投资估算的编制要求

包括：①应委托有相应工程造价咨询资质的单位编制；②工程内容和费用构成齐全，计算合理，不重复计算，不提高或者降低估算标准，不漏项、不少算；③选用指标与具体工程之间存在标准或者条件差异时，应进行必要的换算或调整；④投资估算精度应能满足控制初步设计概算要求，并尽量减少误差。

（3）投资估算的编制步骤

投资估算根据其构成，在计算时按以下步骤进行。

1）估算固定资产静态投资。即：①分别估算各单项工程所需的建筑工程费、设备及工器具购置费、安装工程费；②在汇总各单项工程费用的基础上，估算工程建设其他费用和基本预备费。

2）估算固定资产动态投资。即估算价差预备费和建设期利息。

3）估算流动资金。

4）估算建设项目投资估算额。即汇总静态投资、动态投资和流动资金三部分，估算出总投资。

4.3.3 固定资产投资估算的编制方法

4.3.3.1 固定资产静态投资的估算

不同阶段的投资估算，其允许误差各不相同，其固定资产静态投资估算适用的方法也不相同。项目规划和项目建议书阶段，投资估算的精度低，可采取简单的匡算法，包括单位生产能力法、生产能力指数法、系数估算法、比例估算法等。可行性研究阶段尤其是详细可行性研究阶段，投资估算精度要求高，需采用相对详细的投资估算方法，即指标估算法。

（1）单位生产能力估算法

1）定义及计算公式。单位生产能力估算法是根据已建成的、性质类似的建设项目的单位生产能力投资乘以建设规模，即得到拟建项目的静态投资额的方法。其计算公式为：

$$C_2 = \frac{C_1}{Q_1} Q_2 \, f \tag{4.1}$$

式中　C_1——已建类似项目的静态投资额；

C_2——拟建项目静态投资额；

Q_1——已建类似项目的生产能力；

Q_2——拟建项目的生产能力；

f——不同时期、不同地点的定额、单价、费用变更等的综合调整系数。

2）特点。将项目的建设投资与其生产能力的关系视为简单的线性关系，估算简便迅速，估算误差较大，可达±30%。

3）适用范围。由于实际中，单位生产能力的投资会随生产规模的增加而减少，因此，这种方法一般只适用于拟建项目与已建项目的生产能力比值为 0.2～2，即二者在规模和时间上相近的情况。

4）注意事项。单位生产能力估算法，应用时注意调整系数的取值要考虑以下几点。

a. 地区性差异。由于拟建项目与已建项目的建设地点不同，要考虑两地土壤、地质、水文、经济情况、气候、自然条件的不同以及材料、设备的来源、运输状况的不同等地区性差异。

b. 配套性差异。由于拟建项目与已建项目的配套装置或设施不同，要考虑如公用、辅助、室外和生活福利等配套工程随地方差异和工程规模的变化而各异的情况，它们并不与主体工程的变化呈线性关系。

c. 时间性差异。由于拟建项目与已建项目的建造时间不同，要考虑时间差异可能在技术、标准、价格等方面引起的变化。

【例 4.1】 某地 2016 年拟建污水处理厂及配套市政工程建设项目，污水处理能力为 0.5 万吨/日，根据调研资料，该地区 2009 年建设污水处理能力为 0.1 万吨/日的污水处理厂及配套项目，其投资额为 996 万元，与拟建项目的工程条件类似。由于建设地点、时间等的差异确定调整系数为 1.6，估算该项目的建设投资额。

解 $C_2 = (996/0.1) \times 0.5 = 4980$（万元）

故，该拟建项目的建设投资额为 4980 万元。

(2) 生产能力指数法。

1) 定义及计算公式。又称为指数估算法，是根据已建成的类似项目生产能力和投资额来粗略估算拟建项目静态投资额的方法，是对单位生产能力估算法的改进。其计算公式为：

$$C_2 = C_1 \left(\frac{Q_2}{Q_1} \right)^n f \tag{4.2}$$

式中 n——生产能力指数（$0 \leqslant n \leqslant 1$）。

其他符号含义同式 (4.1)。

2) 特点。这种方法的造价与规模（或容量）呈非线性关系，且单位造价随工程规模（或容量）的增大而减小，因此，生产能力指数法与单位生产能力估算法相比精确度略高，其误差可控制在 ±20% 以内。采用这种方法，不需要详细的工程设计资料，只需要知道工艺流程及规模就可以，计算简单，速度快，但要求类似工程的资料可靠，条件基本相同，否则误差就会增大。

3) 适用范围。生产能力指数法主要应用于设计深度不足、拟建项目与已建类似项目的规模不同、设计定型并系列化、行业内相关指数和系数等基础资料完备的情况。一般拟建项目与已建类似项目生产能力比值不宜大于 50，且以在 10 倍以内效果较好。

4) 注意事项。生产能力指数法的关键是生产能力指数的确定，一般要结合行业特点确定，并应有可靠的例证。正常情况下，$0 < n < 1$。不同生产率水平的国家和不同性质的项目中，n 的取值是不同的。

a. 若已建类似项目或装置的规模和拟建项目或装置的规模相差不大，生产规模比值在 0.5~2 之间，则指数 n 的取值近似为 1。

b. 若已建类似项目或装置与拟建项目或装置的规模比值为 2~50 倍之间，且拟建项目的扩大仅靠增大设备规格来达到时，则 n 取值在 0.6~0.7 之间；若是靠增加相同规格设备的数量达到时，则 n 的取值在 0.8~0.9 之间。

【例 4.2】 某地 2013 年拟建年产 25 万吨化工产品的化工厂，根据调研，该地区 2005 年建设的年产 10 万吨相同产品的化工厂，其投资额为 3000 万元，估算该拟建项目的总投资额。（测算得到：生产能力指数为 0.8，2005 年末至 2013 年末每年工程造价的年平均递增率

为 10%）

解 $C_2 = 3000 \times \left(\frac{25}{10}\right)^{0.8} \times (1+10\%)^8 = 13384.9$（万元）

故，该拟建项目的建设投资额为 13384.9 万元。

（3）比例估算法

是将项目的固定资产投资分为设备投资、建筑物与构筑物投资、其他投资三部分，先估算出设备的投资额，然后再按一定比例估算出建筑物与构筑物的投资及其他投资，最后将三部分投资加在一起计算出投资总额。

1）设备投资估算。设备投资按其出厂价格加上运输费、安装费等，其估算公式为：

$$K_1 = \sum_{i=1}^{n} Q_i \times P_i \times (1+L_i) \tag{4.3}$$

式中　K_1——设备的投资估算值；

　　　Q_i——第 i 种设备所需数量；

　　　P_i——第 i 种设备的出厂价格；

　　　L_i——同类项目同类设备的运输、安装费系数；

　　　n——所需设备的种数。

2）建筑物与构筑物投资估算。其估算公式为：

$$K_2 = K_1 \times L_b \tag{4.4}$$

式中　K_2——建筑物与构筑物的投资估算值；

　　　L_b——同类项目中建筑物与构筑物投资占设备投资的比例，露天工程取 0.1~0.2，室内工程取 0.6~1.0。

3）其他投资估算。其估算公式为：

$$K_3 = K_1 \times L_w \tag{4.5}$$

式中　K_3——其他投资的估算值；

　　　L_w——同类项目其他投资占设备投资的比例。

4）项目固定资产投资总额的估算。其估算公式为：

$$K = (K_1 + K_2 + K_3) \times (1+S\%) \tag{4.6}$$

式中　$S\%$——考虑不可预见因素而设定的费用系数，一般为 10%~15%。

（4）系数估算法。

也称为因子估算法，它是以拟建项目的主体工程费或主要设备购置费为基数，以其他工程费与主体工程费或设备购置费的百分比为系数，依此估算拟建项目静态投资的方法。在我国国内常用的方法有设备系数法和主体专业系数法，世界银行项目常用的方法是朗格系数法。

1）设备系数法。是指以拟建项目的设备购置费为基数，根据已建成的同类项目的建筑安装费和其他工程费用等占设备价值的百分比，求出拟建项目相应的建筑安装费及其他工程费用等，再加上拟建项目的其他费用，其总和即为拟建项目的固定资产静态投资。其估算公式如下：

$$C = E(1 + f_1 P_1 + f_2 P_2 + f_3 P_3 + \cdots) + I \tag{4.7}$$

式中　　　　C——拟建项目的静态投资额；

　　　　　　E——拟建项目根据当时当地价格计算的设备购置费；

P_1，P_2，P_3，…——已建项目中建筑安装工程费及其他工程费用占设备购置费的百分比；

f_1，f_2，f_3…——由于时间、地点因素引起的定额、价格、费用标准等变化的综合调整系数；

I——拟建项目的其他费用。

【例 4.3】 甲地 2016 年拟兴建年产 30 万吨化工颜料的厂房，根据调研资料，得到乙地 2012 年投产的年产 20 万吨化工颜料的类似厂房建设投资资料，具体内容为：乙地类似厂房的设备购置费为 10500 万元，建筑工程费为 4500 万元，安装工程费为 3200 万元，工程建设其他费为 2100 万元。若甲地拟建项目的其他费用为 1800 万元，考虑 2012 年至 2016 年期间的时间因素以及甲乙两地的地区因素导致的对设备购置费、建筑工程费、安装工程费、工程建设其他费的综合调整系数，分别为 1.25、1.3、1.1、1.15，试估算甲地拟建项目的静态投资。

解 （1）计算建筑工程费、安装工程费、工程建设其他费占设备购置费的百分比

建筑工程费：$4500 \div 10500 = 0.4286$

安装工程费：$3200 \div 10500 = 0.3048$

工程建设其他费：$2100 \div 10500 = 0.2$

（2）估算拟建项目的静态投资

$C = 10500 \times (1.25 + 1.3 \times 0.4286 + 1.1 \times 0.3048 + 1.15 \times 0.2) + 1800$

$= 26710.83$（万元）

2）主体专业系数法。是指以拟建项目中的投资比重较大，且与生产能力直接相关的工艺设备投资为基数，根据已建同类项目的有关统计资料，计算出拟建项目的各专业工程（总图、土建、采暖、给排水、管道、电气、自控等）占工艺设备投资的百分比，据此求出拟建项目各专业的投资，然后汇总，再加上拟建项目的其他费用，即为拟建项目的固定资产静态投资。其估算公式如下：

$$C = E'(1 + f_1 P_1' + f_2 P_2' + f_3 P_3' + \cdots) + I \tag{4.8}$$

式中 E'——拟建项目中的投资比重较大，且与生产能力直接相关的工艺设备的投资；

P_1'，P_2'，P_3'，…——已建项目中各专业工程费用占工艺设备投资的百分比。

其他符号的含义同式（4.7）。

3）朗格系数法。是以设备购置费为基础，乘以适当系数来推算项目的固定资产静态投资。这种方法比较简单，但没有考虑设备规格、材质的差异，所以精确度不高。其估算公式如下：

$$C = E(1 + \sum K_i) K_C \tag{4.9}$$

式中 K_i——管线、仪表、建筑物等项费用的估算系数；

K_C——包括管理费、合同费、应急费等间接费在内的总估算系数。

其他符号的含义同式（4.7）。

朗格系数 K_L 是指静态投资与设备购置费之比，即

$$K_L = (1 + \sum K_i) K_C \tag{4.10}$$

朗格系数包含的内容见表 4.2。

表 4.2 朗格系数包含的内容

项目		固体流程	固流流程	液体流程
朗格系数 K_L		3.1	3.63	4.74
内容	(a)包括基础、设备、绝热、油漆及设备安装	E×1.43		
	(b)包括上述在内和配管工程费	(a)×1.1	(a)×1.25	(a)×1.6
	(c)装置直接费	(b)×1.5		
	(d)包括上述在内和间接费	(c)×1.31	(c)×1.35	(c)×1.38

【例 4.4】 国外某地拟建年产 40 万套汽车轮胎的工厂，已知该工厂的设备到达工地的费用为 4723 万美元，试估算该拟建工厂的静态投资。

解 由于是国外工程，因此可采用朗格系数法。在采用朗格系数法时，由于轮胎工厂的生产流程基本属于固体流程，因此全部数据应采用固体流程的数据。按表 4.2 进行的计算步骤如下。

① 设备到场费用为 4723 万美元。

② （a）$=4723×1.43=6753.89$（万美元）

则，设备基础、绝热、油漆及设备安装费 $=6753.89-4723=2030.89$（万美元）

③ （b）$=4723×1.43×1.1=7429.28$（万美元）

则，配管工程费 $=7429.28-6753.89=675.39$（万美元）

④ （c）$=4723×1.43×1.1×1.5=11143.92$（万美元）

则，装置直接费 $=11143.92-7429.28=3714.64$（万美元）

⑤ （d）$=4723×1.43×1.1×1.5×1.31=14598.54$（万美元）

则，该工厂的静态投资为 14598.54 万美元

（5）混合法

这种方法是根据主体专业设计的阶段和深度，编制者所掌握的国家及地区、行业或部门相关投资估算的基础资料和数据以及其他统计和积累的可靠的相关造价基础资料，对拟建项目的静态投资采用生产能力指数法与比例估算法或系数估算法与比例估算法混合估算的方法。

（6）指标估算法

1）定义。指标估算法是指依据投资估算指标，对各单位工程或单项工程费用进行估算，进而估算建设项目静态投资的方法，为了保证编制精度，可行性研究阶段建设项目投资估算原则上应采用指标估算法。

2）估算程序。应用指标估算法时，应采用以下估算程序。

a. 把拟建项目以单项工程或单位工程，按建设内容纵向划分为各个主要生产设施、辅助及公用设施、行政及福利设施以及各项其他基本建设费用，按费用性质横向划分为建筑工程费、设备及工器具购置费、安装工程费等费用。

b. 利用各种具体的投资估算指标，乘以所需的长度、面积、体积、重量、容量等进行土建工程、给排水工程、照明工程、采暖工程、变配电工程等各种单位工程或单项工程投资的估算，在此基础上汇总成拟建项目的各个单项工程费用和拟建项目的工程费用投资估算。

c. 按相关规定估算工程建设其他费、基本预备费等，汇总后形成拟建项目的静态投资。

3）各单位工程费用的估算方法。

a. 建筑工程费估算。建筑工程费用是指为建造永久性建筑物和构筑物所需要的费用。

其估算方法有单位建筑工程投资估算法、单位实物工程量投资估算法和概算指标投资估算法，实际工作中可根据具体条件和要求选用。前两种方法比较简单，适用于有估算指标或类似工程造价资料的情况；当不具备此条件时，可采用计算主体实物工程量套用相关综合定额或概算定额进行估算的方法，这种方法需要较为详细的工程资料，工作量较大。

b. 设备及工器具购置费估算。设备购置费根据拟建项目的主要设备表及价格、费用资料编制，工器具购置费按设备费的一定比例计取。对于价值高的设备应按单台（套）估算购置费，价值较小的设备可按类估算，国内设备和进口设备应分别估算。

c. 安装工程费估算。安装工程费一般以设备费为基数区分不同类型进行估算。包括工艺设备安装费估算，工艺金属结构、工艺管道估算和变配电、自控仪表安装工程估算等类型。

d. 工程建设其他费用估算。应结合拟建项目的具体情况估算，对于合同或协议中明确的费用按合同或协议列入；对于合同或协议中未明确的费用，根据国家和各行业部门、工程所在地的地方政府有关工程建设其他费用的定额、规定或计算办法估算。

e. 基本预备费估算。一般是以拟建项目的工程费用和工程建设其他费用之和为基础，乘以基本预备费率进行计算，如式（2.5）所示。其中，基本预备费率的取值，应根据拟建项目的设计阶段和深度、估算中所采用的各项估算指标与设计内容的贴近度以及项目所属行业主管部门的具体规定确定。

4）注意事项。

a. 在实际工作中，要根据国家有关规定、投资主管部门或地区主管部门颁布的估算指标，结合工程的具体情况编制。

b. 投资估算指标的表示形式较多，如以元/m、元/m^2、元/m^3、元/t、元/kV·A等单位来表示，在应用时，指标单位应密切结合每个单位工程的特点，能正确反映其设计参数。

c. 若套用的指标与具体工程之间的标准或条件有差异时，应加以必要的换算或调整。

4.3.3.2 固定资产动态投资的估算

固定资产动态投资包括价差预备费和建设期利息两部分。动态部分的估算应以基准年静态投资的资金使用计划为基础来计算，而不是以编制年的静态投资为基础计算。

（1）价差预备费

价差预备费的计算详见第2.4节。在投资估算中，对于涉外项目，计算价差预备费时还应注意汇率变化对拟建项目动态投资的影响及计算方法。

汇率是两种不同货币之间的兑换比率，在我国，人民币与外币之间的汇率采取以人民币表示外币价格的形式给出，如1美元＝6.8863元人民币（2017年2月）。汇率的变化意味着一种货币相对于另一种货币的升值或贬值，由于涉外项目的投资中包含人民币以外的币种，需要按照相应的汇率把外币投资额换算为人民币投资额，因此，汇率变化就会对涉外项目的投资额产生影响。

1）汇率变化对于涉外项目影响的处理方法包括两种情况：①外币对人民币升值。项目从国外市场购买设备材料所支付的外币金额不变，但换算成人民币的金额增加；从国外借款，本息所支付的外币金额不变，但换算成人民币的金额增加。②外币对人民币贬值。项目从国外市场购买设备材料所支付的外币金额不变，但换算成人民币的金额减少；从国外借款，本息所支付的外币金额不变，但换算成人民币的金额减少。

2）汇率变化对于涉外项目影响的计算方法为：通过预测汇率在项目建设期内的变动程度，以估算年份的投资额为基数，相乘计算求得。

（2）建设期利息

建设期利息的计算详见第 2.4 节。在投资估算中，建设期利息包括银行借款利息、其他债务资金的利息以及其他融资费用等。

其他融资费用是指某些债务融资中发生的手续费、承诺费、管理费、信贷保险费等费用，一般情况下应将其单独计算并计入建设期利息。在项目前期规划与项目建议书阶段，也可作粗略估算并计入建设投资，对于不涉及国外贷款的项目，在可行性研究阶段，也可作粗略估算并计入建设投资。

4.3.3.3 固定资产投资估算编制实例

【例 4.5】 某工程在建设期初的建安工程费和设备工器具购置费为 50000 万元。按本项目实施进度计划，建设期 3 年，投资分年使用比例为：第一年 30%，第二年 50%，第三年 20%，投资在每年平均支用，建设期内预计年平均价格总水平上涨率为 5%。贷款情况为：第一年贷款 8370 万元，第二年 11160 万元，第三年 8370 万元，年利率为 5.6%。工程建设其他费用为 4500 万元，基本预备费率为 10%。试估算该项目的建设投资。

解 （1）计算项目的基本预备费

$$基本预备费 = （50000 + 4500） \times 10\% = 5450 （万元）$$

（2）计算项目的价差预备费

1）计算项目的静态投资。

$$静态投资 = 50000 + 4500 + 5450 = 59950 （万元）$$

2）计算各年的价差预备费 PF_n。

$$PF_1 = 59950 \times 30\% \times [（1+5\%）^1 - 1] = 899.25 （万元）$$
$$PF_2 = 59950 \times 50\% \times [（1+5\%）^2 - 1] = 3072.44 （万元）$$
$$PF_3 = 59950 \times 20\% \times [（1+5\%）^3 - 1] = 1889.92 （万元）$$

3）计算项目建设期的价差预备费

$$PF = 899.25 + 3072.44 + 1889.92 = 5861.61 （万元）$$

（3）计算项目建设期的贷款利息

$$I_1 = 0.5 \times 8370 \times 5.6\% = 234.36 （万元）$$
$$I_2 = （8370 + 234.36 + 0.5 \times 11160） \times 5.6\% = 794.32 （万元）$$
$$I_3 = （8370 + 234.36 + 11160 + 794.32 + 0.5 \times 8370） \times 5.6\% = 1385.64 （万元）$$

故，$I = 234.36 + 794.32 + 1385.64 = 2414.33 （万元）$

（4）计算项目的建设投资。

$$建设投资 = 静态投资 + 价差预备费 + 建设期借款利息$$
$$= 59950 + 5861.61 + 2414.33$$
$$= 68225.94 （万元）$$

4.3.4 流动资金投资估算的编制方法

流动资金是项目运营需要的流动资产投资，指的是生产经营性项目投产后，为保证正常的生产运营，用于购买原材料、燃料，支付工资及其他经营费用等所需的周转资金。流动资金估算一般采用分项详细估算法，个别情况或者小型项目可采用扩大指标法。

4.3.4.1 分项详细估算法

(1) 定义及计算公式

1) 定义。分项详细估算法是根据流动资金具有在生产过程中不断周转且其周转额的大小与生产规模及周转速度直接相关的显著特点，依据周转额与周转速度之间的关系，对构成流动资金的各项流动资产和流动负债分别进行估算的方法。

2) 计算公式。在可行性研究阶段，需对存货、现金、应收账款、预付账款、应付账款和预收账款六项内容进行估算，计算公式为：

$$流动资金＝流动资产－流动负债 \tag{4.11}$$

$$流动资金本年增加额＝本年流动资金－上年流动资金 \tag{4.12}$$

其中，

$$流动资产＝现金＋存货＋应收账款＋预付账款 \tag{4.13}$$

$$流动负债＝应付账款＋预收账款 \tag{4.14}$$

(2) 计算方法

应用分项详细估算法进行流动资金估算时，首先计算各类流动资产和流动负债的年周转次数，然后估算占用资金额，计算方法如下所述。

1) 周转次数。周转次数是指流动资金的各个构成项目在 1 年内（1 年天数通常按 360 天考虑）完成多少个生产过程，计算公式如下：

$$周转次数＝360/流动资金最低周转天数 \tag{4.15}$$

式中，各类流动资产和流动负债的最低周转天数，可参照同类企业的平均周转天数并结合项目特点确定，或按部门（行业）的规定，在确定最低周转天数时应考虑储存天数、在途天数，并考虑适当的保险系数。

2) 现金的估算。流动资金中的现金是指企业生产运营活动中停留于货币形态的那部分资金，是为维持正常生产运营必须预留的货币资金，包括企业库存现金和银行存款。计算公式如下：

$$现金＝\frac{年工资＋年福利费＋年其他费}{年现金周转次数} \tag{4.16}$$

式中，年其他费＝制造费用＋管理费用＋营业费用－（前三项费用中所含的工资及福利费、折旧费、摊销费、修理费）

3) 存货的估算。存货是指企业在日常生产经营过程中持有以备出售，或者仍然处在生产过程，或者在生产或提供劳务过程中将消耗的材料或物料等，包括各类材料、商品、在产品、半成品和产成品等。为简化计算，仅考虑外购原材料、燃料、其他材料、在产品和产成品，并分项进行计算。计算公式如下：

$$存货＝外购原材料、燃料＋其他材料＋在产品＋产成品 \tag{4.17}$$

式中

$$外购原材料、燃料＝\frac{年外购原材料、燃料费用}{分项周转次数} \tag{4.18}$$

$$其他材料＝\frac{年其他材料费用}{其他材料周转次数} \tag{4.19}$$

$$在产品＝\frac{年外购原材料、燃料动力费＋年工资福利费＋年修理费＋年其他制造费用}{在产品周转次数} \tag{4.20}$$

式中，其他制造费用是指由制造费用中扣除生产单位管理人员工资及福利费、折旧费、修理费后的其余部分。

$$产成品 = \frac{年经营成本 - 年营业费用}{产成品周转次数} \tag{4.21}$$

4）应收账款的估算。应收账款是指企业对外赊销商品、提供劳务尚未收回的资金。计算公式如下：

$$应收账款 = \frac{年经营成本}{应收账款周转次数} \tag{4.22}$$

5）预付账款的估算。预付账款是指企业为购买各类材料、半成品或服务所预先支付的款项，计算公式如下：

$$预付账款 = \frac{外购商品或服务年费用金额}{预付账款周转次数} \tag{4.23}$$

6）流动负债的估算。流动负债是指在 1 年或者超过 1 年的一个营业周期内，需要偿还的各种债务，包括短期借款、应付票据、应付账款、预收账款、应付工资、应付福利费、应付股利、应交税金、其他暂收应付款、预提费用和 1 年内到期的长期借款等。在可行性研究阶段，流动负债的估算可以只考虑应付账款和预收账款两项。计算公式如下：

$$应付账款 = \frac{年外购原材料 + 年外购燃料动力费}{应付账款周转次数} \tag{4.24}$$

$$预收账款 = \frac{预收的营业收入年金额}{预收账款周转次数} \tag{4.25}$$

7）根据流动资金各项估算结果，编制流动资金估算表，如表 4.3 所示。

表 4.3　流动资金估算表　　　　　　　　　　　单位：万元

序号	项目	最低周转天数	周转次数	投产期			达产期		
				3	4	5	6	…	n
1	流动资产								
1.1	现金								
1.2	存货								
1.2.1	外购原材料、燃料								
1.2.2	其他材料								
1.2.3	在产品								
1.2.4	产成品								
1.3	应收账款								
1.4	预付账款								
2	流动负债								
2.1	应付账款								
2.2	预收账款								
3	流动资金（1-2）								
4	流动资金本年增加额								

【例 4.6】　已知某建设项目达到设计生产能力后全厂定员 2000 人，工资和福利费按每人每年 12000 元估算。每年的其他费用为 1000 万元。年外购原材料、燃料动力费估算为

26000 万元。年经营成本 30000 万元，年修理费占年经营成本的 10%，预收的营业收入年金额为 28800 万元。各项流动资金的最低周转天数分别为：应收账款 30 天，现金 35 天，应付账款 30 天，预付账款 30 天，存货 35 天，预收账款 30 天。试估算该项目的流动资金。

解 根据资料收集情况，可采用分项详细估算法估算流动资金。

(1) 估算流动资产

1) 现金=(2000×1.2+1000)÷(360÷35)=330.56（万元）

2) 应收账款=30000÷(360÷30)=2500（万元）

3) 外购原材料、燃料=26000÷(360÷35)=2527.78（万元）

在产品=(26000+2000×1.2+30000×10%+1000)÷(360÷35)=3150（万元）

产成品=30000÷(360÷35)=2916.67（万元）

故，存货=2527.78+3150+2916.67=8594.45（万元）

故，流动资产=330.56+2500+8594.45=11425.01（万元）

(2) 估算流动负债

1) 应付账款=26000÷(360÷30)=2166.67（万元）

2) 预收账款=28800÷(360÷30)=2400（万元）

故，流动负债=2166.67+2400=4566.67（万元）

(3) 估算流动资金

流动资金=11425.01−4566.67=6858.34（万元）

4.3.4.2 扩大指标估算法

(1) 定义及计算公式

扩大指标估算法是根据现有同类企业的实际资料，求得各种流动资金率指标，亦可依据行业或部门给定的参考值或经验确定比率，然后将各类流动资金率乘以相对应的费用基数来估算流动资金。计算公式如下：

$$年流动资金额=年费用基数×各类流动资金率 \quad (4.26)$$

(2) 计算方法

一般常用的年费用基数有销售收入、经营成本、总成本费用和固定资产投资等，究竟采用何种基数依行业习惯而定。相应的计算方法分别如下所述。

1) 按销售收入资金率估算。一般加工工业项目大多采用销售收入资金率进行估算。计算公式为：

$$流动资金额=年销售收入额×销售收入资金率 \quad (4.27)$$

2) 按经营成本资金率估算。由于经营成本是一项综合性指标，能反映项目的物资消耗、生产技术和经营管理水平以及自然资源条件的差异等实际状况，一些采掘工业项目常采用经营成本资金率估算流动资金。计算公式为：

$$流动资金额=年经营成本×经营成本资金率 \quad (4.28)$$

3) 按固定资产投资资金率估算。固定资产投资资金率是流动资金占固定资产投资总额的百分比，如火电厂等项目可按固定资产投资资金率估算流动资金。计算公式为：

$$流动资金额=固定资产价值总额×固定资产价值资金率 \quad (4.29)$$

4) 按单位产量资金率估算。如煤矿等项目，可按吨煤资金率估算流动资金。计算公式为：

$$流动资金额＝年生产能力×单位产量资金率 \qquad (4.30)$$

【例 4.7】 某建设项目投产后的年产值为 2.1 亿元，其同类企业的百元产值流动资金占用额为 25.5 元，试计算该项目的流动资金估算额。

解 根据资料收集情况，可采用扩大指标法估算流动资金。

$$流动资金估算额＝21000×25.5/100＝5355 （万元）$$

4.3.4.3 流动资金估算应注意的问题

1）流动资金属于长期性（永久性）流动资产，流动资金的筹措可通过长期负债和资本金（一般要求占 30％）的方式解决。流动资金一般要求在投产前一年开始筹措，为简化计算，可规定在投产的第一年开始按生产负荷安排流动资金需用量。其借款部分按全年计算利息，流动资金利息应计入生产期间的财务费用，项目计算期末收回全部流动资金（不含利息）。

2）在不同生产负荷下的流动资金，应按不同生产负荷所需的各项费用金额，相应地根据上述公式分别估算，而不能直接按照 100％生产负荷下的流动资金乘以生产负荷百分比求得。

3）在采用分项详细估算法时，因为最低周转天数减少，将增加周转次数，从而减少流动资金需用量，因此，必须切合实际地选取最低周转天数。应根据项目实际情况分别确定现金、应收账款、存货、应付账款和预收账款的最低周转天数，并考虑一定的保险系数。对于存货中的外购原材料和燃料，要分品种和来源，考虑运输方式和运输距离以及占用流动资金的比重大小等因素确定。

4）用扩大指标估算法计算流动资金，需以经营成本及其中的某些科目为基数，因此实际上流动资金估算应能够在经营成本估算之后进行。

4.3.5 投资估算的审查

为了保证建设项目投资估算的准确性，以确保其发挥应有的作用，必须加强对建设项目投资估算的审查工作。审查部门和单位在审查建设项目投资估算时，应注意其可信性、一致性和符合性，并据此进行审查。

（1）审查投资估算编制依据的可信性

通过投资估算编制依据的审查，进行投资估算方法的科学性和适用性以及投资估算数据资料的实效性和准确性审查。

1）审查投资估算方法的科学性和适用性 因为投资估算方法很多，而每种投资估算方法都有其不同的适用条件和范围，并具有不同的精确度。如果应用的投资估算方法与建设项目的客观条件和情况不相适应，或者超出了该方法的使用范围，就不能保证投资估算的质量。

2）审查投资估算数据资料的时效性和准确性 估算建设项目投资所需的数据资料较多，如已运行同类型项目的投资，设备和材料价格，运杂费率，有关的定额、指标、标准以及有关规定等都与时间有密切关系，都可能随时间的推移而发生变化，因此，必须注意其时效性和准确性。

（2）审查投资估算的编制内容与规定、规划要求的一致性

1）建设项目投资估算有否漏项 审查建设项目投资估算包括的工程内容与规定要求是

否一致，是否漏掉了某些辅助工程、室外工程等的建设费用。

2）项目投资估算是否符合规划要求　审查建设项目投资估算中，产品生产装置的先进水平与自动化程度等，与规划要求的先进程度是否相符合。

3）项目投资估算是否按环境等因素的差异进行了调整　审查是否对拟建项目与已运行项目在成本、工艺水平、规模大小、环境因素等方面的差异作了适当的调整。

(3) 审查投资估算费用项目的符合性

1）审查"三废"处理情况　审查"三废"处理所需投资是否进行了估算，其估算数额是否符合实际情况。

2）审查物价波动变化幅度是否合适　审查是否考虑了物价上涨和汇率变动对投资额的影响以及物价波动变化幅度是否合适。

3）审查是否采用了"三新"技术　审查投资估算中是否考虑了采用新技术、新材料以及新工艺，采用现行新标准和规范比已有运行项目的要求提高所需增加的投资额，所增加的额度是否合适。

4.4　建设项目的经济评价

建设项目的经济评价是在完成市场调查与预测、拟建规模、营销策划、资源优化、技术方案论证、环境保护、投资估算与资金筹措等可行性分析的基础上，对拟建项目各方案的投入与产出的基础数据进行推测和估算以及对方案进行评价和优选的过程。经济评价的工作成果融会了可行性研究的结论性意见和建议，是投资主体决策的重要依据。建设项目经济评价主要分为财务评价和国民经济评价，财务评价是建设项目经济评价的重要组成部分。

4.4.1　财务评价的概念与内容

4.4.1.1　财务评价的含义

建设项目财务评价是指在国家现行财税制度和市场价格体系下，分析预测项目直接发生的财务效益与费用，计算财务评价指标，考察拟建项目的盈利、偿债、外汇平衡和承受风险的能力，据以判断项目的财务可行性。

4.4.1.2　财务评价的作用

(1) 是考察拟建项目财务盈利能力的重要依据

拟建项目的盈利水平能否达到国家规定的基准收益率、清偿能力是否低于国家规定的投资回收期以及能否按银行要求期限归还贷款等问题，是国家和地方各级决策、财政、信贷部门关注的重点，也是企业所有者和经营者进行项目投资的前提，为了考察拟建项目的财务盈利能力，以保证拟建项目在财务上的可行性，必须进行财务评价。

(2) 是协调企业利益和国家利益的重要依据

对于公益性或基础设施建设项目等非盈利或微利项目，当财务评价与国民经济评价结论不一致时，可以通过财务分析与评价考察价格、税收、利率等相关经济参数变动对分析结果的影响，寻找经济调节方式和幅度，使企业利益和国家利益趋于一致。如，国家需要对项目进行政策性的补贴或实行减免税等经济优惠时，需要通过财务分析和评价得出具体措施。

（3）是企业及相关部门制定资金规划的重要依据

财务评价主要解决建设项目的投资额度大小、资金来源的筹资方案以及资金运用的用款计划等问题，因此，为了保证项目所需资金能及时到位，以及项目的运用能合理有效，项目投资者、经营者和信贷部门都需要通过财务评价的内容了解拟建项目的投资额及相关信息，并据此制定和实施资金规划。

4.4.1.3 财务评价的内容

财务评价是通过判断建设项目的盈利、债务清偿、外汇平衡以及承受风险的能力来确定项目财务上的可行性，主要包括以下内容。

（1）识别建设项目财务收益和费用

建设项目的财务目标是获取尽可能大的利润，而项目的收益和费用是对于目标而言的，收益是对目标的贡献，费用则是负收益，是对目标的负贡献，因此，识别建设项目财务收益和费用是财务评价的前提。在建设项目的财务评价中，财务收益主要表现为生产经营的产品销售收入、项目得到的各种补贴、项目寿命期末回收的固定资产余值和流动资金等各项收入；财务费用主要表现为建设项目投资、经营成本和税金等各项支出。

（2）收集、预测财务评价的基础数据

财务评价中需收集、预测的基础数据包括：产品销售量及各年度产量，产品的近期价格和预计的价格变动幅度，固定资产、流动资金、无形资产、递延资产的投资估算，产品的成本及其构成估算。项目财务评价基础数据预测的精确程度是决定财务分析成败的关键。

（3）编制财务报表

财务评价中需编制以下财务报表。

1）基本报表。包括分析项目的盈利能力需编制的现金流量表、损益表；分析项目清偿能力需编制的资产负债表、资金来源与运用表；分析涉及外贸、外资及影响外汇流量的项目的外汇平衡情况需编制的财务外汇平衡表。

2）辅助报表。包括固定资产投资估算表、流动资金估算表、投资计划与资金筹措表、固定资产折旧费估算表、无形及递延资产摊销估算表、总成本费用估算表、产品销售收入和销售税金及附加估算表、借款还本付息表等。

（4）财务评价指标的计算与评价

在建设项目的财务评价中，要计算和评价的指标有如下两类。

1）财务盈利能力分析指标。需计算和评价财务净现值、投资回收期和财务内部收益率等指标；根据项目的特点及实际情况，也可计算和评价投资利润率、投资利税率和资本金利润率等指标。

2）财务清偿能力分析指标。需计算和评价资产负债率、借款偿还期、流动比率、速动比率等指标。

4.4.1.4 财务评价的步骤

财务评价主要是利用有关基础数据，通过编制财务报表，计算评价指标，对拟建项目的财务状况进行分析和评价。财务评价的过程主要包括以下步骤。

（1）准备工作

首先熟悉拟建项目的基本情况，如建设目标、意义、条件和投资环境等，识别项目的收益与费用，在此基础上收集、预测财务分析的基础数据，然后根据所得数据编制项目的辅助财务报表。

（2）编制基本财务报表

在财务评价准备工作完备的基础上，分别编制反映项目盈利能力、清偿能力及外汇平衡能力的基本财务报表。

（3）计算各项财务评价指标，并进行财务状况评价

根据财务报表计算出各种财务评价指标，通过与相应的评价标准进行对比分析，即可对项目的盈利能力、清偿能力及外汇平衡能力等财务状况做出评价，并据此判断项目的财务可行性。

（4）进行不确定性分析

根据建设项目的性质及特点，可采用盈亏平衡分析、敏感性分析或概率分析等方法对项目的不确定性进行分析，并制定风险应对措施。

4.4.2　财务评价的基本报表

财务评价的基本报表包括现金流量表、损益表、资金来源与运用表、资产负债表及外汇平衡表。

4.4.2.1　现金流量表

（1）现金流量的概念

建设项目的收益和费用在商品货币经济中，都可以抽象为现金流量系统，从项目财务评价的角度，从某一时点上流出项目的资金称为现金流出，记作 CO；流入项目资金称为现金流入，记作 CI。现金流入与现金流出统称为现金流量，现金流入为正现金流量，现金流出为负现金流量。同一时点上的现金流入量与现金流出量的代数和（$CI-CO$）称为净现金流量，记为 NCE。

（2）现金流量表的概念

建设项目的现金流量系统将计算期内各年的现金流入与现金流出按照各自发生的时点顺序排列，表达为具有确定时间概念的现金流量。现金流量表即是对建设项目现金流量系统的表格式反映，表明项目计算期内各年的现金收支，用以计算各项静态和动态评价指标，进行项目财务盈利能力分析。报表格式见表 4.4。

（3）现金流量表的类型

现金流量表的具体内容随财务评价的角度、范围和方法不同而不同，按投资计算基础的不同，主要有投资现金流量表、资本金现金流量表、投资各方现金流量表和财务计划现金流量表四种。

1）投资现金流量表。是以项目为一独立系统进行设置的，反映项目在包括建设期和生产运营期的整个计算期内的现金流入和流出，该表不分投资资金来源，以全部投资作为计算基础，用以计算项目投入全部资金的财务内部收益率、财务净现值及静态和动态投资回收期等评价指标，考察项目全部投资的盈利能力，为各个投资方案（不论其资金来源及利息多少）进行比较建立共同的基础，报表格式见表 4.4。

表 4.4　项目投资现金流量表　　　　　　　　　　　　　　　　单位：万元

序号	项目 ＼ 年份	合计	计算期					
			1	2	3	4	⋯	n
1	现金流入							
1.1	营业收入							
1.2	补贴收入							
1.3	回收固定资产余值							
1.4	回收流动资金							
2	现金流出							
2.1	建设投资							
2.2	流动资金							
2.3	经营成本							
2.4	营业税金及附加							
2.5	维持运营投资							
3	所得税前净现金流量							
4	累计所得税前净现金流量							
5	调整所得税							
6	所得税后净现金流量							
7	累计所得税后净现金流量							
计算指标： (1)所得税前：财务净现值(FNPV)、财务内部收益率(FIRR)、投资回收期(P_t) (2)所得税后：财务净现值(FNPV)、财务内部收益率(FIRR)、投资回收期(P_t)								

注：1. 本表适用于新设法人项目与既有法人项目的增量和"有项目"的现金流量分析。
　　2. 调整所得税为以息税前利润为基数计算的所得税，区别于"利润与利润分配表"、"项目资本金现金流量表"和"财务计划现金流量表"中的所得税。
　　3. 所得税前净现金流量＝净现金流量＋所得税

2）资本金现金流量表。是从投资方案权益投资者整体即项目法人角度出发，反映在一定融资方案下投资者权益投资的获利能力，以投资方案资本金作为计算的基础，将借款本金偿还和利息支付作为现金流出，计算资本金财务内部收益率和财务净现值等指标，用以比选融资方案为投资者投资和融资决策提供依据，报表格式见表 4.5。

表 4.5　资本金现金流量表　　　　　　　　　　　　　　　　单位：万元

序号	项目	合计	计算期					
			1	2	3	4	⋯	n
1	现金流入							
1.1	营业收入							
1.2	补贴收入							
1.3	回收固定资产余值							
1.4	回收流动资金							
2	现金流出							
2.1	项目资本金							
2.2	借款本金偿还							

续表

序号	项目	合计	计算期					
			1	2	3	4	...	n
2.3	借款利息支付							
2.4	经营成本							
2.5	营业税金及附加							
2.6	所得税							
2.7	维持运营投资							
3	净现金流量							
计算指标:资本金财务内部收益率(FIRR)								

注：1. 项目资本金包括用于建设投资、建设期利息和流动资金的资金。
 2. 对外商投资项目，现金流出中应增加职工奖励及福利基金科目。
 3. 本表适用于新设法人项目与既有法人项目"有项目"的现金流量分析。
 4. 所得税前净现金流量＝净现金流量＋所得税

 3）投资各方现金流量表。是分别从项目各个投资者的角度出发，以投资者的出资额作为计算的基础，用以计算投资各方内部收益率和财务净现值等指标。一般情况下，由于投资各方按股本比例分配利润和分担亏损及风险，因此，投资各方的利益是均等的，没有必要计算投资各方的内部收益率。只有当投资方案投资者中各方有股权之外的不对等的利益分配时，如契约式的合作企业常常会有这种情况，则投资各方的收益率会有差异，此时需要计算投资各方的内部收益率，以反映各方收益是否均衡，或者其非均衡性是否处于合理的范围内，以有助于促成投资各方在合作谈判中达成平等互利的协议。报表格式见表4.6。

表 4.6　投资各方现金流量表 单位：万元

序号	项目	合计	计算期					
			1	2	3	4	...	n
1	现金流入							
1.1	实分利润							
1.2	资产处置收益分配							
1.3	租赁费收入							
1.4	技术转让或使用收入							
1.5	其他现金流入							
2	现金流出							
2.1	实缴资本							
2.2	租赁资产支出							
2.3	其他现金流出							
3	净现金流量							
计算指标:投资各方财务内部收益率(FIRR)								

注：1. 本表可按不同投资方分别编制，表中现金流入是指出资方因该项目的实施将实际获得的各种收入；现金流出是指出资方因该项目的实施将实际投入的各种支出。表中科目应根据项目具体情况调整。
 2. 实分利润是指投资者由项目获取的利润。
 3. 资产处置收益分配是指对有明确的合营期限或合资期限的项目，在期满时对资产余值按股比或约定比例的分配。
 4. 租赁费收入是指出资方将自己的资产租赁给项目使用所获得的收入，此时应将资产价值作为现金流出，列为租赁资产支出科目。
 5. 技术转让或使用收入是指出资方将专利或专有技术转让或允许该项目使用所获得的收入。

4）财务计划现金流量表。财务计划现金流量表反映项目计算期各年的投资、融资及经营活动的现金流入和流出，用于计算累计盈余资金，分析项目的财务生存能力。报表格式见表 4.7。

表 4.7　财务计划现金流量表　　　　　　　　单位：万元

序号	项目	合计	计算期					
			1	2	3	4	...	n
1	经营活动净现金流量							
1.1	现金流入							
1.1.1	营业收入							
1.1.2	补贴收入							
1.1.3	其他流入							
1.2	现金流出							
1.2.1	经营成本							
1.2.2	营业税金及附加							
1.2.3	所得税							
1.2.4	其他流出							
2	投资活动净现金流量							
2.1	现金流入							
2.2	现金流出							
2.2.1	建设投资							
2.2.2	维持运营投资							
2.2.3	流动资金							
2.2.4	其他流出							
3	筹资活动净现金流量							
3.1	现金流入							
3.1.1	项目资本金投入							
3.1.2	建设投资借款							
3.1.3	动资金借款							
3.1.4	债券							
3.1.5	短期借款							
3.1.6	其他流入							
3.2	现金流出							
3.2.1	各种利息支出							
3.2.2	偿还债务本金							
3.2.3	应付利润							
3.2.4	其他流出							
4	净现金流量							
5	累计盈余资金							
分析投资方案的财务生存能力								

（4）现金流量表的主要构成要素

现金流量表由现金流入、现金流出和净现金流量构成，在财务评价中，必须在明确考察角度和系统范围的前提下正确区分现金流入与现金流出。在投资或资本金现金流量表中，现金流入包括营业收入、补贴收入、回收固定资产余值和回收流动资金等项，现金流出包括建设投资、经营成本、维持经营投资、营业税金及附加等项。它们是构成投资方案现金流量的基本要素，也是进行财务评价最重要的基础数据。

1) 营业收入。是项目建成投产后对外销售产品或提供服务所取得的收入，是项目生产经营成果的货币表现。

a. 计算时，假设销售量等于生产量，即生产出来的产品全部售出，计算公式如下。

$$营业收入＝产品销售量（或服务量）×单位产品售价（或服务） \tag{4.31}$$

b. 营业收入是现金流量表中现金流入的主体，是财务评价的重要数据，也是利润与利润分配表的主要科目。其估算的准确性极大地影响着财务评价的结论，计算时既需要在正确估计各年生产能力利用率（或称生产负荷）基础之上的年产品销售量（或服务量），也需要合理确定产品（或服务）的价格，数据取自营业收入和经营税金及附加估算表。

2) 补贴收入。对于经营性的公益事业、基础设施投资方案，如城市轨道交通项目、垃圾或污水处理项目等，政府往往会在项目运营期给予一定数额的财政补助，以维持正常运营，使投资者能获得合理的投资收益。

a. 对这类投资方案应按有关规定估算企业可能得到与收益相关的政府补助，包括先征后返的增值税、按销量或工作量等依据国家规定的补助定额计算并按期给予的定额补贴以及属于财政扶持而给予的其他形式的补贴等，应按相关规定合理估算，记作补贴收入。

b. 补贴收入同营业收入一样，应列入投资方案投资现金流量表、资本金现金流量表和财务计划现金流量表中。

3) 回收固定资产余值。是指固定资产折旧费估算表中固定资产期末净值合计，在计算期的最后一年回收。

4) 回收流动资金。是指项目的全部流动资金，在计算期的最后一年回收。

5) 投资。是投资主体为了特定的目的，以达到预期收益的价值垫付行为，财务评价中的总投资是指建设投资（即固定资产投资不含建设期利息）、建设期利息和流动资金之和，取自投资计划与资金筹措表中的有关项目。

a. 建设投资是指投资方案按拟定建设规模（分期实施的投资方案为分期建设规模）、产品方案、建设内容进行建设所需的投入。①在投资方案建成后按有关规定建设投资中的各分项将分别形成固定资产、无形资产和其他资产。②形成的固定资产原值可用于计算折旧费，投资方案寿命期结束时，固定资产的残余价值（一般指当时市场上可实现的预测价值）对于投资者来说是一项在期末可回收的现金流入。③形成的无形资产和其他资产原值可用于计算摊销费。

b. 建设期利息是指筹措债务资金时在建设期内发生并按规定允许在投产后计入固定资产原值的利息，即资本化利息，包括银行借款和其他债务资金的利息以及某些债务融资中发生的手续费、承诺费、管理费、信贷保险费等其他融资费用。

c. 流动资金是指运营期内长期占用并周转使用的营运资金，不包括运营中需要的临时性营运资金。为了简化计算，财务评价中流动资金可从投产第一年开始安排，在投资方案寿命期结束时，投入的流动资金应予以回收。

6）项目资本金。即项目权益资金。是指在总投资中，由投资者认缴的出资额，对项目来说是非债务性资金，项目权益投资者整体（即项目法人）不承担这部分资金的任何利息和债务。

a. 投资者可按其出资的比例依法享有所有者权益，也可转让其出资，但一般不得以任何方式抽回。

b. 为了使投资方案保持合理的资产结构，应根据投资各方及项目的具体情况选择投资方案资本金的出资方式，以保证项目能顺利建设并在建成后能正常运营。

7）经营成本。经营成本是现金流量表中运营期现金流出的主体部分，是从项目本身考察的，在一定期间（通常为 1 年）内由于生产和销售产品及提供服务而实际发生的现金支出。

a. 经营成本与融资方案无关，因此在完成建设投资和营业收入估算后，就可以估算经营成本，为投资方案融资前分析提供数据。其计算公式如下：

$$经营成本＝总成本费用－折旧费－摊销费－利息支出 \qquad (4.32)$$

$$或经营成本＝外购原材料、燃料及动力费＋工资及福利费＋修理费＋其他费用 \qquad (4.33)$$

b. 经营成本值取自总成本费用估算表。

8）营业税金及附加。税金是国家凭借政治权利参与国民收入分配和再分配的一种货币形式，在项目财务评价中合理计算各种税费，是正确计算项目效益与费用的重要基础。建设项目财务评价涉及的税费主要包括增值税、营业税、消费税、所得税、资源税、城市维护建设税和教育费附加等，其数值主要取自营业收入和营业税金及附加估算表，所得税的数据来源于利润与利润分配表。

9）维持运营投资。是指某些项目在运营期需要进行一定的固定资产投资，如设备更新费用、油田的开发费用、矿山的井巷开拓延伸费用的投资等才能得以维持正常运营。

a. 不同类型和不同行业的项目投资内容可能不同，但发生维持运营投资时均应估算其投资费用，并在现金流量表中将其作为现金流出，参与财务内部收益率等指标的计算。

b. 同时，维持运营投资也应反映在财务计划现金流量表中，参与财务生存能力分析。

c. 维持运营投资是否能予以资本化，按照相关规定，取决于其是否能为企业带来经济利益且该固定资产的成本是否能够可靠地计量。

d. 项目财务评价中，如果该投资投入延长了固定资产的使用寿命，或使产品质量实质性提高，或成本实质性降低等，使可能流入企业的经济利益增加，那么，该维持运营投资应予以资本化，即应计入固定资产原值，并计提折旧。否则该投资只能费用化，不形成新的固定资产原值。

10）除上述构成要素外，在资本金财务现金流量表中还有借款本金偿还和借款利息支出两项。

a. 借款本金偿还。由借款还本付息计算表中本年还本额和流动资金借款本金偿还额两部分组成，一般发生在计算期的最后一年。

b. 借款利息支出。是指按照会计法规，企业为筹集所需资金而发生的费用称为借款费用，又称财务费用，包括利息支出（减利息收入）、汇兑损失（减汇兑收益）以及相关的手续费等。在项目财务评价中，通常只考虑利息支出，其数额来自总成本费用估算表中的利息支出项。

11）现金流量表中的净现金流量是指项目计算期各年现金流入量减去对应年份的现金流

出量，各年累计净现金流量为本年及以前各年净现金流量之和。

4.4.2.2　利润与利润分配表

（1）报表格式

该表用于反映项目计算期内各年的利润总额、所得税、税后利润及其分配情况，用以计算项目投资利润率、投资利税率、资本金利润率等财务盈利能力指标。报表格式见表4.8。

表 4.8　利润与利润分配表　　　　　　　　单位：万元

序号	项目	合计	计算期					
			1	2	3	4	…	n
1	营业收入							
2	营业税金及附加							
3	总成本费用							
4	补贴收入							
5	利润总额							
6	弥补以前年度亏损							
7	应纳税所得额							
8	所得税							
9	净利润							
10	期初未分配利润							
11	可供分配的利润							
12	提取法定盈余公积金							
13	可供投资者分配的利润							
14	应付优先股股利							
15	提取任意盈余公积金							
16	应付普通股股利							
17	各投资方利润分配							
	其中：××方							
	××方							
18	未分配利润							
19	息税前利润							
20	息税折旧摊销前利润							

（2）报表说明

1）营业收入、营业税金及附加、总成本费用、补贴收入的各年度数据分别取自相应的辅助报表。

2）利润总额。利润总额＝营业收入－营业税金及附加－总成本费用＋补贴收入

3）所得税。所得税＝应纳税所得额×所得税税率

a. 应纳税所得额，是指利润总额根据国家有关规定进行调整后的数额，在建设项目财务评价中主要是按减免所得税及用税前利润弥补上年度亏损的有关规定进行的调整。

即，应纳税所得额＝利润总额－弥补以前年度亏损

b. 按现行《企业会计制度》规定，企业发生的年度亏损，可用下一年度的税前利润等弥补，下一年度利润不足弥补，可以在 5 年内延续弥补，5 年内不足弥补的，用税后利润等弥补。

4）净利润。净利润＝利润总额－所得税

5）税后利润分配。按法定盈余公积金、公益金、应付利润及未分配利润等项进行分配。

a. 法定盈余公积金按照税后利润扣除用于弥补以前年度亏损额后的 10％提取，盈余公积金已达到注册资金的 50％时可以不再提取。公益金主要用于企业的职工集体福利设施支出。

b. 应付利润为向投资者分配的利润。

c. 未分配利润主要是指用于偿还固定资产投资借款及弥补以前年度亏损的可供分配利润。

4.4.2.3 资金来源与运用表

(1) 报表格式

该表反映了项目计算期内各年的投资和融资及生产经营活动的资金流入和流出，考察项目资金盈余、短缺和平衡情况，可用于选择资金的筹措方案，制定适宜的借款及还款计划，并为编制资产负债表提供依据。报表格式见表 4.9。

表 4.9 资金来源与运用表　　　　　　　　单位：万元

序号	项目	合计	计算期					
			1	2	3	4	...	n
1	资金来源							
1.1	利润总额							
1.2	折旧费							
1.3	摊销费							
1.4	长期借款							
1.5	流动资金借款							
1.6	其他短期借款							
1.7	自有资金							
1.8	其他							
1.9	回收固定资产余值							
1.10	回收流动资产							
2	资金运用							
2.1	固定资产投资							
2.2	建设期利息							
2.3	流动资金							
2.4	所得税							
2.5	特种基金							
2.6	应付利润							
2.7	长期借款本金偿还							

续表

序号	项目	合计	计算期					
			1	2	3	4	...	n
2.8	流动资金借款本金偿还							
3	盈余资金							
4	累计盈余资金							

(2) 报表说明

1) 报表通过"累计盈余资金"项反映了项目计算期内各年的资金是否充裕以及是否有足够的能力清偿债务。若累计盈余资金大于零,表明当年有资金盈余;若累计盈余资金小于零,表明当年出现资金短缺,需要筹措资金或调整借款及还款计划。

2) 利润总额、折旧费、摊销费数据分别取自损益表、固定资产折旧费估算表、无形及递延资产摊销估算表。

3) 长期借款、流动资金借款、其他短期借款、自有资金及其他资金的数据均取自投资计划与资金筹措表。

4) 回收固定资产余值及回收流动资金同投资现金流量表。

5) 固定资产投资、建设期利息及流动资金数据取自投资计划和资金筹措表。

6) 所得税及应付利润取自损益表。

7) 长期借款本金偿还额为借款还本付息计算表中本年还本数;流动资金借款本金一般在项目计算期末一次偿还;其他短期借款本金偿还额为上年度其他短期借款额。

8) 盈余资金。盈余资金＝资金来源－资金运用

9) 累计盈余资金各年数额为当年及以前各年盈余资金之和。

4.4.2.4 资产负债表

(1) 报表格式

该表综合反映了项目计算期内各年年末资产、负债和所有者权益的增、减变化及对应关系,考察项目资产、负债和所有者权益的结构是否合理,用以计算资产负债率、流动比率、速动比率,进行清偿能力的分析。报表格式见表 4.10。

表 4.10 资产负债表　　　　　　　　　　　　单位:万元

序号	项目	合计	计算期					
			1	2	3	4	...	n
1	资产							
1.1	流动资产总额							
1.1.1	应收账款							
1.1.2	存货							
1.1.3	现金							
1.1.4	累计盈余资金							
1.2	在建工程							
1.3	固定资产净值							
1.4	无形及递延资产净值							

续表

序号	项目	合计	计算期					
			1	2	3	4	...	n
2	负债及所有者权益							
2.1	流动负债总额							
2.1.1	应付账款							
2.1.2	流动资金借款							
2.1.3	其他短期借款							
2.2	长期借款							
	负债小计							
2.3	所有者权益							
2.3.1	资本金							
2.3.2	资本公积金							
2.3.3	累计盈余公积金							
2.3.4	累计未分配利润							
计算指标：资产负债率、流动比率、速动比率								

（2）报表说明

1）资产。由流动资产、在建工程、固定资产净值、无形及递延资产净值四项组成。

a. 流动资产总额为应收账款、存货、现金和累计盈余资金之和，前三项数据来自流动资金估算表，累计盈余资金数额取自资金来源与运用表，但应扣除其中包含的回收固定资产余值及自有流动资金。

b. 在建工程是指投资计划与资金筹措表中的年固定资产投资额。

c. 固定资产净值和无形及递延资产净值分别从固定资产折旧费估算表和无形及递延资产摊销估算表取得。

2）负债。流动负债中的应付账款数据可由流动资金估算表得到，流动负债中的流动资金借款和其他短期借款两项均为借款余额，需根据资金来源与运用表中的对应项及相应的本金偿还项进行计算。

3）所有者权益。包括资本金、资本公积金、累计盈余公积金及累计未分配利润。

a. 资本金是项目投资中扣除资本溢价的累计自有资金，当存在由资本公积金或盈余公积金转增资本金的情况时应进行相应调整。

b. 资本公积金是累计资本溢价及赠款。

c. 累计盈余公积金可由损益表中盈余公积金项计算各年份的累计值，但应根据有无用盈余公积金弥补亏损或转增资本金的情况进行相应调整。

d. 累计未分配利润可从损益表中直接取值。

4.4.2.5　外汇平衡表

（1）报表格式

当项目涉及产品出口创汇及替代进口节汇时，要进行外汇效果分析，此时应填报外汇平衡表，该表用以反映项目计算期内各年外汇余缺程度，进行外汇平衡分析。报表格式见

表 4.11。

表 4.11　外汇平衡表　　　　　　　　　　　　　　　单位：万元

序号	项目	合计	计算期					
			1	2	3	4	...	n
1	外汇来源							
1.1	产品销售外汇收入							
1.2	外汇借款							
1.3	其他外汇收入							
2	外汇运用							
2.1	固定资产投资中外汇支出							
2.2	进口原材料							
2.3	进口零部件							
2.4	技术转让费							
2.5	偿付外汇借款本息							
2.6	其他外汇支出							
2.7	外汇余缺							

（2）报表说明

1）外汇平衡表主要适用于有外汇收支的项目，其他项目不涉及该表。

2）技术转让费是生产期支付的技术转让费，其他外汇支出中包括自筹外汇，

3）外汇余缺可由表中其他各项数据按照外汇来源等于外汇运用的等式推算得出。

4）其他各项数据分别来自与收入、投资、资金筹措、成本费用、借款偿还等相关的估算报表或估算资料。

4.4.3　财务评价的指标体系

建设项目的经济效果可采用不同的评价指标来表达，而任何一种评价指标都具有局限性，只能从一定的角度反映项目某一方面的经济效果，因此，进行项目的财务评价时，需建立一整套指标体系来全面、真实、客观地反映项目的经济效果。财务评价指标体系根据不同的标准，可作不同的分类。

4.4.3.1　静态评价指标和动态评价指标

根据建设项目计算财务评价指标时是否考虑资金的时间价值，可将常用的项目财务评价指标分为静态评价指标和动态评价指标，如图 4.2 所示。

（1）静态评价指标

静态评价指标主要用于技术经济数据不完备和不精确的方案初选阶段，或对寿命期比较短的方案进行评价。包括总投资收益率、资本金净利润率、静态投资回收期、财务比率（资产负债率、流动比率、速动比率）、利息备付率、偿债备付率。

（2）动态评价指标

动态评价指标主要用于方案最后决策前的详细可行性研究阶段，或对寿命期较长的方案进行评价。包括财务净现值、动态投资回收期、财务内部收益率。

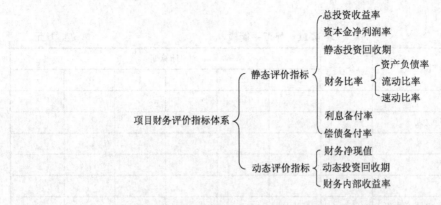

图 4.2　项目财务评价指标体系图（按是否考虑资金时间价值划分）

4.4.3.2　时间性分析指标、价值性分析指标和比率性分析指标

根据项目财务评价指标的性质不同，可分为盈利能力分析指标和偿债能力分析指标，时间性分析指标、价值性分析指标和比率性分析指标，如图 4.3 所示。

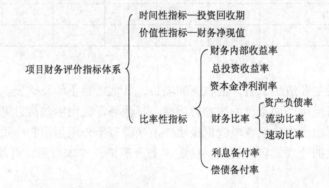

图 4.3　项目财务评价指标体系图（按指标的性质划分）

（1）时间性分析指标

项目时间性分析指标是以时间的形式衡量项目的财务状况，得出财务评价结果，主要是投资回收期指标。

（2）价值性分析指标

项目价值性分析指标是以价值的形式衡量项目的财务状况，得出财务评价结果，主要是财务净现值指标。

（3）比率性分析指标

项目比率性分析指标是以比率的形式衡量项目的财务状况，得出财务评价结果，主要有财务内部收益率、总投资收益率、资本金净利润率、财务比率（资产负债率、流动比率、速动比率）、利息备付率、偿债备付率等指标。

4.4.3.3　盈利能力分析指标和偿债能力分析指标

根据项目财务评价内容的不同，可将常用的财务评价指标分为盈利能力分析指标和偿债能力分析指标，如图 4.4 所示。

（1）盈利能力分析指标

项目盈利能力分析指标主要考察项目的财务盈利能力和盈利水平，反映项目盈利能力的指标主要有总投资收益率、资本金净利润率、财务净现值、财务内部收益率、投资回收期等。

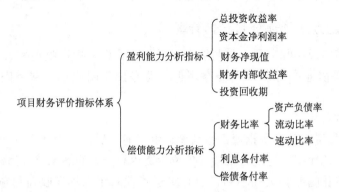

图 4.4　项目财务评价指标体系图（按财务评价的内容划分）

（2）偿债能力分析指标

项目偿债能力分析指标主要考察项目计算期内各年的财务状况及偿债能力，反映项目偿债能力的指标主要有利息备付率、偿债备付率、财务比率等，财务比率主要指资产负债率、流动比率和速动比率。

4.4.4　财务评价指标的计算

4.4.4.1　财务评价指标与基本财务报表的关系

由于投资者投资目标的多样性，项目的财务评价指标体系也不是唯一的，根据不同的评价深度要求和可获取资料的多少以及项目本身所处的条件的不同，可选用不同的指标，这些指标有主有次，可从不同侧面反映投资项目的经济效果，这些指标需要根据相应的基本财务报表进行计算与分析，从而得出项目的财务评价结果。基本财务报表与财务评价指标的关系如表 4.12 所示。

表 4.12　基本财务报表与财务评价指标的关系

评价内容	基本财务报表	静态指标	动态指标
盈利能力分析	项目投资现金流量表	全部资金 静态投资回收期	全部资金财务内部收益率 全部资金财务净现值 全部资金动态投资回收期
	项目资本金现金流量表	资本金 静态投资回收期	资本金内部收益率 资本金净现值 资本金动态投资回收期
	投资各方现金流量表	投资各方 静态投资回收期	投资各方内部收益率 投资各方净现值 投资各方动态投资回收期
	利润和利润分配表	总投资收益率 项目资本金净利润率	
偿债能力分析	利润及利润分配表 资金来源与运用表 资产负债表	偿债备付率 利息备付率 资产负债率	

需要说明的是，在项目的财务评价过程中，并不是所有的评价指标均需计算和分析，工程经济分析人员可以根据项目的具体情况和委托方的要求对评价指标进行取舍。

4.4.4.2 盈利能力分析评价指标的计算

根据项目的特点及实际需要，盈利能力分析可以计算总投资收益率、资本金净利润率、静态投资回收期等静态指标以及财务净现值、动态投资回收期、财务内部收益率等动态指标。

（1）总投资收益率

1）定义。总投资收益率是指项目达到设计生产能力后的一个正常生产年份的年净收益总额与项目总投资的比率，它是考察项目单位投资盈利能力的静态评价指标。对运营期内各年的净收益总额变化幅度较大的项目，应计算运营期的年平均净收益总额与项目总投资的比率。

2）计算公式。总投资收益率可根据利润与利润分配表中的有关数据求得，计算公式如下：

$$总投资收益率 = \frac{年净收益总额（或年平均净收益总额）}{项目总投资} \times 100\% \qquad (4.34)$$

式中，项目总投资＝固定资产投资＋流动资金

3）评价标准。将总投资收益率与行业基准投资收益率对比，以判别项目的单位投资盈利能力是否达到本行业的平均水平，当总投资收益率大于或等于行业的基准投资收益率时，项目在财务上可以考虑被接受。

（2）资本金净利润率

1）定义。资本金净利润率是指项目达到设计生产能力后的一个正常生产年份的年净利润总额或项目运营期内的年平均利润总额与资本金的比率。资本金是项目吸收投资者投入企业经营活动的各种财产物资的货币表现，资本金净利润率是反映投入项目的资本金的盈利能力的静态评价指标，也是向投资者分配股利的重要参考依据，一般情况下，向投资者分配的股利率要低于资本金净利润率。

2）计算公式。资本金净利润率可根据利润与利润分配表中的有关数据求得，计算公式为：

$$资本金利润率 = \frac{利润总额}{资本金总额} \times 100\% \qquad (4.35)$$

3）评价标准。由于在市场经济条件下，投资者关心的不仅是项目全部资金所提供的利润，更关心投资者投入的资本金所创造的利润，因此，资本金净利润率越高，反映投资者投入项目资本金的获利能力越大，项目的财务接受度越好。

（3）静态投资回收期（P_t）

1）定义。静态投资回收期是指在不考虑资金时间价值因素条件下，以项目的净效益回收项目全部投资所需要的时间，它是考察项目在财务上的投资回收能力的主要静态评价指标，一般以年为单位，并从项目建设起始年算起。

2）表达式。静态投资回收期可根据投资现金流量表的数据计算得到，其表达式为：

$$\sum_{t=1}^{P_t} (CI-CO)_t = 0 \qquad (4.36)$$

式中　　CI——现金流入量；

　　　　CO——现金流出量；

$(CI-CO)_t$——第 t 年的净现金流量。

3) 实用的计算公式。财务评价时，静态投资回收期更为实用的计算公式为：

$$P_t = T - 1 + \frac{第(T-1)年累计净现金流量的绝对值}{第 T 年净现金流量} \tag{4.37}$$

式中　T——累计净现金流量开始出现正值的年份。

4) 评价标准。将静态投资回收期 (P_t) 与行业规定的基准投资回收期 (P_c) 进行比较，若 $P_t \leqslant P_c$，则从财务角度考虑，项目可予以接受。若 $P_t < P_c$，从财务角度考虑，项目不可行。

（4）财务净现值（FNPV）

1) 定义。财务净现值是指按行业的基准收益率或设定的折现率 (i_c)，将项目计算期内各年净现金流量折现到建设期初的现值之和，它是考察项目在计算期内盈利能力的动态评价指标。

2) 表达式。财务净现值可根据投资现金流量表或资本金现金流量表的数据计算得到，其表达式为：

$$FNPV = \sum_{t=0}^{n} (CI-CO)_t (1+i_c)^{-t} \tag{4.38}$$

式中　n——计算期；

　　　i_c——基准收益率或投资主体设定的折现率。

3) 评价标准。财务净现值反映项目在满足按设定折现率要求的盈利能力之外获得的超额盈利的现值，是评价项目盈利能力的绝对指标，它有大于零、等于零和小于零 3 种计算结果，具体评价标准如下。

a. 当 FNPV>0 时，说明项目的盈利能力超过了按设定的折现率计算的盈利能力，从财务角度考虑，项目可予以接受；

b. 当 FNPV=0 时，说明项目的盈利能力达到按设定的折现率计算的盈利能力，这时要判断项目是否可行，需视设定的折现率的情况而定。①若设定的折现率大于银行长期贷款的利率，则项目从财务角度考虑，可予以接受；②若设定的折现率等于或小于银行长期贷款的利率，则从财务角度考虑，项目不可行。

c. 当 FNPV<0 时，说明项目的盈利能力未达到按设定的折现率计算的盈利能力，从财务角度考虑，项目不可行。

（5）动态投资回收期 (P_t')

1) 定义。动态投资回收期是指在考虑了资金时间价值的情况下，以项目每年的净收益回收项目全部投资所需的时间，是为了克服静态投资回收期指标没有考虑资金时间价值的缺点而提出的，它是考察项目在财务上的投资回收能力的主要动态评价指标。

2) 表达式。动态投资回收期可根据投资现金流量表的数据计算得到，其表达式为：

$$\sum_{t=1}^{P_t'} (CI-CO)_t (1+i_c)^{-t} = 0 \tag{4.39}$$

3）实用的计算公式。财务评价时，动态投资回收期更为实用的计算公式为：

$$P_t' = T' - 1 + \frac{第(T'-1)年累计净现值的绝对值}{第\ T\ 年净现金流量} \tag{4.40}$$

式中　T'——累计净现值开始出现正值的年份。

4）评价标准。动态投资回收期是在考虑了项目合理收益的基础上收回投资的时间，只要在项目寿命期结束之前能够收回投资，就表示项目已经获得了合理的收益。因此，动态投资回收期不大于项目寿命期，项目就可行。

（6）财务内部收益率（FIRR）

1）定义。财务内部收益率是指项目实际可望达到的报酬率，即能使投资项目的财务净现值等于零时的折现率，它反映项目所占用资金的盈利率，是考察项目盈利能力的主要动态指标。

2）表达式。财务内部收益率是在整个计算期内各年净现金流量现值累计等于零时的折现率，其表达式如下：

$$\sum_{t=0}^{n}(CI_t - CO_t)(1 + FIRR)^{-t} = 0 \tag{4.41}$$

3）计算公式。在实际计算时，财务内部收益率可根据财务现金流量表（投资现金流量表或资本金现金流量表）中的净现金流量数据，用线性插值法计算得到。

a. 线性插值法的公式为：

$$FIRR = i_1 + \frac{FNPV_1}{FNPV_1 + |FNPV_2|}(i_2 - i_1) \tag{4.42}$$

b. 应用线性插值法计算财务内部收益率近似解的步骤是：①根据经验，选定一个适当的折现率 i_0；②根据投资方案的现金流量情况，利用选定的折现率 i_0，求出方案的财务净现值 FNPV；③若 FNPV>0，则适当使 i_0 继续增大，若 FNPV<0，则适当使 i_0 继续减小；④重复步骤③，直到找到这样的两个折现率 i_1 和 i_2，使其所对应的财务净现值 $FNPV_1>0$，$FNPV_2<0$，其中 (i_2-i_1) 一般不超过 2%～5%。⑤将 i_1、i_2、FNPV1、FNPV2 代入公式（4.42），即可求得 FIRR 值。

4）评价标准。财务评价时，将财务内部收益率与设定的基准收益率（i_c）对比，若 FIRR$\geq i_c$，则 FNPV≥ 0，项目从财务的角度考虑可予以接受，若 FIRR<i_c，则 FNPV<0，项目从财务的角度不可行。由于财务内部收益率是反映项目实际收益率的相对指标，因此该指标值越大越好，表明项目盈利性越好。

4.4.4.3　项目偿债能力分析评价指标的计算

根据项目的特点及实际需要，财务偿债能力分析指标可以计算资产负债率、流动比率和速动比率以及利息备付率和偿债备付率等静态评价指标。

（1）资产负债率

资产负债率是反映项目各年所面临的财务风险程度及偿债能力的静态评价指标，该指标可以衡量项目利用债权人提供资金进行经营活动的能力，反映债权人发放贷款的安全程度。计算资产负债率所需要的相关数据可在资产负债表中获得，其计算公式为：

$$资产负债率 = \frac{负债总额}{资产总额} \times 100\% \tag{4.43}$$

资产负债率对债权人来说，越低越好，说明项目偿债能力越强；但对企业而言则可能希望高些，但过高又影响企业的筹资能力，一般情况下，资产负债率为 0.5～0.7 是合适的。当资产负债率过高时，可通过增加自有资金出资和减少利润分配等途径进行调节。

（2）流动比率

流动比率是反映项目各年偿还流动负债能力的静态评价指标，该指标衡量项目流动资产在短期债务到期以前可以变为现金用于偿还流动负债的能力，所需相关数据可在资产负债表中获得。其计算公式为：

$$流动比率 = \frac{流动资产总额}{流动负债总额} \times 100\% \tag{4.44}$$

流动比率对债权人来说，越高越好，说明债权越有保障，一般要求应不小于 1.2～2.0。需要注意的是，由于存货是一类不易变现的流动资产，所以流动比率不能确切反映项目的瞬时偿债能力。

（3）速动比率

速动比率是反映项目各年快速偿还流动负债能力的静态评价指标。该指标衡量项目流动资产在不考虑存货的情况下可以变为现金用于偿还流动负债的能力，所需相关数据可在资产负债表中获得。其计算公式为：

$$速动比率 = \frac{(流动资产总额 - 存货)}{流动负债总额} \times 100\% \tag{4.45}$$

速动比率是对流动比率的补充，如果流动比率高，而流动资产的流动性低，则企业的偿债能力仍然不高，而速动比率越高，则说明项目在很短的时间内偿还短期债务的能力越强，一般要求速动比率应不小于 1.0～1.2。

（4）偿债备付率

偿债备付率是指项目在借款偿还期内，各年可用于还本付息的资金与当前应还本付息金额的比值，表示可用于还本付息的资金偿还借款本息的保证倍率，偿债备付率可按年计算，也可按整个借款期计算。其计算公式为：

$$偿债备付率 = \frac{息税前利润 + 折旧 + 摊销 - 所得税}{还本金额 + 计入总成本费用的全部利息} \times 100\% \tag{4.46}$$

式中，息税前利润 = 利润总额 + 计入总成本费用的全部利息

偿债备付率在正常情况下应当大于 1，当指标小于 1 时，表示当年资金来源不足以偿付当期债务，需通过短期借款偿付已到期债务。

（5）利息备付率

利息备付率是指项目在借款偿还期内，各年可用于支付利息的税息前利润与当前应付利息费用的比值，表示项目的利润偿付利息的保证倍率，利息备付率可按年计算，也可按整个借款期计算。其计算公式为：

$$利息备付率 = \frac{息税前利润}{计入总成本费用的全部利息} \times 100\% \tag{4.47}$$

利息备付率在正常情况下应当大于 2，当指标小于 2 时，表示付息能力保障程序不足。

4.4.5　国民经济评价与财务评价的关系

4.4.5.1　国民经济评价的概念

（1）国民经济评价的定义

国民经济评价是按照合理配置资源的原则，从国家和全社会的整体角度，采用影子价格、影子工资、影子汇率和社会折现率等经济参数，计算经济评价指标，考察项目耗费的社会资源和对社会贡献，评价项目的经济合理性。

（2）国民经济评价的范围。

国民经济评价的范围包括：铁路、公路等交通运输项目，较大的水利水电项目，国家控制的战略性资源开发项目，动用社会资源和自然资源较大的中外合资项目以及主要产出物和投入物的市场价格不能反映其真实价值的项目。

4.4.5.2　国民经济评价的作用

（1）可保证拟建项目符合社会的需要

因为国民经济评价是以社会需求作为项目取舍的依据，而不是单纯地看项目是否盈利，因此，国民经济评价可保证项目建设与社会需求相一致。

（2）可避免拟建项目的重复和盲目建设，并有利于避免投资决策的失误

因为国民经济评价是从国家的宏观角度出发，而不是从地区或企业的微观角度出发考察项目的效益和费用，因此，可避免地方保护主义或企业投资方案决策的片面性、局限性。

（3）可以全面评价项目的综合效益

因为国民经济评价既分析项目的直接经济效益，也分析项目的间接经济效益和辅助经济效益，因此，评价结果全面而可靠。

（4）可以确定项目消耗社会资源的真实价值

因为有些项目投入物和产出物的国内市场价格，并不能反映其真实的经济价值，往往导致项目财务效益的虚假性，而国民经济评价则可以通过影子价格对财务价格进行修正，从而真实地反映出项目消耗社会资源的价值量。

4.4.5.3　国民经济评价与财务评价的关系

建设项目的国民经济评价与财务评价是项目经济评价中两个不同的层次，既有共同点又有所区别。

（1）国民经济评价与财务评价的共同点

1）两者的评价基础相同，都需要在完成了市场需求预测、工程技术方案制定以及项目资金筹集的基础上进行评价。

2）两者的计算期相同，都需要通过计算包括项目的建设期、运营期全过程的费用和效益来评价项目的可行性。

（2）国民经济评价与财务评价的区别

1）评价的角度不同。①国民经济评价是从国家或全社会的整体角度考察项目的国民经济效益，属宏观经济评价。②财务评价是从企业或项目自身的角度考察项目的盈利能力和清偿能力，属微观经济评价。

2）费用与效益的划分范围不同。①国民经济评价是根据项目所耗费的有用资源和项目

对社会提供的有用产品成本和服务来考察项目的费用与效益，除了考虑项目的直接经济效果之外，还要考虑项目间接效果，一般不考虑通货膨胀、国内贷款利息和税金等转移支付。②财务评价是根据项目的实际收支情况来确定项目财务费用和收益，只考虑项目的直接经济效果，一般要考虑通货膨胀、国内贷款利息和税金。

3）采用的价格和主要参数不同。①国民经济评价采用根据机会成本和供求关系确定的影子价格，主要参数是国家统一测定的社会折现率、影子汇率和影子工资。②财务评价采用现行的市场实际价格，主要参数是因行业而异的基准收益率作为折现率、官方汇率和当地的工资水平。

4）评价的目的不同。①国民经济评价是以国民收入最大化为目标的盈利性评价，评价目的是项目的经济合理性。②财务评价是以企业净收入最大化为目标的盈利性评价，评价目的是项目的财务可行性。

（3）财务评价与国民经济评价的取舍标准

国民经济评价结论与财务评价结论都会直接影响到项目的可行性，二者的取舍标准为：①应以国民经济评价的结论作为项目决策的主要依据；②两者都否定则项目不可行，两者都肯定则项目可行；③如果国民经济评价否定而财务评价肯定，则项目不可行；反之，如果国民经济评价肯定而财务评价否定，则应重新考虑项目的投资方案，必要时可提出优惠政策，使项目具有财务生存能力。

思 考 题

4.1　简述建设项目决策与工程造价的关系。

4.2　简述建设项目决策阶段工程造价管理的内容。

4.3　简述可行性研究的定义。

4.4　简述可行性研究的阶段划分及对应的投资误差范围。

4.5　简述可行性研究报告的内容。

4.6　简述投资估算的阶段划分及对应的估算误差范围。

4.7　简述固定资产投资估算的内容。

4.8　简述投资估算的编制步骤。

4.9　固定资产静态投资的估算方法有哪些？各自的适用范围是什么？

4.10　简述流动资金估算的编制步骤。

4.11　简述财务评价的内容。

4.12　根据财务评价的内容，简述财务评价的指标体系。

4.13　财务评价有哪些基本报表？

4.14　简述国民经济评价与财务评价的关系。

案 例 计 算 题

【背景】

某建设项目的静态投资为 32310 万元，按该项目计划要求，项目建设期为 3 年，3 年的投资分年使用比例为第 1 年 25%，第 2 年 45%，第 3 年 30%，建设期内年平均价格变动率预测为 6%。贷款情况为：第 1 年贷款 5200 万元，第 2 年 9800 万元，第 3 年 5800 万元，年利率为 5.6%。工程建设其他费用为 2300 万元，基本预备费率为 10%。建设项目达到设计生产能力后全厂定员 1000 人，工资和福利费按每人每年 8000 元估算，每年的其他费用为 800 万元，预收的营业收入年金额为 19800 万元。年外购原材料燃料动力费估算为 21000 万元，年经营成本 25000 万元，年修理费占年经营成本的 10%。各项流动资金的最低周转天数分别为：应收账款 30 天，现金 40 天，应付账款和预付账款为 30 天，存货 40 天。

【问题】

计算该建设项目的投资估算额。

5 建设项目设计阶段工程造价管理

【本章学习要点】

◆ **掌握**：设计概算的概念与内容、设计概算的编制方法、设计概算的审查方法、施工图预算的概念及内容、施工图预算的编制方法、施工图预算的审查方法。

◆ **熟悉**：设计阶段工程造价管理的意义、设计阶段影响工程造价的主要因素、推行限额设计、设计方案的优选原则、比较分析法优选设计方案。

◆ **了解**：工程设计的概念、工程设计阶段的划分、工程设计程序、推行标准设计、应用价值工程进行设计方案的优选。

5.1 概　　述

5.1.1 工程设计的概念

5.1.1.1 工程设计的含义

工程设计是指在工程开始施工之前，设计人员根据已批准的设计任务书，为具体实现拟建项目的技术、经济要求，拟定建筑、安装及设备制造等所需的规划、图纸、数据等技术文件的工作。设计文件是建筑安装施工的依据，拟建项目在建设过程中能否保证质量、进度和节约投资，在很大程度上取决于设计工作的优劣。

5.1.1.2 工程设计阶段的划分

为了满足建设项目的要求，使设计工作整体优化，设计要按一定的程序分阶段进行。对于工业项目和民用项目，设计阶段的划分有所不同。

(1) 工业项目设计阶段的划分。

一般工业项目可按初步设计和施工图设计两个阶段进行，称为两阶段设计；对于技术上复杂而又缺乏设计经验的项目，可按初步设计、技术设计和施工图设计三个阶段进行，称为三阶段设计。

(2) 民用项目设计阶段的划分。

一般民用项目可按方案设计、初步设计和施工图设计三个阶段进行；对于技术要求简单的民用建筑工程，经有关主管部门同意，并且合同中有不做初步设计的约定时，可在方案设计审批后直接进入施工图设计。

5.1.1.3 工程设计程序

（1）设计准备

这个阶段包括资料准备和方案总体设计。设计人员在设计前，首先应搜集整理相关资料，以了解并掌握与项目建设有关的各种外部条件和客观情况，包括：地形地质、气候和环境等自然条件；城市规划对建筑物的要求；外部运输及协作条件；水、电、气、通信等基础设施状况；业主对工程的各项使用要求；业主能提供的资金、材料、施工技术和装备等以及市场情况等能影响工程建设的其他客观因素。然后，设计人员可以同业主和规划部门充分交换意见，对建设工程的功能与形式等主要内容作总体的布局设想。

（2）初步设计

设计单位根据批准的可行性研究报告和设计合同及有关基础资料，进行初步设计和编制设计文件，进一步明确拟建工程地点和规定期限内进行建设的技术可行性和经济合理性，并确定主要技术方案、工程总造价和主要技术经济指标，以便于在项目建设和使用过程中最有效地利用和控制人力、物力及财力。对于工业项目，初步设计包括总平面设计、工艺设计和建筑设计三部分；对于民用建筑项目，初步设计一般只包括建筑设计。这个阶段是基本形成整个设计构思的关键性阶段，应编制设计总概算。

（3）技术设计

技术设计是对初步设计的具体化，是对于技术复杂而又无设计经验或特殊的建设工程，根据批准的初步设计文件进行的。技术设计与初步设计基本相同，但需要根据更详细的勘察资料和技术经济计算加以补充修正，应能满足确定设计方案中重大技术问题和有关实验、设备选购等方面的要求。技术设计除体现初步设计的整体意图外，还要考虑工程施工的方便易行，如果对初步设计中所确定的方案有所更改，应编制修正概算书。

（4）施工图设计

设计单位根据批准的初步设计或技术设计文件以及主要设备的订货情况等进行施工图设计，把设计人员的设计意图和全部设计结果表达出来，作为工程施工操作的依据。施工图设计的深度要求包括：①应能满足建设单位设备材料的选择与确定；②应能满足非标准设备的设计与加工制作；③应能满足施工图预算的编制；④应能满足建筑工程施工和安装的要求。

（5）设计交底和配合施工

施工图交付使用后，设计单位应与建设、监理和施工单位共同进行图纸会审。在施工过程中，设计单位应根据现场工作的需要，派有关设计人员进驻施工现场，向施工技术人员介绍设计意图，进行技术交底，及时修改建设、监理和施工单位等提出的不符合施工实际和有错误的设计，参加工程的隐蔽验收。在竣工验收阶段，应参加工程试运转和竣工验收，并进行全面的工程设计总结。

5.1.2 设计阶段工程造价管理的意义

工程设计是具体实现工程技术和经济效果的过程，拟建项目投资决策确定后，初步设计设计阶段就基本上已经决定了工程建设的规模、产品方案、结构形式、建筑标准以及使用功能，并据此形成设计概算，成为拟建项目投资的最高限额。因此，设计阶段是工程造价确定和控制的关键阶段，对工程造价管理具有重要的意义。

(1) 设计阶段进行工程造价分析的意义

1) 在设计阶段进行工程造价的计价分析可以使造价构成更合理，提高资金利用效率 在设计阶段通过设计概算可以了解工程造价的构成，分析资金分配的合理性，并可以利用价值工程分析项目各个组成部分功能与成本的匹配程度，从而调整项目的功能与成本使其更趋于合理，以提高资金的利用率。

2) 在设计阶段进行工程造价的计价分析可以提高投资控制效率，使控制工作更主动 在设计阶段通过设计概算可以了解建设工程各组成部分的投资比例，对于投资比例比较大的部分应作为投资控制的重点，先按一定的质量标准，确定资金计划，然后在设计过程中对照资金计划中所列的指标进行审核，预先发现差异，主动采取一些控制方法消除差异，使设计更经济，从而提高投资控制效率。

(2) 在设计阶段进行工程造价控制的意义

1) 在设计阶段控制工程造价便于技术与经济相结合 专业设计人员在设计过程中往往更关注工程的使用功能，力求采用比较先进的技术方法实现项目所需功能，而对经济因素考虑较少。如果在设计阶段加强技术人员的经济意识，使设计从一开始就建立在合理的经济性基础之上，同时通过限额设计、推动标准化设计等举措，就能充分发挥设计人员的个人创造力，选择更经济的方式实现技术目标，从而确保设计方案能体现技术与经济的结合。

2) 在设计阶段控制工程造价效果最显著 工程造价控制贯穿于项目建设的全过程，其中设计阶段对项目经济性的影响最大，如图 5.1 所示，从图中可以反映出基本建设程序各阶段对投资的经济性影响，其中初步设计和技术设计阶段对投资的经济性影响程度达到了75%以上，这说明，控制工程造价的关键阶段应是设计阶段，只有在初步设计阶段就树立投资控制的思想，保证选择恰当的设计标准和合理的功能水平，才能更有效地控制全过程造价。

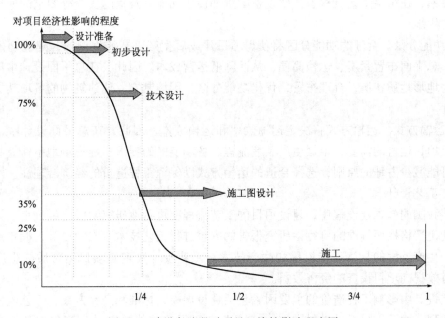

图 5.1 建设各阶段对项目经济性影响程度图

5.1.3 设计阶段影响工程造价的主要因素

国内外相关研究表明，工程设计费用虽然只占到工程全部费用的 1% 以内，但设计阶段对工程造价的影响程度却高达 75% 以上，因此，明确设计阶段影响工程造价的因素是工程造价有效控制的前提。建设项目的类别不同，在设计阶段需要考虑的工程造价影响因素也不同，对于工业建设项目和民用建设项目，在设计阶段应分别根据项目特点确定工程造价的影响因素。

5.1.3.1 影响工业建设项目工程造价的主要因素

对于工业建设项目而言，影响工程造价的主要因素是总平面图设计、工艺设计和建筑设计三个方面。

(1) 总平面设计

总平面设计是根据建设项目的地理、气候等自然条件以及基础设施、外部运输和协作条件进行建设项目的总图运输设计和总平面配置。总平面设计的内容包括厂址方案、占地面积和土地利用情况，总图运输、主要建筑物和构筑物及公用设施的配置，外部运输、水、电、气及其他外部协作条件等。

总平面设计影响着整个设计方案的经济合理性，正确合理的总平面设计可以有效减少建筑工程量，节约建设用地，加快建设进度，降低工程造价和项目运行后的使用成本，也可以为企业创造良好的生产组织、经营条件和生产环境，还可以为城市建设和工业区创造完美的建筑艺术整体效果。

总平面设计中影响工程造价的因素包括占地面积、功能分区和运输方式。

1) 占地面积。占地面积将决定征地费用、管线布置成本及项目建成后的运营成本。因此，在总平面设计中要根据确定的拟建项目生产规模，妥善处理好建设项目长远规划与近期建设的关系，在满足工艺流程、主要设备配置和使用功能以及消防安全等要求的前提下，尽可能节约用地。

2) 功能分区。合理的功能分区将使得项目建成后生产工艺流程顺畅，建筑功能模块相互联系，总平面布置紧凑、运输简便，从而降低运营成本。因此，在总平面设计中应根据拟建项目的地形地质状况，合理布置，优化功能分区，因地制宜，使建筑物的各项功能均得以充分发挥。

3) 运输方式。运输方式将决定运输效率和运输成本，因此，在总平面设计中，应综合考虑建设项目运营的需要，根据生产工艺流程、各功能区的要求、建设场地条件等具体情况以及尽可能减少占地的原则，选择合适的运输方式以保证工程造价的经济合理性。

(2) 工艺设计

按照我国的基本建设程序，建设项目的工艺流程在可行性研究阶段已经确定。设计阶段的任务就是严格按照批准的可行性研究报告的内容进行工艺技术方案的设计，确定从原料到产品整个生产过程的具体工艺流程和生产技术。工艺设计决定着项目运营后的生产技术水平，可有效提高项目投资的经济效益。

工艺设计中影响工程造价的主要因素包括建设规模、标准和产品方案，工艺流程和主要设备的选型，主要原材料、燃料供应，"三废"治理及环保措施以及生产组织及生产过程中的劳动定员情况等。

（3）建筑设计

建筑设计是指根据建设项目的建筑标准，使用性质和功能要求，并考虑施工条件和施工组织的基础上进行的确定工程立面、平面、结构方案的设计。建筑设计阶段影响工业建筑工程造价控制的主要因素包括平面布置、厂房的柱网布置、厂房的高度、厂房的层数、厂房的体积与面积、建筑结构与材料等。

1）平面布置，即平面组合形式。是指工业建筑中各车间、各工段的位置和柱网、走道、门窗设置等的平面组合形式，应满足生产工艺的要求，采用经济合理的建造方案，并尽量为工人创造适宜的工作条件。

2）厂房的柱网布置。是确定柱跨度和间距的依据，柱网的选择与厂房中有无吊车、吊车的类型及吨位、屋顶的承重结构及厂房的高度等因素有关，柱网布置是否合理对工程造价和厂房面积的利用效率都有较大的影响。①对于单跨厂房，当柱间距不变时，由于除屋架外的厂房其他结构架分摊在单位面积上的平均造价随柱跨度增大而减小，因此，柱跨度越大，则单位面积造价越小；②对于多跨厂房，当柱跨度不变时，因为柱子和基础分摊在单位面积上的造价随中柱的增多而减少，因此，中跨数量越多越经济。

3）厂房的高度。决定厂房高度的因素是厂房内的运输方式、设备高度和生产空间操作高度等，在建筑面积不变的情况下，厂房高度的增加会引起墙体建造、安装管线、垂直运输设备等各项费用的增加，从而影响工程造价，因此，在满足工艺流程和设备正常运转与操作方便的条件下，应尽量降低层高。

4）厂房的层数。工业厂房层数的选择应根据生产性质和生产工艺的要求，视具体情况选用单层或多层厂房。①对于要求跨度和高度比较大、拥有重型生产设备和起重设备，以及生产时常有较大振动和散发大量热与气体的重型工业，适宜采用单层厂房。②多层厂房具有占地少、缩短运输线路和厂区的围墙长度等特点，可以降低屋盖和基础的单方造价，经济效果良好。对于工艺过程紧凑、设备与产品重量较轻并要求恒温条件的各种轻型车间，适宜采用多层厂房。

5）厂房体积与面积。厂房体积和面积的增加会使得工程总造价提高，因此，在满足工艺要求和生产能力的条件下，对厂房、设备的布置尽可能紧凑合理，以提高生产能力，尽量采用先进工艺和高效能设备，以节省厂房面积，还可通过采用大跨度、大柱距的平面设计形式，提高平面利用系数，以减少厂房体积和面积，从而降低工程造价。

6）建筑结构与材料。建筑结构与材料的选择直接影响到工程使用寿命和质量以及工程耐火等级及抗震性能，对工程造价和施工的费用有很大的影响，因此，建筑结构与材料的选择既要满足力学要求，又要考虑其经济性。建筑结构按其所采用的建筑材料不同，可分为砌体结构、钢筋混凝土结构、钢结构、轻型钢结构、木结构和组合结构等，由于各种建筑结构各有利弊，在选用结构类型时应结合实际，因地制宜，就地取材，采用经济合理的结构形式与建筑材料。

5.1.3.2 影响民用建设项目工程造价的主要因素

民用建设项目的设计主要包括住宅及住宅小区设计和公共建筑设计，其中，住宅和住宅小区建筑是民用建筑中最主要的也是最多的建筑形式，影响其工程造价的主要因素是住宅小区建设规划和民用住宅建筑设计两个方面。

（1）住宅小区规划设计

住宅小区是城市建设的重要组成部分，小区住宅规划设计是否合理，关系着居民的日常生活和城市建筑群体的用地规划，影响着工程造价的高低。

1）小区各类建筑的整体布局。在进行住宅小区规划设计时，要根据小区的基本功能和要求，确定小区各组成部分的合理层次与关系，确定合理的人口和建筑密度、房屋间距和建筑层数，合理地布置公共设施项目及其服务半径以及水、电、燃气的供应等，并据此安排住宅建筑、公共建筑、管网、道路及绿地的布局。

2）小区建筑群体的布置形式。在保证小区居住功能的前提下，适当集中公共设施、提高公共建筑和住宅的层数，合理压缩建筑间距、提高住宅层数、布置小区道路以及充分利用小区内的边角地块，有利于提高建筑密度、降低小区的总造价。

（2）住宅建筑设计

住宅建筑设计影响工程造价的因素主要有住宅建筑的平面形状、流通空间、层高、层数、建筑面积和建筑结构的选择。

1）住宅建筑的平面形状。建筑物平面形状的设计应在满足建筑物使用功能的前提下，降低建筑周长系数（用 $K_周$ 表示，是指建筑物的周长与建筑面积之比，即单位建筑面积所占外墙的长度），充分注意建筑平面形状的简洁、布局的合理，适当加大建筑深度从而降低工程造价。

a. 一般来说，建筑物的平面形状越简单，单位面积造价就越低。建筑物的形状不规则时，往往会导致砌筑工程、屋面工程、给排水工程以及室外工程等复杂化，增加工程费用。

b. 在同样的建筑面积下，建筑平面形状不同时，其 $K_周$ 也不同。通常情况下 $K_周$ 越小，设计越经济。但究竟采用何种平面形状，设计时要视具体情况适当选择。

如，平面形状按圆形、正方形、矩形、T 形、L 形建筑的 $K_周$ 依次增大，但矩形建筑物却最为常见，这是因为：①圆形建筑物与矩形建筑物相比，因施工复杂导致施工费用要增加 20%～30%，因此圆形建筑物墙体工程量所节约的费用并不能使建筑工程造价降低。②正方形建筑物与矩形建筑物相比，虽然正方形的建筑既有利于施工，又能降低工程造价，但若不能满足建筑物美观和使用的要求，则毫无意义。

c. 在满足住宅功能和质量的前提下，由于随着建筑物进深的增大，墙体面积系数会相应减少，因此，在建筑物平面形状设计时，适当加大建筑物的进深，采用大开间，对降低工程造价有明显的效果。

2）住宅建筑的流通空间。流通空间是指建筑物内设置的门厅、走廊、过道、楼梯间及电梯等公共空间，由于这些空间往往是生活居住的辅助空间，并非为获利目的而设置，但采光、装饰、清扫等方面的费用却很高。因此，在满足建筑物使用要求、功能质量要求以及美观舒适要求的前提下，应将流通空间减少到最小，以保证达到建筑物的经济平面布置的目标。

3）住宅建筑的层高。在建筑面积不变的情况下，建筑层高的增加会引起各项费用的增加，从而造成工程造价的提高。如，随着住宅建筑层高的增加，因承载力的要求会使得基础、主体、屋面等结构造价增加，因工程量的增加，使得墙体粉刷等装饰费用、楼梯和电梯设备等费用以及卫生设备、上下水管道长度、采暖热源等费用的增加，从而造成工程总造价的大幅提高。因此，在建筑设计时，应合理降低层高（但不宜低于 2.8m，以保证采光和通风的要求），在减少工程费用的同时，还可提高住宅区的建筑密度，节约征地费、拆迁费和市政设施费。

4) 住宅建筑的层数。住宅建筑的层数对造价的影响因建筑类型、结构和形式的不同而不同。在一定幅度内，住宅层数的增加具有降低造价和使用费用以及节约用地的优点；当住宅层数超过一定限度时，工程造价将大幅度上升。

如，以砖混结构多层住宅层数与造价的关系（见表 5.1）为例，说明住宅层数对工程造价的影响情况。

表 5.1　砖混结构多层住宅层数与造价的关系表

住宅层数	一	二	三	四	五	六
单方造价系数/%	138.05	116.95	108.38	103.51	101.68	100
边际造价系数/%		−21.1	−8.57	−4.87	−1.83	−1.68

表中数据表明：①随着住宅层数的增加，单方造价系数在逐渐降低，这说明层数越多越经济，这是由于单位建筑面积所分摊的土地费用和外部流通空间费用将有所降低。②随着层数的增加，单方造价系数下降幅度减缓，边际造价系数也在逐渐减小，这是由于根据相关规定，7 层及 7 层以上住宅必须设置电梯，同时还需要通过加宽过道和走廊获取更多的交通面积和供水、供电等补充设备，从而使得整体费用增加；③当住宅层数达到高层住宅标准时，因为要经受较强的风力荷载，还需提高结构强度，改变结构形式，就会造成工程造价的大幅提高。

5) 住宅建筑面积。对于民用建筑，结构面积系数（即住宅结构面积与建筑面积之比）越小，设计越经济。因此，在衡量单元组成、户型设计以及房间面积分配时，应尽量满足结构面积系数指标，减少结构面积、减少内墙、隔墙等在建筑面积中所占的比重，增加有效面积，从而节约造价。

6) 住宅建筑结构的选择。随着我国工业化水平的提高，住宅工业化建筑体系的结构形式多种多样，在选择结构形式时，应根据实际情况结合其他建筑设计因素，采用适合本地区的经济适宜的结构形式。如，对于 6 层以内的多层住宅可考虑采用砌体结构，对于高层或者超高层结构，可考虑采用框架结构或剪力墙结构等。

5.2　设计经济合理性提高的途径

设计阶段工程造价管理的目的之一是提高经济合理性，主要途径是通过多方案技术经济分析或价值工程，优选或优化设计方案；同时，通过推行限额设计和标准化设计，有效控制工程造价。

5.2.1　设计方案的优选原则与方法

在设计阶段，从工程的总平面布置开始，直到最后的专业设计，均应采用一定的方法进行多方案比选，以优选出最佳设计方案，从而提高工程建设的投资效果。

5.2.1.1　设计方案的优选原则

(1) 设计方案的功能设计必须兼顾项目近期与远期的要求

项目建成后，会在很长的时间内发挥其预定的功能，如果只考虑近期要求，可能会出现项目运营一段时间后，因功能水平无法满足需要而重新改建的情况。但如果考虑的过远，又可能出现因功能水平过高而导致资源闲置浪费的现象。因此，好的设计方案应综合考虑项目近期与远期的要求，选择合理的功能水平，同时也要根据远景发展需要，适当留有发展空间。

（2）设计方案必须兼顾项目建造与使用成本，保证全寿命周期费用最低

项目建设过程中，需要通过控制建造费用实现项目的投资目标，但项目的建造费用过低，会造成使用过程中因建造质量问题产生的维修费用过高的现象，甚至造成质量事故，给社会财产和人生安全带来严重损害。因此，在设计过程中应同时考虑项目的建造成本与使用成本，力求项目全寿命周期费用最低。

（3）设计方案必须要处理好项目经济合理性与技术先进性之间的关系

经济合理性要求尽可能以较低的工程造价得到项目合理的功能水平，但如果仅以此标准进行设计，有可能使得项目的功能水平无法满足使用者的要求；技术先进性要求以高端新颖的技术获得项目先进的功能水平，此标准往往导致工程造价偏高。因此，经济合理性与技术先进性二者之间会出现矛盾，在此情况下，好的设计方案应做到满足使用者对项目功能要求的前提下，尽可能降低工程造价，或在资金限制范围内，尽可能提高项目功能水平。

5.2.1.2 设计方案的优选方法

比较分析法是设计方案优选最常用的一种方法。这种方法是对各设计方案中反映建筑产品功能和耗费特点的若干技术经济指标进行计算，然后通过综合分析项目现阶段的状况以及预期的经济效果，结合当时当地的实际条件，根据设计方案的优选原则，经过比较选择出功能完善、技术先进、经济合理的最佳设计方案。

比较分析法的应用步骤如例 5.1 所示。

【例 5.1】 某住宅工程项目设计要求为六层单元式住宅楼，现有砖混结构设计和内浇外砌结构设计两种备选方案供选择，具体方案如下：

方案 1：砖混结构，一梯三户，由三个单元组成，共 72 户，建筑面积为 5468.2m²。内、外墙均为 240 厚砖墙，结构按 7 度抗震设防设计，基础形式为条形砖基础，沿内、外墙的楼板及基础处均设圈梁，沿外墙的拐角及内、外墙的交接处均设构造柱，现浇钢筋混凝土楼板。

方案 2：将方案 1 中的砖混结构改为内浇外砌结构，经设计人员核定，内横墙厚度改为 120mm，内纵墙厚度改为 140mm，墙体采用 C25 混凝土。其他部位的做法、选材及建筑标准均按方案 1 不变。

解 应用比较分析法进行方案 1 和方案 2 的优选，具体步骤如下。

（1）根据两个方案建立对比条件，进行技术经济分析与比较

主要是比较两个方案的平面技术经济指标和造价两个因素。

1）平面技术经济指标。方案 1 与方案 2 相比：①外墙做法相同，建筑面积不变。②方案 2 的墙体厚度减小，因此增加了使用面积。其对比指标与计算结果如表 5.2 所示。

表 5.2 平面技术经济指标对比表

结构类型	建筑面积/m²		使用面积/m²		使用系数 /%	使用面积净增加率	
	总面积	每户	总面积	每户		m²	增加率/%
砖混	5468.20	75.95	3937.10	54.68	71.99		
内浇外砌	5468.20	75.95	4101.15	56.96	75.00	164.05	4.17

从表 5.2 的对比指标与计算结果可以看出，在保持方案 1 的平面布局和使用功能不变的情况下，方案 2 由于内墙厚度减小，增加了使用面积 164.05m²，每户平均增加了 2.28m²，使用面积的净增加率为 4.17%。

2）造价。按当时当地市场价格计算，方案 1 的单项工程综合概算造价为 6561960 元，单方建筑面积概算造价为 1200 元，单方使用面积概算造价为 1666.7 元；方案 2 的单项工程综合概算造价为 6889930 元，单方建筑面积概算造价为 1260 元，单方使用面积概算造价为 1680 元。其对比指标与计算结果如表 5.3 所示。

表 5.3　设计方案造价对比表

结构类型	概算造价/元	单方造价/元(m²)					
		建筑面积			使用面积		
		单方造价	差额	差率/%	单方造价	差额	差率/%
砖混	6561960	1200			1666.7		
内浇外砌	6889930	1260	60	5	1680.0	13.3	0.8

从表 5.3 的对比指标与计算结果可以看出，按单方建筑面积计算，方案 2 的单项工程综合概算造价比方案 1 高 60 元，约高 5%。如按单方使用面积计算，方案 2 的单项工程综合概算造价比方案 1 高 13.3 元，约高 0.8%，大大缩小了两者的差距。

3）综合比较结论。通过对平面技术经济指标和造价两个因素的分析比较，可得出结论：方案 2 增加的使用面积较多，增加的造价较少。

（2）将其他有关费用计入后进行比较

按该地区有关规定，民用建筑砖混结构按单项工程每建筑平方米需收取 14 元实心黏土砖限制使用费，内浇外砌结构需收取 7 元。因此，方案 1 按规定需缴纳 76554 元，方案 2 需缴纳 38277 元，计入该项费用后的造价比较如表 5.4 所示。

表 5.4　计入其他有关费用后的造价对比表

结构类型	黏土砖限制使用费/元	计入限制使用费后的概算造价/元	单方造价/元(m²)					
			建筑面积			使用面积		
			单方造价	差额	差率/%	单方造价	差额	差率/%
砖混	76554	6638514	1214			1686.1		
内浇外砌	38277	6928207	1267	53	4.37	1689.3	3.2	0.19

从表 5.4 的对比结果可以看出，按规定将实心黏土砖限制使用费计入后，方案 1 与方案 2 的差距又进一步缩小。①按建筑面积计算，方案 2 由未计入该项费用前的 5% 降至 4.37%。②按使用面积计算，由原来的 0.8% 降至 0.19%。

综合比较后的结论是：方案 2 每户增加使用面积 2.28m²，多投入 4023.51 元，折合单方使用面积多投入 1764.7 元，综合经济效果较好。

（3）进行方案经济效益比较

1）当单方建筑面积售价为 5000 元时，折算后单方使用面积售价的经济效益如表 5.5 所示。

表 5.5　单方使用面积售价经济效益对比表

结构类型	建筑面积/m²	使用面积/m²	建筑面积售价（元/m²）	售价总值/元	折算使用面积售价（元/m²）
砖混	5468.20	3937.10	5000	27341000	6944.45
内浇外砌	5468.20	4101.15	5000	27341000	6666.67

从表 5.5 的对比结果可以看出，在总售价不变的情况下，方案 2 可降低单方使用面积售价。按使用面积计价方法计算可得，方案 2 的单方使用面积售价比方案 1 低 277.78 元，即低 4%。

2）在单方售价不变的情况下．按使用面积计价的总售价对比如表 5.6 所示。

表 5.6　按使用面积计价的总售价对比表

结构类型	使用面积/m²	单方售价/元	总售价/m²	比较	
				差额/元	差率/%
砖混	3937.10	6944.45	27340994		
内浇外砌	4101.15	6944.45	28480231	1139237	4.16%

从表 5.6 的对比结果可以看出，单方使用面积售价不变，方案 2 的全楼总售价比方案 1 多 1139237 元，约多收入 4.16%，经济效益可观。

（4）综合评价优选设计方案

综合上述分析，在同等级、同标准的情况下，将砖混结构方案改为内浇外砌结构方案，平均每户可增加使用面积 2.28 m²，多投入 4023.51 元，折合单方使用面积多投入 1764.7 元，如作为商品房，在原单方使用面积售价不变的情况下，全楼可多 4.16% 收益，能收到较好的经济效益。故，优选方案为方案 2，即内浇外砌结构方案。

5.2.2　应用价值工程进行设计方案的优选

5.2.2.1　价值工程的基本原理

（1）定义及表达式

价值工程（Value Engineering，VE）是通过各相关领域的协作，对所研究对象的功能与费用进行系统分析，不断创新，旨在提高研究对象的价值的思想方法和管理技术。其目的是以研究对象的最低寿命周期成本可靠地实现使用者所需的功能，以获取最佳的综合效益。

价值工程的目标是提高研究对象的价值，价值的表达式如下：

$$V = \frac{F}{C} \tag{5.1}$$

式中　　V——价值；

　　　　F——功能；

　　　　C——成本或费用。

（2）提高价值的途径

提高价值的途径有：①在提高研究对象功能的同时，降低其成本，这是提高价值最为理想的途径。②在研究对象成本不变的条件下，通过提高其功能，提高利用资源的效果或效用，达到提高价值的目的。③在保持研究对象功能不变的前提下，通过降低其寿命周期成本，达到提高价值的目的。④在研究对象功能有较大幅度提高，而成本有较少提高的情况下，可以提高其价值。⑤在研究对象功能略有下降，而成本大幅度降低的情况下，也可以达到提高价值的目的。

5.2.2.2 价值工程的工作程序

价值工程的工作程序一般可分为准备、分析、创新、实施与评价四个阶段，各阶段的工作步骤实质上就是针对建筑产品的功能和成本提出问题、分析问题和解决问题的过程，如表 5.7 所示。

表 5.7　价值工程的工作程序

工作阶段	工作步骤	应回答的问题
准备阶段	①价值工程对象选择 ②组成价值工程工作小组 ③制定价值工作计划	价值工程的研究对象是什么？围绕研究对象需进行哪些准备工作
分析阶段	④收集整理信息资料 ⑤功能系统分析 ⑥功能评价	价值工程研究对象的功能是什么？价值工程对象的成本和价值是多少？
创新阶段	⑦方案创新 ⑧方案评价 ⑨提案编写	有无其他方案替代后可以实现同样功能？新方案的成本是多少？新方案能满足要求吗
实施阶段	⑩方案审批 ⑪方案实施与检查 ⑫方案成果鉴定	如何保证方案的实施？价值工程的工作效果如何

5.2.2.3 对设计方案应用价值工程的特点

(1) 其目的是以最低的寿命周期成本，实现建筑产品的必要功能

价值工程是以最低的费用支出，提高建筑产品的价值，以实现其必要功能，使用户和建设者都得到最大的经济效益，其中，建筑产品的寿命周期成本包括建设成本、使用成本及维护成本。

(2) 其核心是对建筑产品进行功能分析

价值工程中的功能分析是指建筑产品能够满足业主与用户某种要求的属性的程度研究，即效用分析。设计阶段应用价值工程的核心是分析建筑产品的主要功能与辅助功能，并将其定量化，即将功能转化为能够与成本直接相比的量化指标，然后分析各设计方案对这些功能的实现程度。

(3) 其思路是将建筑产品的价值、功能和成本作为一个整体同时进行考虑的

即价值工程是在确保建筑产品功能的基础上综合考虑建设成本和使用成本，兼顾业主和用户的利益，通过对功能和成本之间的关系进行定性与定量的分析，从而确定建筑产品的价值，并择优选用实现其功能的可靠方法，为降低费用支出寻求科学的依据。

(4) 其结论强调不断改革和创新，获得新方案

即开拓新构思和新途径，创造新的功能载体，从而简化建筑产品结构、节约原材料、节约能源、绿色环保，以最终提高建筑产品的技术经济效益。

(5) 其过程是以集体的智慧开展的有计划、有组织的管理活动

价值工程是依靠集体的专业知识和能力进行的有组织、有领导的系统活动，需要把建筑

产品相关各方的专业人才组织起来，充分发挥其专业才能与实践经验。

5.2.2.4 在设计阶段阶段实施价值工程的意义

建设项目的寿命周期内各个阶段均可通过实施价值工程进行造价控制，但对于建筑工程而言，在设计阶段应用价值工程进行方案的优选意义更大。

（1）能够使各专业设计既独立又相互协调

在设计过程中涉及多部门多专业工种，每个专业均需独立设计，通过实施价值工程，发挥集体智慧，不仅可以保证各专业工种的设计符合业主和用户的要求，而且可以解决各工程设计的协调问题，得到全局合理优良的方案。

（2）能够使建筑产品的功能更合理

价值工程的核心是功能分析，而工程设计的实质也是对于建筑产品的功能设计，因此，通过实施价值工程，能够使设计人员更准确地了解业主和用户对建筑产品的功能要求，还能够根据各专业的专家建议合理确定各项功能的权重，从而保证设计的功能合理性。

（3）能够有效地控制工程造价

价值工程是对建筑产品的功能与成本之间关系的系统分析与研究过程，设计阶段应用价值工程进行方案优选，在明确功能的前提下，可以避免只重视功能而忽视成本或只关注成本而降低功能的倾向，优选出能够实现功能且成本最优的经济合理的方案，从而有效控制工程造价。

（4）能够均衡建筑产品的全寿命周期费用

价值工程研究的是包括了工程建设费用和使用成本的建筑产品全寿命周期内发生的费用，实施价值工程能够避免因节约建设费用而导致使用成本过高的情况，从而在均衡建筑产品全寿命周期成本的前提下，节约成本费用。

5.2.2.5 价值工程在设计方案优选中的应用

价值工程对设计方案的优选即通过价值系数的计算选取价值最高的方案的过程，主要包括研究对象选择、功能分析、功能评价、方案的创造与创新、方案评价五个步骤。

（1）研究对象选择

在设计阶段对于建设项目的功能及其实现手段进行的设计主要是通过设计方案体现的，因此，在设计阶段以整个设计方案作为价值工程的研究对象。

（2）功能分析

功能分析是价值工程的核心和基本内容，包括功能定义、功能整理和功能重要度排序等内容，其关系如表5.8所示。

表 5.8 功能分析过程表

分析内容	分析目的	指标性质
功能定义	分析各组分的功能本质,明确各组分的功能	定性指标
功能整理	分析各组分功能间的关系,明确实现功能的目的或手段	定性指标
功能确定	对各组分功能重要程度进行定性化排序,明确需评价的功能	定性指标

1）功能定义。建筑功能是指建筑产品满足社会需要的各种性能的总和，一般分为社会功能、适用功能、技术功能、物理功能和美学功能等。

2）功能整理。不同的建筑产品有不同的使用功能，它们通过一系列建筑因素体现出来，反映建筑物的使用要求，功能系统图是按照一定的原则和方式，将定义的功能连接起来，从单个到局部，再从局部到整体而形成的一个完整的功能体系，如图 5.2 所示。

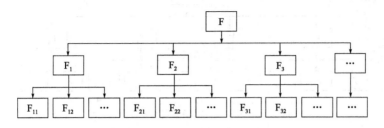

图 5.2　功能系统图一

3）功能确定。是以功能系统图为基础，以研究对象的整体功能为出发点，依据各个功能之间的逻辑关系逐级分析，确定出需评价的功能，以保证必要功能、剔除过剩功能以及补足欠缺功能，为功能评价和方案创新等提供依据。

（3）功能评价

是指对各项目功能重要程度进行的定量化分析。主要是应用 0～1 评分法、0～4 评分法、环比评分法或专家评分法等方法，计算各项功能的功能评价系数，作为该功能的重要度权数，称为功能重要性系数。

（4）方案的创造与创新

方案的创造是指根据功能分析和功能评价的结果，提出各种可满足不同需求的实现功能的设计方案，方案的创新强调通过发挥专业人才的聪明才智，设想出技术经济效果更好的方案，主要有头脑风暴法、哥顿法、专家调查法等方法。

（5）方案的评价与优选

方案评价是指通过功能系数和成本系数计算出各方案的价值系数，方案优选是指从众多的备选方案中选出价值最高的可行方案。方案评价与优选的步骤为：①对通过方案的创造与创新所提出的各种设计方案以其满足各项功能的程度为基准进行评分；②以功能评价系数作为权数计算各方案的功能评价得分，据此计算各方案的功能系数；③根据各方案的成本计算成本系数；④应用功能系数和成本系数计算各方案的价值系数，并以价值系数最大者为最优设计方案。

5.2.2.6　价值工程优选设计方案应用实例

【例 5.2】　某住宅工程项目设计阶段需应用价值工程进行方案征集与优选，该项目的设计要求为八层以下的多层住宅，建设地点地质条件较差，不宜采用条形基础或独立基础。

解　首先组建价值工程小组，进行本地区相关环境与社会状况的调研，并充分了解用户对住宅的意见。价值工程小组成员由建设单位、监理单位、设计单位、施工单位等的有关专家组成，价值工程的实施过程如下。

（1）研究对象选择

该拟建项目为住宅工程，应满足适用、安全、美观、环保等功能要求，因此，选择整个建筑结构设计方案作为价值工程的研究对象。

（2）功能分析

经由价值工程小组研究讨论，通过对该住宅的功能定义、功能整理与功能确定，根据住宅的特性，建立功能系统图如图 5.3 所示。

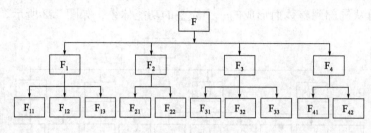

图 5.3　功能系统图二

图中，F 代表住宅功能，F_1、F_2、F_3、F_4 分别代表适用功能、安全功能、美观功能和其他功能，F_{11}、F_{12}、F_{13} 分别代表平面布局、采光通风和层高系数，F_{21}、F_{22} 分别代表牢固耐用、三防设施，F_{31}、F_{32}、F_{33} 分别代表建筑造型、环境设计、室内装饰，F_{41}、F_{42} 分别代表施工容易度、设计容易度。

（3）功能评价

本工程采用专家评分法，确定功能重要性系数，具体采用用户、设计单位、施工单位三家加权评分法，其中，三者的权数分别确定为 0.6、0.3 和 0.1，各功能重要性系数计算如表 5.9 所示。

表 5.9　功能重要性系数计算表

功能 F_{ij}	用户评分 f_1		设计单位评分 f_2		施工单位评分 f_3		功能重要性系数 φ
	得分 f_{1i}	$0.6f_{1i}$	得分 f_{2i}	$0.3f_{2i}$	得分 f_{3i}	$0.1f_{3i}$	
F_{11}	35.5	21.3	30.5	9.15	28.5	2.85	0.333
F_{12}	20.5	12.3	16.5	4.95	12.5	1.25	0.185
F_{13}	3.5	2.1	4.5	1.35	5.5	0.55	0.040
F_{21}	10.5	6.3	11.5	3.45	12.5	1.25	0.110
F_{22}	5.5	3.3	6.5	1.95	7.5	0.75	0.060
F_{31}	9.5	5.7	10.5	3.15	8.5	0.85	0.097
F_{32}	10.5	6.3	11.5	3.45	9.5	0.95	0.107
F_{33}	3.5	2.1	4.5	1.35	6.5	0.65	0.041
F_{41}	0.5	0.3	1.5	0.45	5.5	0.55	0.013
F_{42}	0.5	0.3	2.5	0.75	3.5	0.35	0.014
总计	100	60	100	30	100	10	1.000

表中，功能重要性系数的计算公式为：

$$\varphi = \frac{0.6f_{1i} + 0.3f_{2i} + 0.1f_{3i}}{100} \tag{5.2}$$

（4）方案的创造

根据本工程的设计要求以及地质等其他条件，有以下 3 个设计方案入选，设计方案的特征及单方造价如表 5.10 所示。

表 5.10 设计方案特征与单方造价表

方案名称	方案特征	单方造价/(元/m²)
方案一	7 层砖混结构,层高 2.9m,240mm 厚页岩砖墙,筏板基础,建筑造型好,内装饰一般	1600
方案二	7 层框架结构,层高 3.0m,200mm 厚加气混凝土砌块墙,沉管灌注桩基础,建筑造价好,内装饰好	1800
方案三	6 层砖混结构,层高 3.0m,230mm 厚空心砖墙,预制桩基础,建筑造型一般,内装饰一般	1500

(5) 方案的评价与优选

1) 由专家对初选的 3 个方案进行功能满足程度评分,然后根据各功能的重要性系数求出各方案的功能评价得分,如表 5.11 所示。

表 5.11 方案功能评价得分表

评价因素		方案功能评价得分 P_{ij}		
功能因素	重要系数	A	B	C
F_{11}	0.333	9	10	9
F_{12}	0.185	9	10	9
F_{13}	0.040	8	10	10
F_{21}	0.110	9	10	8
F_{22}	0.060	7	9	10
F_{31}	0.097	9	9	8
F_{32}	0.107	9	9	9
F_{33}	0.041	8	9	8
F_{41}	0.013	8	7	10
F_{42}	0.014	8	8	10
各方案功能评价总得分 P		8.675	9.628	8.879

表中,各方案功能评价总得分值的计算公式为:

$$方案功能评价总得分\ P = \sum_{i=1}^{10} 功能重要性系数\ \varphi_i \times 方案功能评价得分 P_{ij} \qquad (5.3)$$

2) 计算各方案的功能系数、成本系数和价值系数,如表 5.12 所示。

表 5.12 方案价值系数计算及优选表

方案	功能得分	功能评价系数	单方造价	成本系数	价值系数	最优方案
一	8.675	0.319	1600	0.326	0.978	
二	9.628	0.354	1800	0.367	0.964	
三	8.879	0.327	1500	0.306	1.068	最优

表中,功能系数、成本系数和价值系数的计算公式分别为:

$$F_i = \frac{各方案功能得分值}{全部方案功能总得分值} \qquad (5.4)$$

$$C_i = \frac{各方案成本值}{全部方案总成本值} \tag{5.5}$$

$$V_i = \frac{F_i}{C_i} \tag{5.6}$$

3）方案优选结论。由于价值系数越大，方案越优级，因此该住宅工程项目的最优设计方案为方案三。

5.2.3 推行限额设计

5.2.3.1 限额设计的概念

(1) 限额设计的定义

限额设计是指按照批准的设计任务书中的投资估算限额控制初步设计，按照批准的初步设计总概算造价限额控制施工图设计，在确保各个专业使用功能的基础上，按照施工图预算造价限额对施工图设计中的各个专业设计分配投资限额，并严格控制施工图设计不合理的变更，以确保建设项目总投资限额不被突破。

(2) 限额设计的目标设置

1）限额设计的目标。将上一阶段审定的投资额作为下一设计阶段投资控制的总体目标，将该项总体限额目标层层分解后确定各专业、各工种或各分部分项工程的分项目标。

2）限额设计是提高设计质量工作的管理目标。限额设计体现了设计标准、规模、原则的合理确定和有关概算基础资料的合理取定，是衡量勘察设计工作质量的综合标志。

(3) 限额设计控制造价的方式

限额设计控制造价的方式包括纵向控制和横向控制。

1）纵向控制是按照限额设计过程从前往后依次进行控制的方法。

2）横向控制是对设计单位及其内部各专业、科室及设计人员进行考核，实施奖惩，进而保证设计质量的一种控制方法。

5.2.3.2 限额设计的内容

限额设计是建设项目投资控制系统中的一个重要环节，在建设项目的设计阶段，推行限额设计对有效使用建设资金起着重要的作用。限额设计主要包括初步设计限额设计、施工图限额设计和加强设计变更管理三项内容。

(1) 初步设计阶段的限额设计

初步设计阶段要重视初步方案的选择，在拟定设计原则、技术方案和选择设备材料过程中，应先掌握工程的参考估算造价和工程量，严格按照限额设计所分解的投资额和控制工程量进行设计。

(2) 施工图设计阶段的限额设计

施工图设计阶段要严格控制施工图预算，必须严格按照批准的初步设计确定的原则、范围、内容、项目和投资额进行。施工图阶段限额设计的重点应放在初步设计工程量控制方面，控制工程量一经审定，即作为施工图设计工程量的最高限额，不得突破。

(3) 加强设计变更管理

为了做好限额设计控制工作，应尽可能地将设计变更控制在设计阶段，以避免后期建设实施时导致更大的变更损失；对工程和对影响工程造价的重大设计变更，需进行由多方人员参加的技术经济论证，获得有关管理部门批准后方可进行，以保证限额设计对建设成本的有效控制。

5.2.3.3　限额设计的实施程序

限额设计的实施程序就是建设项目投资目标管理的过程，即目标的制定、目标的分解、目标的实施、目标实施情况检查与反馈的控制循环过程。限额设计的实施流程图如图5.4所示。

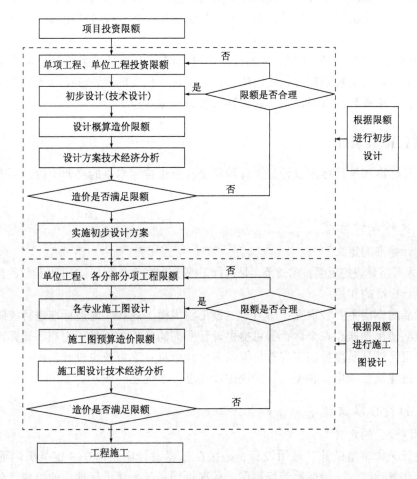

图5.4　限额设计实施流程图

5.2.3.4　限额设计的实施要点

为推行限额设计，并取得良好的控制效果．应注意做好以下事项。

（1）合理确定项目投资限额

为适应推行限额设计的要求，在可行性研究阶段特别是详细可行性研究阶段编制建设项目投资估算时，既要避免有意提高造价和增项，又要避免有意压低造价和漏项，真正做到科学准确地编制项目投资估算，使项目的投资限额与单项工程的数量、建设标准、建筑规模以及功能水平要求相协调。

（2）重视设计的多方案优选环节，加强限额设计审核工作

在设计阶段，要鼓励设计人员开拓思想，勇于创新，集思广益，多提设计方案，并针对设计要求通过价值工程活动，优选出投入少、产出多的经济合理的设计方案。设计方案确定

后，还应通过设计审查做好限额设计的动态控制，保证项目投资总目标与各分部分项工程投资目标的实现。施工图设计阶段应尽量吸收施工单位人员的意见，使设计符合施工要求，有效避免工程变更。

（3）限额设计按照设计程序进行，建立健全限额设计经济责任制

1）就限额设计纵向控制而言，推行限额设计必须遵循设计规律按照设计程序的要求依次逐步地进行，以保证初步设计和技术设计阶段、施工图设计阶段均以其上一阶段的投资限额为依据进行投资分配与专业设计，做到前项控制后项、后项受控于前项，从而控制项目总投资。

2）就限额设计横向控制而言，应通过建立健全限额设计经济责任制，明确设计单位及其内部各专业设计科室对限额设计应负的责任，并建立相应的投资分配与考核奖罚制度，使得设计人员充分重视和认真对待每个设计环节及每项专业设计。

5.2.4 推行标准设计

执行设计标准和推行标准设计是设计阶段提高造价控制水平的必要手段，可有效降低建设投资。

5.2.4.1 执行设计标准

（1）设计标准的定义

是指国家经济建设的重要技术规范，是进行工程建设勘察、设计、施工及验收的重要依据。

（2）设计标准的作用

设计标准的作用主要表现在：①可对建设工程规模、内容、建造标准进行控制；②可保证工程的预期使用功能和安全性；③可提供设计所需的参数、指标、定额、计算方法和构造措施等；④可为设计阶段控制工程造价提供方法和依据；⑤可减少设计工作量、提高设计效率；⑥可促进建筑工业化、装配化，加快建设速度，节约建造成本。

5.2.4.2 推行标准设计

（1）标准设计的定义

标准设计又称定型设计、通用设计，是指在工程设计中，可在一定范围内通用的标准图、通用图和复用图，一般统称为标准图。标准设计是工程建设标准化的组成部分，通用的建筑物、构筑物、公用设施以及各类工程建设的构件、配件、零部件等，只要有条件的，都应该实施标准设计。

（2）标准设计的作用和特点

1）作用。在工程设计中采用标准设计可促进工业化水平、提高劳动生产率，加快工程建设进度，节约建筑材料，改进设计质量，加快实现建筑工业化的客观要求。

2）特点。①以图形为主，对操作要求和使用方法作文字说明；②具有设计、施工、经济标准等各项要求的综合性；③设计人员选用后可作为产品直接用于工程建设；④对地域、环境的适应性要求强，地方性标准较多；⑤一般情况下设计人员不得自行修改标准设计，特殊情况下可根据情况作少量修改。

（3）标准设计的分类

1）国家标准设计。是指在全国范围内需要统一的标准设计；

2）部级标准设计。是指应由主编单位提出并上报主管部门审批后颁发的在全国各行业范围内需要统一的标准设计；

3）省、市、自治区标准设计。是指在本地区范围内需要统一的标准设计，由主编单位提出并上报省、市、自治区主管部门审批颁发；

4）设计单位自行制定的标准设计。是指在本单位内需要统一的标准设计，是本单位内部使用的设计技术原则、设计技术规范等，由设计单位批准执行，并报上级主管部门备案。

（4）标准设计的要求

1）标准设计覆盖范围很广，重复建造的建筑类型及生产能力相同的企业、单独的房屋构筑物等均应采用标准设计或通用设计。

2）在设计阶段造价控制工作中，对不同用途和要求的建筑物，应按统一的建筑模数、建筑标准、设计规范、技术规定等进行设计。

3）对于房屋或构筑物整体不便于定型化设计时，应将其中重复出现的建筑单元、房间和主要的结构节点构造，在构配件标准化的基础上定型化。

4）对于建筑物和构筑物的柱网、层高及其他构件的参数尺寸，应力求统一，在基本满足使用要求和修复条件的情况下，应尽可能具有通用互换性。

5.3　设计概算的编制与审查

5.3.1　设计概算的概念

5.3.1.1　定义

（1）设计概算的定义

设计概算是设计单位在投资估算的控制下，根据初步设计或扩大初步设计图纸、概算定额或概算指标，各类费用定额或取费标准，建设地区自然、技术经济条件和设备预算价格等资料，预先计算和确定建设项目从筹建到竣工验收、交付使用为止的全部建设费用的文件。

简言之，设计概算是以初步设计文件为依据，按照规定的程序、方法和依据，对建设项目总投资及其构成进行的概略计算。设计概算是初步设计文件的重要组成部分，对于两阶段设计的建设项目，初步设计阶段必须编制设计概算。

（2）修正概算的定义

修正概算是指采用三阶段设计时，在技术设计阶段，随着设计内容的深化，可能会发现建设规模、结构性质、设备类型和数量等内容与初步设计内容相比有出入，为此，设计单位根据技术设计图纸，概算指标或概算定额，各项费用取费标准，该地区自然、技术、经济状况和设备预算价格等资料，对初步设计总概算进行修正而形成的经济文件。

修正概算比设计概算更准确，但受设计概算的控制。对于三阶段设计的，技术设计阶段必须编制修正概算。

5.3.1.2　设计概算的特点

（1）设计概算的编制工作相对简略

相对于施工图预算而言，设计概算在精度上较低，无需达到施工图预算的准确度，因此编制工作相对简略，较为简单。

（2）设计概算的编制内容包括静态和动态投资两个层次。

设计概算中的静态投资作为考核工程设计和施工图预算的依据；动态投资作为项目筹措和控制资金使用的限额。

（3）设计概算经批准后，除特殊情况一般不得调整

设计概算允许调整的情况包括：①超出原设计范围的重大变更；②超出基本预备费规定范围内不可抗拒的重大自然灾害所引起的工程变动和费用增加；③超出工程造价价差预备费范围的国家重大政策性的调整。除此之外，经批准的设计概算不得再行调整。

（4）设计概算是工程造价在设计阶段的表现形式，并不具备价格属性

由于设计概算是设计单位根据相关依据计算出来的工程建设的预期费用，而不是在市场竞争中形成的，因此，设计概算只是工程造价在设计阶段的表现形式，并不具备价格属性。

5.3.1.3 设计概算的作用

设计概算的主要作用是衡量建设投资是否超过估算并控制下一阶段的费用支出，具体作用如下。

（1）设计概算是编制固定资产投资计划、确定和控制建设项目投资的依据

按照国家有关规定，编制年度固定资产投资计划，确定计划投资总额及其构成数额，要以批准的初步设计概算为依据，没有批准的初步设计文件及其概算，建设项目不能列入年度固定资产投资计划。设计概算包括建设项目从立项、可行性研究、设计、施工安装、试运行到竣工验收等的全部建设资金，一经批准，将作为控制建设项目投资的最高限额。在工程建设过程中，不得随意突破，以确保对国家固定资产投资计划的严格执行和有效控制。

（2）设计概算是衡量设计方案、控制施工图设计及施工图预算的依据

设计概算是从经济角度衡量设计方案经济合理性的重要依据。因此，设计概算是衡量设计方案技术经济合理性和选择最佳设计方案的依据。经批准的设计概算是建设项目投资的最高限额，设计概算批准后不得任意修改和调整，因此，设计单位必须按批准的初步设计和总概算进行施工图设计，施工图预算不得突破设计概算。

（3）设计概算是签订建设工程合同和贷款合同的依据

建设工程合同价款不得超过设计总概算的投资额，因此，银行贷款或各单项工程的拨款累计总额必须以设计概算为依据，不能超额。如果项目投资计划所列支投资额与贷款突破设计概算时，必须在查明原因后，由建设单位报请上级主管部门调整或追加设计概算总投资，凡未批准之前，银行对其超支部分不予拨付

（4）设计概算是考核建设项目投资效果的依据

建设项目竣工验收完成后，通过设计概算与竣工决算的对比，可以分析和考核建设项目投资效果的好坏，同时还可以验证设计概算的准确性，有利于加强设计概算管理和建设项目的全过程造价管理工作。

5.3.2 设计概算的内容与编制要求

5.3.2.1 设计概算的内容

设计概算分为单位工程概算、单项工程综合概算和建设项目总概算三级。三级概算之间的相互关系如图 5.5 所示。

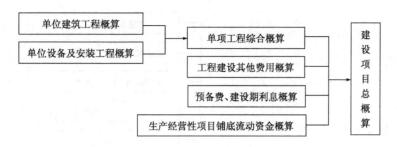

图 5.5　设计概算的三级概算关系图

（1）单位工程概算

单位工程概算是确定各个单位工程建设费用的文件，是编制单项工程综合概算的依据，是单项工程综合概算的组成部分。

单位工程概算按其工程性质分为建筑工程概算和设备及安装工程概算两大类。其中，单位建筑工程概算包括土建工程概算，给排水、采暖工程概算，通风、空调工程概算，电气、照明工程概算，弱电工程概算，特殊构筑物工程概算等；单位设备及安装工程概算包括机械设备及安装工程概算，电气设备及其安装工程概算，热力设备及安装工程概算，工具、器具及生产家具购置费用概算等。单位工程概算的组成内容如图 5.6 所示。

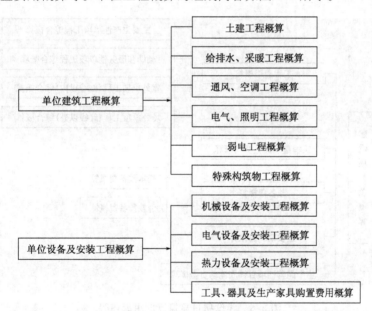

图 5.6　单位工程概算的组成内容

（2）单项工程综合概算

单项工程综合概算是确定一个单项工程所需建设费用的文件，是根据单项工程内各专业单位工程概算汇总编制而成的，是建设项目总概算的组成部分。单项工程综合概算的组成内容如图 5.7 所示。

（3）建设项目总概算

建设项目总概算是确定整个建设项目从筹建到竣工验收所需全部费用的文件，它是由各单项工程综合概算、工程建设其他费用概算、预备费概算、建设期利息概算和铺底流动资金概算汇总编制而成的，如图 5.8 所示。

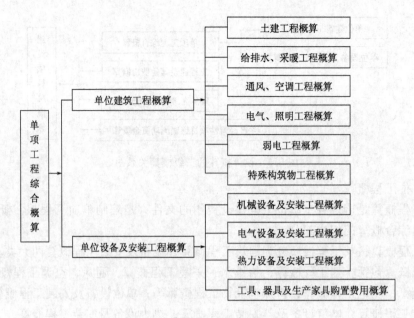

图 5.7　单项工程综合概算的组成内容

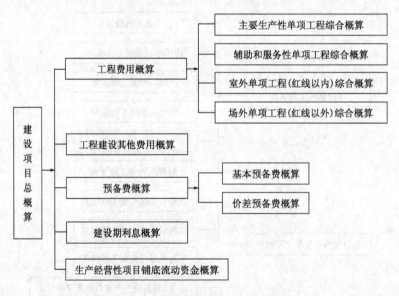

图 5.8　建设项目总概算的组成内容

5.3.2.2　设计概算的编制依据

（1）相关法律、法规、规章等的有关条文

是指国家、行业和地方政府有关建设和造价管理的法律、法规、规章、规程、标准等的相关条文。

（2）相关文件和费用资料

包括：①批准的可行性研究报告及投资估算、初步设计或扩大初步设计图纸等有关资料。②有关部门颁布的概预算定额、概算指标、费用定额等。③建设项目设计概算的编制办法以及有关部门发布的人工、设备材料价格、造价指数等。

（3）有关的合同、协议等，以及其他的有关资料

包括：①资金筹措方式或资金来源。②施工现场资料、常规的施工组织设计及施工方案等。③项目涉及的有关文件、合同、协议等。

5.3.2.3 设计概算的编制要求

1）设计概算应按编制时项目所在地的价格水平编制，概算造价应完整地反映编制时建设项目的实际投资。

2）设计概算应结合项目所在地设备和材料市场供应情况、项目合理工期以及资产租赁和贷款的时间价值等动态因素对投资的影响进行编制。

3）设计概算应考虑建设项目的施工条件以及施工承包单位的水平等因素对投资的影响进行编制。

5.3.3 设计概算的编制方法

设计概算是从单位工程概算开始，逐级进行单项工程综合概算以及建设项目总概算的编制程序进行的。其中，单位工程概算费用由人工费、材料费、施工机具使用费、企业管理费、利润、规费和税金组成，单位工程概算包括单位建筑工程概算和单位设备及安装工程概算两类。

5.3.3.1 单位建筑工程概算的编制方法

单位建筑工程概算有概算定额法、概算指标法、类似工程预算法等编制方法。

（1）概算定额法

1）定义。概算定额法又称扩大单价法或扩大结构定额法，是采用概算定额编制建筑工程概算的方法，类似于采用预算定额编制施工图预算的编制过程。

2）适用范围。概算定额法只有在初步设计达到一定深度，建筑结构比较明确，能按照平面、立面、剖面图纸计算出楼地面、墙身、门窗和屋面等分部工程项目的工程量时，才适用。

3）计算步骤。①搜集基础资料、熟悉初步设计图纸、了解有关施工条件及方法。②按照概算定额分部分项顺序，列出单位工程中分项工程或扩大分项工程项目名称并计算工程量。③套用概算定额单价计算各分部分项工程项目的概算定额单价。④计算汇总得到分部分项工程费用，并按照有关规定标准计算措施费；⑤按照规定的取费标准计算企业管理费、利润、规费和税金；⑥计算汇总得到单位工程概算造价。

4）计算流程图。概算定额法编制设计概算的计算流程如图 5.9 所示。

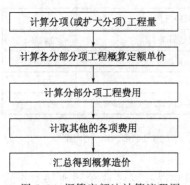

图 5.9 概算定额法计算流程图

5）应用实例。

【例 5.3】 某校区拟建 $S＝12000m^2$ 综合实验实训楼，根据初步设计图纸计算得到的分部工程量和根据概算定额得到的对应扩大单价如表 5.13 所示（基础资料：按有关规定标准计算得到措施费为 96.25 万元，规费为 142.93 万元，以分部分项工程费为基数的企业管理

费费率为9%，利润率为7%，综合税率为3.48%）。试用概算定额法计算该综合实验实训楼的土建工程设计概算造价及其单方概算造价。

表5.13　拟建综合实验实训楼土建工程量及扩大单价表

序号	分部工程名称	计量单位	工程量	扩大单价/元
1	基础工程	m³	2560	387
2	混凝土及钢筋混凝土工程	m³	2280	1054
3	砌筑工程	m³	4340	511
4	屋面工程	m²	13200	69
5	楼地面、天棚面装饰工程	m²	32040	95
6	墙柱面装饰工程	m²	12750	105
7	门窗工程	m²	4250	265

解　根据相关基础数据和已知条件，按照概算定额法的计算流程，得到该拟建综合实验实训楼的土建工程设计概算造价及单方造价如表5.14所示。

表5.14　拟建综合实验实训楼土建工程概算造价及单方造价计算表

序号	分部工程名称	计量单位	工程量	扩大单价/元	合价/万元
1	基础工程	m³	2560	387	99.07
2	混凝土及钢筋混凝土工程	m³	2280	1054	240.31
3	砌筑工程	m³	4340	511	221.77
4	屋面工程	m²	13200	69	91.08
5	楼地面、天棚面装饰工程	m²	32040	95	304.38
6	墙柱面装饰工程	m²	12750	105	133.88
7	门窗工程	m²	4250	265	112.63
A	分部分项工程费小计	以上7项之和			1203.12
B	措施项目费	按有关规定计算			96.25
C	企业管理费	(A+B)×9%			116.94
D	利润	(A+B+C)×7%			99.14
E	规费	按有关规定计算			142.93
F	税金	(A～E)×3.48%			57.71
G	土建工程概算造价	(A～F)之和			1716.09
H	单方造价	G/S=1430.08(元/m²)			

即，该工程的土建概算造价为1716.09万元，单方概算造价为1430.08元/m²。

（2）概算指标法

1）定义。概算指标法是用拟建的厂房、住宅的建筑面积乘以技术条件相同或基本相同工程的概算指标得出分部分项工程费，然后按规定计算出措施费、企业管理费、利润、规费和税金等，从而得到单位工程概算的方法。

2）适用范围。概算指标法主要适用于方案设计中只有概念性设计，或初步设计深度不够，不能准确地计算出工程量，但工程设计采用的技术比较成熟而又有类似工程的概算指标可以选用的情况。

3）应用方法。分为直接套用概算指标和采用修正后概算指标两种情况。

a. 直接套用概算指标。当拟建工程的建设地点、工程和结构特征、建筑面积等与概算指标中的相同或相近时，可直接套用概算指标编制单位建筑工程概算。

b. 采用修正后概算指标。当拟建工程与概算指标的技术条件等不尽相同、结构特征与概算指标有局部差异时，需采用修正后的概算指标编制单位建筑工程概算。修正的方法有以下两种。

① 修正结构件的指标单价，计算公式为：

$$结构变化修正概算指标 = 原概算指标 + 换入新结构的含量 \times 换入新结构的单价$$
$$- 换出旧结构的含量 \times 换出旧结构的单价 \qquad (5.7)$$

② 修正结构件指标的人工、材料、机械消耗数量，计算公式为：

$$结构变化修正概算指标的人工、材料、机械消耗数量 = 原概算指标的人工、材料、机械$$
$$数量 + 换入结构件工程量 \times 相应定额人工、材料、机械消耗量 - 换出结构件工程量 \times 相应$$
$$定额人工、材料、机械消耗量 \qquad (5.8)$$

4）应用实例

【例 5.4】 某地区框架结构办公楼工程，建筑面积为 3200m²，采用钢筋混凝土带型基础，土建工程概算指标为 1540 元/m²，其中，带形基础概算单价为 276.3 元/ m³。现拟建框架结构写字楼，建筑面积为 9500m²，采用筏板基础，其他结构与办公楼相同，筏板基础的概算单价为 301.4 元/m³。试用概算指标法计算拟建写字楼的土建工程概算造价。

解 修正后的办公楼土建工程概算指标 = 1540 - 276.3 + 301.4 = 1565.1 （元/ m²）

故，拟建写字楼的土建工程概算造价 = 9500 × 1565.1 = 14868450 （元）

（3）类似工程预算法

1）定义。类似工程预算法是利用技术条件与设计对象相类似的已完工程或在建工程的工程造价资料来编制拟建工程设计概算的方法。

2）应用范围。类似工程预算法主要适用于拟建工程初步设计与已完工程或在建工程的设计类似而又没有可用的概算指标的情况。

3）应用方法。采用类似工程预算法时必须对建筑结构差异和价差进行调整。其中，对于建筑结构差异的调整同概算指标法中的调整建筑结构差异的方法，对于价差的调整主要有以下两种方法。

a. 当类似工程造价资料有具体的人工、材料、机械台班的用量时，可按类似工程预算造价资料中的工日、主要材料、机械台班数量乘以拟建工程所在地的人工单价、主要材料预算价格、机械台班单价，计算出人工、材料、机械费，再计算措施费、企业管理费、利润、规费和税金，即可得出所需的造价指标。

b. 当类似工程造价资料只有人工费、材料费、施工机具使用费、措施费及其他费用或费率时，可按以下公式调整：

$$D = AK, \quad K = K_1 \times a\% + K_2 \times b\% + K_3 \times c\% + K_4 \times d\% \qquad (5.9)$$

式中 D——拟建工程单方概算造价；

      A——类似工程单方预算造价；

      K——价差综合调整系数；

$a\%, b\%, c\%, d\%$——类似工程预算的人工费、材料费、施工机具使用费、措施费及其他

        费用占类似工程预算造价的比重，如 $a\%$ = 类似工程预算的人工

费/类似工程预算造价×100％，$b\%$、$c\%$、$d\%$算法类同；

K_1，K_2，K_3，K_4——拟建工程地区与类似工程预算在人工费、材料费、施工机具使用费、措施费及其他费用之间的差异系数，如：K_1＝拟建工程概算的人工费（或工资标准）/类似工程预算的人工费（或地区工资标准），K_2、K_3、K_4算法类同。

4）应用步骤。①根据拟建工程的各种设计参数，选择最适宜的类似工程预算。②根据本地区现行的各种价格和费用标准计算类似工程预算中的人工费、材料费、施工机具费、措施费及其他费用的差异系数。③根据类似工程预算差异系数和人工费、材料费、施工机具费、措施费及其他费用占预算造价的比重，计算综合调整系数。④根据类似工程单方预算造价和综合调整系数计算拟建工程的单方概算造价。⑤根据拟建工程的建筑面积和单方概算造价计算单位建筑工程概算造价。

5）应用实例

【例 5.5】 某市 2016 年拟建剪力墙结构的综合写字楼工程，建筑面积为 12600m²，与此类似的该市 2013 年已建成的某剪力墙结构办公楼，建筑面积为 8600 m²，预算造价为 1720 万元，其中，人工费为 209.84 万元，材料费为 1004.48 万元，施工机具使用费 151.36 万元，措施费及其他费用为 354.32 万元。试用类似工程预算法编制拟建综合实验楼工程的单位建筑工程设计概算。

解 ① 计算类似工程预算中各项费用占预算造价的比重。

$a\%$＝209.84/1720＝12.2％

$b\%$＝1004.48/1720＝58.4％

$c\%$＝151.36/1720＝8.8 ％

$d\%$＝354.32/1720＝20.6％

② 计算各项费用的差异系数。

根据某市 2016 年和 2013 年相关费用资料，测算得到：

人工费差异系数 K_1＝1.03

材料费差异系数 K_2＝1.06

施工机具使用费差异系数 K_3＝1.05；

措施费及其他费用差异系数 K_4＝1.07

③ 计算综合调整系数。

K＝12.2 ％×1.03 ＋ 58.4 ％×1.06 ＋ 8.8％×1.05 ＋20.6％×1.07＝1.058

④ 计算单位建筑工程设计概算。

拟建综合实验楼单方概算造价＝17200000/8600×1.058＝2116（元）

拟建综合实验楼的概算造价＝2116×12600＝26661600（元）

5.3.3.2 单位设备及安装工程概算的编制方法

单位设备及安装工程概算包括设备及工器具购置费概算和设备安装工程费概算两部分。

（1）设备及工器具购置费概算

1）编制依据。包括拟建工程的设备清单、工艺流程图；各部门和各省、市、自治区规定的现行设备价格、运费和相关费用标准。

2）编制方法。设备及工器具购置费概算包括设备购置费和工器具及生产家具购置费概算两个部分，是根据初步设计的设备清单、工艺流程图，各部门和各省、市、自治区规定的现行设备价格、运费和相关费用标准确定的。设备购置费和工器具及生产家具购置费的计算详见第2.2节。

(2) 设备安装工程费概算

设备安装工程费概算的编制方法有预算单价法、扩大单价法、设备价值百分比法和综合吨位指标法等，具体选用时应根据初步设计的深度和要求明确的程度而定。其中，预算单价法和扩大单价法的编制步骤类似于单位建筑工程概算。

1) 预算单价法。是指直接依据安装工程预算定额单价编制设备安装工程概算的方法，其编制程序与安装工程施工图预算程序基本相同。适用于初步设计较深、有详细设备清单的情况，采用这种方法时，计算内容较具体，精确程度较高。

2) 扩大单价法。是指采用主体设备、成套设备的综合扩大安装单价编制设备安装工程概算的方法。适用于初步设计深度不够、设备清单不完备、只有主体设备或成套设备的重量等情况。

3) 设备价值百分比法。又称安装设备百分比法，是指根据安装费占设备费的百分比计算设备安装工程费的方法，其百分比值即安装费率由主管部门制定或由设计单位根据已完类似工程确定。适用于初步设计深度不够，只有设备出厂价而无详细的规格、重量等资料的情况，常用于价格波动不大的定型产品和通用设备产品的安装工程概算。设备价值百分比法的计算公式如下：

$$设备安装工程费＝设备原价×安装费率（％）\qquad(5.10)$$

4) 综合吨位指标法。是指根据设备的重量和设备的综合吨位指标计算设备安装工程费的方法，其中综合吨位指标由相关主管部门或由设计单位根据已完类似工程的资料确定。适用于当初步设计提供的设备清单有规格和设备重量的情况，常用于设备价格波动较大的非标准设备和引进设备的安装工程概算。综合吨位指标法的计算公式如下：

$$设备安装工程费＝设备吨重×每吨设备安装费指标（元/吨）\qquad(5.11)$$

5.3.3.3 单项工程综合概算的编制

单项工程综合概算是确定单项工程建设费用的综合性文件，它由该单项工程的各专业单位工程概算汇总而成，是建设项目总概算的组成部分。根据建设项目与单项工程的构成关系不同，有以下两种情况。

(1) 建设项目由若干个单项工程构成

这种情况下，单项工程综合概算文件包括以下内容。

1) 编制说明。仅在不编制建设项目总概算时列入，主要包括：①工程概况。简述建设项目的性质、特点、生产规模、建设周期、建设地点、主要工程量、工艺设备等情况。②编制依据。包括国家和有关部门的规定、设计文件、现行概算定额或概算指标、设备材料的预算价格和费用指标等。③编制方法。说明各单项工程所附各单位工程设计概算的编制方法。④其他必要的说明。如主要设备、材料的数量以及主要技术经济指标、引进设备材料有关费率的取定及依据等。

2) 综合概算表。包括了该单项工程所附的各单位工程概算表和建筑材料表，是根据单项工程所辖范围内的各单位工程概算等基础资料，按照国家或部委所规定统一表格进行编制的。

工业工程建设项目综合概算表的内容是由建筑工程和设备及安装工程两部分概算组成的，而民用工程建设项目的综合概算表中只包括建筑工程概算的内容。

（2）建设项目只有一个单项工程

这种情况下，单项工程综合概算即为建设项目总概算，其编制内容除包括上述编制说明和综合概算表两部分外，还包括工程建设其他费用、建设期贷款利息和预备费的概算。

5.3.3.4 建设项目总概算的编制

建设项目总概算文件的内容包括：编制说明、总概算表、各单项工程综合概算书、工程建设其他费用概算表、主要建筑安装材料汇总表等，独立装订成册的总概算文件还需加封面、签署页（扉页）和目录。

（1）编制说明

建设项目总概算中编制说明的内容与单项工程综合概算文件相同。

（2）总概算表

建设项目的总概算表中应反映静态投资和动态投资两个部分。其中，静态投资是按设计概算编制期的价格、费率、利率和汇率等确定的投资，动态投资是按概算编制时至竣工验收前的工程和价格变化等多种因素确定的投资。

（3）工程建设其他费用概算表。

工程建设其他费用概算按国家或地区或部委所规定的项目和标准确定，并按统一格式进行编制。

（4）各单项、单位工程概算表

包括建设项目所附各单项工程的综合概算表以及各单项工程所附各单位工程的概算表。

（5）主要建筑安装材料汇总表。

是针对建设项目中的每一个单项工程所列出的钢筋、型钢、水泥、木材等主要建筑安装材料的消耗量。

5.3.4 设计概算的审查

5.3.4.1 设计概算的审查意义

设计阶段是控制工程造价的重要阶段，而设计概算则是设计阶段重要的造价文件，对设计概算的审查具有重要的实际意义，主要体现在以下方面。

1）设计概算的审查有利于核定建设项目的投资规模，保证建设项目总投资的准确、完整性，为建设项目投资的落实提供可靠的依据。

2）设计概算的审查有利于促进设计人员在设计方案中对于技术先进性与经济合理性的结合，从而提高设计成果质量，在保证合理的功能与成本的基础上，价值最高。

3）设计概算的审查有利于促进设计单位严格执行国家有关概算的编制规定和费用标准，从而提高设计概算的编制质量。

4）设计概算的审查有利于保证建设项目投资资金的合理分配，加强投资计划管理，从而有效控制建设项目的全寿命周期工程造价。

5.3.4.2 设计概算的审查内容

设计概算的审查内容主要包括设计概算的编制依据、编制深度和编制内容。

(1) 审查设计概算的编制依据

1) 审查编制依据的合法性。设计概算的各种编制依据必须经过国家和授权机关的批准，符合国家的编制规定，未经批准不能采用，也不能擅自提高概算定额、概算指标或费用标准。

2) 审查编制依据的时效性。设计概算编制所依据的概算定额、概算指标、生产要素价格和取费标准等均应符合国家有关部门的现行规定，并按当时的调整文件及新规定执行。

3) 审查编制依据的适用范围。设计概算的各种编制依据均有规定的适用范围，在应用时应注意区分部门、地区的要求以及其他范围的界定。

(2) 审查设计概算的编制深度

1) 审查编制说明。通过审查编制说明可检查设计概算的编制方法、编制深度和编制依据的正确性，从而从大的原则上把握设计概算的可靠度。

2) 审查概算编制的完整性。通过审查设计概算的构成可检查设计概算编制的完整性，对于一般大中型项目的设计概算，应有完整的编制说明和"三级概算"（即总概算表、单项工程综合概算表、单位工程概算表），并按有关规定的深度进行编制。

3) 审查概算的编制范围。主要是审查：①设计概算编制内容所涉及的范围是否与主管部门批准的建设项目及具体工程的范围相一致；②分期建设项目的建设范围及具体工程的内容有无重复交叉，在概算中有无重复计算或漏算；③相关费用的计取是否符合规定，是否按要求全部列出等。

(3) 审查设计概算的编制内容

1) 审查建设规模、建设标准、配套工程、设计定员等是否符合原批准的可行性研究报告或立项批文的要求标准。

2) 审查编制方法、工程量、材料用量、计价依据是否正确以及设备规格、数量和配置是否符合设计要求。

3) 审查各项费用的计取是否符合国家或地方有关部门的现行规定，计算程序和取费标准是否正确。

4) 审查总概算文件的内容是否完整地包括了建设项目从筹建到竣工投产为止的全部费用组成。

5) 审查技术经济指标和投资经济效果。

5.3.4.3 审查设计概算的方法

审查方法的选择是确保设计概算审查质量和提高其审查效率的关键所在，常用的设计概算审查方法有对比分析法、查询核实法和联合会审法。

(1) 对比分析法

对比分析法是通过一系列对比，发现设计概算存在的主要问题和偏差的方法。对比的内容包括：①建设规模、建设标准与建设项目的立项批文中相关规定对比；②概算中统计的工程数量与设计图纸对比；③建设项目的综合范围和工程内容与设计概算的编制方法和相关规定对比；④各项费用的计取与规定的取费标准对比，概算中采用的价格与造价指数对比，引进投资与报价要求对比，技术经济指标与同类工程对比等。

(2) 查询核实法

查询核实法是对建设项目中的关键设备和设施、重要装置，或引进工程图纸不全、难以核算的较大投资部分进行多方查询核对，逐项落实的方法。查询核实的内容包括：①主要设备的市场价格向设备供应部门或招标单位查询核实；②重要的生产装置和设施向同类企业或依据类似工程查询了解；③引进设备的价格及有关费税向进出口公司调查落实；④复杂的建筑安装工程向类似工程的建设、监理、施工单位征询意见；⑤设计概算中深度不够或表达不清楚的部分直接询问概算编制人员或设计人员。

（3）联合会审法

联合会审法是指先通过设计单位自审，主管、建设、承包单位初审，工程造价咨询公司评审，同行专家预审，审批部门复审等多种形式的审查，再由项目参建各方和专家进行联合会审的概算审查方法。

相关各方在进行联合会审时，会议的主要流程是：①设计单位介绍概算编制情况及有关问题，各有关单位、专家汇报初审、预审意见；②对汇报情况及初审、预审意见进行认真分析、讨论后，结合各专业技术方案的审查意见所产生的投资增减，逐一核实原概算出现的问题。③经过充分协商，认真听取设计单位意见后，实事求是地处理、调整。

联合会审结果的处理原则是：①对于差错较多、问题较大或不能满足要求的，责成设计单位按会审意见修改返工后，重新报批；②对于无重大原则问题、深度基本满足要求、投资增减不多的，当场核定概算投资额，并提交审批部门复核后，正式下达审批后的设计概算。

5.4 施工图预算的编制与审查

5.4.1 施工图预算的概念及内容

5.4.1.1 施工图预算的含义

施工图预算是施工图设计预算文件的简称，它是在施工图设计完成后按照规定的程序、方法和依据，在工程施工前对建设项目的建筑安装工程费用进行的预测与计算。施工图预算造价有以下两种表现形式。

（1）反映计划性质的施工图预算造价

是指按照政府统一规定的预算单价、取费标准、计价程序计算得到的反映计划性质或预期性质的施工图预算造价。

（2）反映市场性质的施工图预算造价

是指通过招标投标的法定程序，由施工企业根据体现自身实力的企业定额、施工资源的市场价格以及建筑市场的供求与竞争状况等资料，计算得到的反映市场性质的施工图预算造价。

5.4.1.2 施工图预算的作用

施工图预算是工程建设实施过程中重要的技术经济文件，对建设项目的参建各方均具有重要的作用。

（1）施工图预算对建设单位的作用

1）施工图预算是设计阶段控制工程造价的重要环节，是控制施工图设计不突破设计概算的重要依据。

2）施工图预算是确定工程的计划成本、筹集工程建设资金以及合理安排建设资金使用计划的主要依据。

3）施工图预算是工程招投标过程中确定工程招标控制价、设置标底时标底价格的参考依据，也是中标单位确定后，发、承包双方确定合同价款的主要依据。

4）施工图预算是施工阶段建设单位拨付工程进度款、发、承包双方办理工程结算的基础。

（2）施工图预算对施工企业的作用

1）施工图预算是施工企业在工程招投标过程中，结合企业的投标策略，确定投标报价的基础。

2）施工图预算是施工企业中标后，确定工程合同价款的依据，也是签订施工合同中相关条款的主要内容。

3）施工图预算是施工企业在施工阶段安排调配施工力量以及组织材料、机具、机械设备供应的主要依据。

4）施工图预算是施工项目部进行两算（施工图预算与施工预算）对比、合理利用各项资源、控制工程成本的重要依据。

（3）施工图预算对建设项目其他相关方的作用

1）施工图预算是工程造价管理部门进行监督、检查执行定额标准、合理确定工程造价、测算工程造价指数以及审定工程招标控制价的重要依据。

2）施工图预算是工程咨询单位或其他造价服务机构体现其工程造价管理能力、水平、素质和信誉的主要经济文件。

3）施工图预算是有关仲裁、管理、司法机关依法处理、解决施工合同履行过程中发生的经济纠纷事件的主要依据。

5.4.1.3　施工图预算的内容

（1）施工图预算的组成

施工图预算包括单位工程预算、单项工程预算和建设项目总预算。单位工程预算是施工图预算的基础文件，汇总各单位工程的施工图预算，就形成单项工程预算，汇总各单项工程预算，则形成建设项目建筑安装工程总预算。

（2）单位工程预算的内容

单位工程预算是施工图预算的基础文件，它包括建筑工程预算和设备安装工程预算，其中，建筑工程预算按其工程性质分为：一般土建工程预算、卫生工程预算（包括室内外给排水工程、采暖通风工程、煤气工程等）、电气照明工程预算、特殊构筑物如炉窑、烟囱、水塔等的工程预算和工业管道工程预算等。设备安装工程预算可以分为机械设备安装工程预算、电气设备安装工程预算和化工、热力设备安装工程预算等。

5.4.2　施工图预算的编制方法

施工图预算的编制方法包括单价法和实物法，对于反映计划性质的施工图预算采用单价法编制，对于反映市场性质的施工图预算采用实物法编制。

5.4.2.1　单价法

（1）含义

单价法又称工料单价法或定额单价法，是用事先编制好的含有分项工程单位估价表的预算定额来编制施工图预算的方法，分项工程单位估价表中反映的是人工、材料、施工机械使用价格，即工料单价。

（2）编制方法

按施工图计算各分项工程量，并乘以预算定额中对应分项工程的工料单价，汇总合计得到单位工程的人工费、材料费和施工机械使用费，再根据规定的计算方法计取企业管理费、利润、规费和税金，将上述费用汇总后即得到该单位工程的施工图预算造价。单价法的计算公式如下：

$$单位工程施工图预算造价＝\sum（分项工程量×分项工程工料单价）$$
$$＋企业管理费＋利润＋规费＋税金 \qquad (5.12)$$

（3）编制步骤

1）准备工作。①收集编制施工图预算的编制依据，包括现行的建筑安装工程定额、取费标准、工程量计算规则、地区材料预算价格以及市场材料价格等各种资料。②熟悉施工图纸、有关的通用标准图、图纸会审记录、设计变更通知等资料，了解设计意图，掌握工程全貌。③了解施工组织设计和施工现场情况。

2）列项并计算工程量。①按定额中的项目划分规定将单位工程划分为若干分项工程，以正确地套用定额，注意不要重复列项或漏项。②按现行定额中的工程量计算规则和施工图设计尺寸计算各分项工程量。

3）套用定额预算单价，计算人工费、材料费和施工机械使用费。将对应于各分项工程的定额子项预算价格填入预算表的单价栏，并与复核后填入的工程量计算结果相乘得出合价，将结果填入合价栏，汇总求出单位工程的人工费、材料费和施工机械使用费。

4）编制工料分析表，进行价差调整。统计工程耗用人工工日、材料和机械台班数量，并按文件规定调整人工费和施工机械使用费，依据当时当地的市场价格调整材料价差。

5）按计价程序计取其他费用，并汇总造价。根据规定的费率、税率和相应的计费基础，分别计算企业管理费、利润、规费和税金，将费用累计后与人工费、材料费和施工机械使用费进行汇总，得到单位工程预算造价。

6）编制说明。编制说明应写明：①工程概况；②预算文件编制依据；③人工、材料和机械价差的调整情况；④预算外项目的内容，签证或变更的处理方法；⑤编制预算文件时图纸上不清楚或矛盾的地方以及编制时的处理方法；⑥单位工程造价及单方造价，分析工程造价偏高或偏低的原因。

7）填写封面。封面应写明工程名称及编号、编制单位及编制人、预算总造价和单方造价等。

8）装订成册。①单位工程预算书：将封面、编制说明、预算费用汇总表、材料汇总表、单位工程预算书等，按顺序编排并装订成册，便完成了单位施工图预算的编制工作。②单项工程预算书。统一编写封面、编制说明，并编制包括各单位工程造价的综合预算表，后附各单位工程预算的取费表、材料汇总表及工程预算书。

（4）单价法的特点

单价法具有计算简单、工作量较小和编制速度较快、便于工程造价管理部门集中统一管理的优点，是编制施工图预算的常用方法。但由于其只能反映定额编制年份的价格水平，因此，在市场价格波动较大的情况下，必须对单价法的计算结果采用调价的方式加以调整修正，以避免计算结果偏离实际价格水平。

5.4.2.2　实物法

(1) 含义

实物法是依据预算定额中人工、材料、施工机械的消耗量，并按照当时当地的人工、材料、施工机械的实际市场单价来编制施工图预算的方法。

(2) 编制方法

实物法是依据施工图纸和预算定额的项目划分及工程量计算规则，先计算出各分项工程量，并将各分项工程量分别乘以预算定额中相应的人工、材料、施工机械台班的定额消耗量，分类汇总得出该单位工程所需的全部人工、材料、施工机械台班的消耗数量，然后乘以当时当地市场的人工工日、各种材料、施工机械台班的实际单价，求出相应的人工费、材料费、施工机械使用费，再根据规定的计算方法计取企业管理费、利润、规费和税金（费用的计取同单价法），将上述费用汇总后即得到该单位工程的施工图预算造价。实物法的计算公式如下。

$$
\begin{aligned}
单位工程施工图预算造价 =& \sum(各分项工程量 \times 人工预算定额用量 \times 当时当地人工工资单\\
& 价) + (各分项工程量 \times 材料预算定额用量 \times 当时当地材料单\\
& 价) + (各分项工程量 \times 施工机械台班预算定额用量 \times 当时当地\\
& 机械台班单价) + 企业管理费 + 利润 + 规费 + 税金 \qquad (5.13)
\end{aligned}
$$

(3) 编制步骤

实物法与单价法相比，主要是人工、材料和机械使用费的预算单价算法不同，因此实物法与单价法的编制步骤在首尾部分基本相同，不同点主要在消耗量与单价确定的中间步骤，如图5.10所示。

如图5.10所示，实物法编制的不同点主要体现在分项工程量计算完成后的以下两方面。

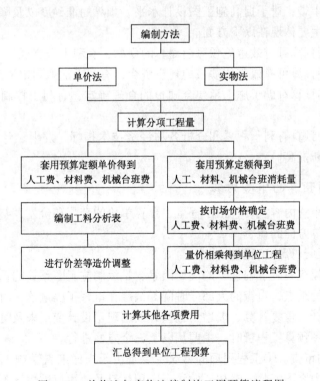

图 5.10　单价法与实物法编制施工图预算流程图

1）将计算所得分项工程量套用相应人工、材料、施工机械台班预算定额消耗量，求出各分项工程人工、材料、施工机械台班消耗数量并汇总成单位工程所需各类人工工日、材料和施工机械台班的消耗量。

2）将计算所得的人工工日、材料和施工机械台班总的消耗量分别乘以相应的当时当地各类人工工日、材料和施工机械台班的市场实际单价，汇总后得出单位工程的人工费、材料费和施工机械使用费。

（4）实物法的特点

1）工作量较大，计算过程较繁琐。相对单价法而言，实物法需要统计人工工日、材料、机械台班的消耗量，还需收集相应的市场实际单价，因此，工作量较大、计算过程较繁琐。

2）工程造价准确性较高。在市场经济条件下，人工、材料和机械台班单价是随市场而变化的，是影响工程造价首要因素，而用实物量法编制施工图预算，采用的是工程所在地当时人工、材料、机械台班价格，较好地反映了市场的实际价格水平，因此，工程造价的准确性较高。

综上所述，实物法是与市场经济体制相适应的施工图预算编制方法，而且随着信息化水平的提高，计算和统计量的难度问题也可通过专业的计算机软件加以解决，实物法的应用将更为广泛。

5.4.3 施工图预算的审查

5.4.3.1 施工图预算的审查意义

施工图预算的审查，对于提高施工图设计水平、预算的准确度以及降低工程造价等有着重要的现实意义，主要体现在以下方面。

1）审查施工图预算可有效避免预算超概算的现象，有利于全过程工程造价的控制。

2）审查施工图预算可有效节约项目的建设资金，有利于加强固定资产投资的管理。

3）审查施工图预算有助于施工承包合同价的合理确定，有利于控制实际造价，使工程结算不超过预算。

4）审查施工图预算有利于积累和分析各项经济技术指标，发现设计中的薄弱环节，有利于设计水平的不断提高。

5.4.3.2 施工图预算的审查内容

施工图预算的审查内容主要包括工程量、预算单价的套用和价差调整情况以及相关费用的计取及计价程序等方面的审查。

（1）审查施工图预算的工程量

工程量是确定建筑安装工程造价的决定因素，是编制施工图预算的重点，因此也是施工图预算审查过程中的重点，审查的大部分时间都消耗在审查工程量这一阶段。工程量计算中常见问题主要是多计、重复计算、虚增工程量，或出现了设计变更未及时进行工程量的相应增减等。审查施工图预算工程量时，主要从以下三个方面进行。

1）工程列项的审查。①工程列项的错误主要是由于未仔细看懂施工图和标准图集，对工程子项目的工作内容不清楚，对构造做法、所用材料及使用机械情况不了解，或对定额子目划分标准不熟悉造成的。②列项审查的重点应着眼于审查所列预算子项的完整性和合理性，保证所列预算子项与实际工程内容相符，既不能多列、错列，也不能少列、漏列。

2）工程量计算方法的审查。应审查所列计算式是否符合工程量计算规则，如建筑面积工程量计算时，注意哪些情形应该按全面积计算，哪些情形应该按 1/2 面积计算，哪些情形不应该计算工程量等，必须按统一的工程量计算规则执行。

3）工程量计算所用数据的审查。①应审查施工图预算中各分项工程的计算数据是否按图纸或选用的标准图集所示尺寸取定，是否按构造要求取定，是否按计算规则取定以及计算结果及计量单位是否正确等。②审查时应注意，编制施工图预算一般是按设计施工要求取定尺寸的，而对于设计变更或工程签证等带来的变化是待工程结算时，再按竣工图或补充的设计变更图纸取定实际尺寸的。

（2）审查预算单价的套用和价差的调整情况

主要是审查：①预算套价与预算定额表中的名称、规格、计量单位及所包括的内容是否一致。②尤其是审查经换算的预算单价时，要注意项目是否允许换算以及换算的方法是否正确，如混凝土构件强度等级进行预算单价的换算时配合比的取定等。③对于人工费、材料费和施工机械费等的价差调整情况要与相关造价文件以及市场价格进行对比审查。

（3）审查费用的计取及计价程序

主要是审查：①建筑安装工程的各项费用的计取是否符合国家或地方有关部门的现行规定，如安全文明施工费的计算基础以及费率的取值要按当时当地的相关造价文件执行等。②费用的计算程序和取费标准是否正确，如建筑安装工程费中税金的费率因营改增的政策而相应做出的变化等。

5.4.3.3　审查施工图预算的方法

审查施工图预算的方法很多，有全面审查法、标准预算审查法、分组计算审查法、对比审查法、筛选审查法和重点抽查法等，其中最为常用的是全面审查法、筛选审查法和重点抽查法。

（1）全面审查法

1）定义。全面审查法又称为逐项审查法，其具体计算方法和审查过程与编制施工图预算基本相同，即按照预算定额顺序或施工的先后顺序，对预算项目逐一全面进行计算和审查的方法。

2）特点。这种方法的优点是审查过程全面、细致，经审查的工程预算差错较少，审查质量较高；缺点是审查的工作量大，审查时间较长。

3）适用范围。这种方法适用于：①工程量比较小、工艺比较简单的工程。②施工图预算编制的技术力量较薄弱、预算质量较差的情况。

（2）标准预算审查法

1）定义。标准预算审查法是指对于按标准图纸或通用图纸施工的工程，由于其结构和做法基本相同，可先集中力量编制标准的施工图预算，对于之后的类似工程就以此为标准进行预算审查的方法。

2）特点。标准预算审查法采用标准预算，无需逐一详细审查工程的各预算项目，只需对局部修改部分单独审查即可，因此，这种方法的优点是审查时间短、效果好、审查结果容易定案；缺点是适用范围小。

3）适用范围。这种方法适用于采用标准图纸或通用图纸施工的工程。

（3）分组计算审查法

1）定义。分组计算审查法是将预算中的项目按类别划分为若干组，并将相邻且有一定内在联系的项目编为一组，审查或计算同一组中某个分项工程量，然后利用工程量间具有相同或相近计算基数的关系，审查一个分项工程量，由此判断同组中其他几个分项工程量计算的准确程度的方法。

2）特点。这种方法的估算是可以加快审查工程量的速度，审查时间短；缺点是对预算项目分组的要求高，如果分组不够合理，则审查结果的精确度就会较差。

3）适用范围。这种方法适用于熟悉图纸和定额的情况，并擅长运用统筹方法计算工程量的审查人员。如，审查时将垫层、楼地面和无梁板的天棚工程分为一组，先审查楼、地面工程量，然后据此审查算法相同的无梁板天棚工程量，最后将楼面或地面工程量乘以垫层厚度并据此审查垫层工程量即可。

（4）对比审查法

1）定义。对比审查法是当工程条件相同时，用已建工程的预算或虽未建成但已通过审查修正的工程预算对比审查拟建工程的同类工程预算的方法。

2）特点。这种方法的优点是审查速度快，缺点是当对比预算的工程间差异较大时，审查的精确度也较差。

3）适用范围。这种方法在应用时，应根据拟建工程与已完工程的不同情况区别对待。①拟建工程与已完工程采用同一施工图，但基础部分和现场条件不同；或其建筑面积相同，但设计图纸不完全相同时，对于相同部分可采用对比审查法。②拟建工程与已完工程的设计相同，但建筑面积不同时，可按分项工程量的比例，审查拟建工程各分部分项工程的工程量，或用两个工程每平方米建筑面积造价、每平方米建筑面积的各分部分项工程量对比进行审查。

（5）筛选审查法

1）定义。筛选审查法是根据建筑工程各个分部分项工程的工程量、造价、用工量在单位面积上的数值变化的特点，把这些数据加以汇集、优选，找出这些分部分项工程在单位建筑面积上的工程量、价格、用工的基本数值，归纳为工程量、造价、用工三个单方基本值表，并注明其适用的建筑标准。然后，用这些基本值作为标准来对比筛审拟建项目各分部分项工程的工程量、造价或用工量。若相差不大就不审了，若相差较大，就对该分部分项工程详细审查。

2）特点。筛选审查法的优点是简单易懂，便于掌握，审查速度快，便于发现预算中的问题；缺点是对于发现的问题难以判断其产生原因。

3）适用范围。筛选审查法适用于住宅工程或不具备全面审查条件的工程。

（6）重点抽查法

1）定义。是抓住工程预算中影响比较大的、容易发生差错的项目重点进行审查的方法。一般情况下，重点审查的内容包括：工程量大或费用较高的项目；换算后定额单价和补充定额单价；容易混淆的项目和根据以往审查经验，经常会发生差错的项目；项目费用的计费基础及其费率标准；市场采购材料的价差。

2）特点。重点抽查法的优点是重点突出，审查时间短，审查效果好。缺点是对于审查人员要求高，当审查人员经验不足或不熟悉工程特点时，容易造成对重点审查环节的误判，从而影响审查的结论。

3）适用范围。适用于审查人员工程造价管理经验丰富且具有同类工程审核经历的情况。

5.4.3.4 审查施工图预算的步骤

（1）做好审查前的准备工作

1）熟悉审查工程的施工图纸。施工图纸是审查预算分项工程量的重要依据，必须全面熟悉了解，并在核对完所有图纸且清点无误后，依次识读。

2）熟悉审查工程的预算所包括的范围。根据施工图预算的编制说明和相关资料，了解审查工程的预算所包括的工程内容、特殊情况及其他处理方法等。

3）熟悉审查工程的预算所采用的定额内容。根据工程性质和所在地区的要求，审查工程所用预算定额的适用范围、具体要求及内容划分等。

（2）选择合适的审查方法

由于工程的规模、内容的繁简程度以及施工方法和施工企业情况的不同，施工图预算的编制难度和质量水平也不尽相同，因此，在审查时应按具体情况选择适当的预算审查方法进行审查。

（3）综合整理审查资料

在审查工作完成后，应就审查结果中将要进行增加或核减的工程量或预算项目，经与编制单位协商，统一意见后，进行相应的修正，然后对所有的审查资料和成果进行整理归档。

思 考 题

5.1 工程设计可划分为哪几个阶段？分别对应编制哪些造价文件？

5.2 简述设计阶段工程造价管理的意义。

5.3 简述设计阶段影响工业建设项目工程造价的建筑设计因素。

5.4 简述设计阶段影响住宅项目工程造价的建筑设计因素。

5.5 简述设计方案的优选原则。

5.6 提高价值的途径有哪些？

5.7 简述限额设计的方式和内容。

5.8 简述限额设计的实施要点。

5.9 简述设计概算的内容。

5.10 简述概算定额法的定义与适用范围。

5.11 简述概算指标法的定义与适用范围。

5.12 简述设计概算的审查内容与方法。

5.13 简述施工图预算的编制方法及其特点？

5.14 简述施工图预算的审查方法。

6

建设项目招标投标阶段工程造价管理

【本章学习要点】

◆ 掌握：招标文件的内容、招标工程量清单的编制、标底与招标控制价的编制、定标与合同价款的确定。

◆ 熟悉：招标程序、投标程序、投标报价的编制、开标与评标准备、评标程序。

◆ 了解：招标投标的概念、招标的范围和方式、招标投标的基本原则与行为规范、投标报价的策略与技巧。

6.1 建设项目招标投标概述

6.1.1 招标投标的概念

6.1.1.1 招标和投标的含义

招标投标是在市场经济条件下进行货物、工程和服务采购时，达成交易的一种方式。

(1) 招标的含义

招标是指招标人（采购方、买方）将招标的内容和要求以文件形式标明，招引投标人来报价（投标），经过比较，选择理想单位并达成协议的活动。对招标人来说，招标就是择优。

(2) 投标的含义

投标是指投标人（供应方、卖方）向招标单位提出承担该招标任务的价格和条件，供招标单位选择并获得承包权的活动。对投标人来说，参加投标是一场竞争，这种竞争不仅是对报价高低的比较，而且也是对投标人的技术实力、工程经验和企业信誉的综合比较。

6.1.1.2 招标人和招标代理机构

(1) 招标人

招标人是指采购人，是依法提出招标项目和依法进行招标的法人或其他组织。招标人在建立招标的组织机构时，有自行招标和代理招标两种形式。

1) 自行招标。招标人自行办理招标事宜应具备的条件。包括：①招标人必须是法人或依法成立的其他组织；②招标人有与招标工程相适应的经济、技术类管理人员；③招标人有组织编制招标文件的能力；④招标人有审查投标人资质的能力；⑤招标人有组织开标、评标、定标的能力。

2）代理招标。招标人不具备自行招标条件中的②～⑤条时，必须委托具有相应资质的招标代理机构进行代理招标。

（2）招标代理机构

招标代理机构是指依法设立、从事招标代理业务并提供相关服务的社会中介组织，是独立的法人，并获得国家认可的招标代理资格。工程建设项目招标代理机构的资质等级分为甲级、乙级和暂定级。

代理招标时，招标代理机构的职责包括：①拟订招标方案；②编制和出售资格预审文件、招标文件；③审查投标人资格；④编制标底；⑤组织投标人踏勘现场；⑥接受投标文件，组织开标、评标，并协助招标人定标；⑦草拟合同；⑧完成招标人委托的其他事项。

6.1.1.3　投标人和联合体投标

（1）投标人

投标人应符合三个条件：①是响应招标、参加投标竞争的法人或其他组织或自然人。②应符合资质等级条件。③应当符合招标要求的其他条件。

（2）联合体投标

两个以上法人或者其他组织可以组成一个联合体，以一个投标人的身份共同投标。对于联合体投标的具体要求如下。

1）资质要求。包括：①联合体各方均应具有承担招标项目的相应能力；②国家或招标文件对招标人资格条件有特殊要求的，联合体各个成员都应当具备规定的相应资格条件；③由同一专业的单位组成的联合体，应当按照资质等级较低的单位确定联合体的资质等级，即联合体的资质等级遵循就低不就高的原则。

2）投标要求。包括：①联合体各方应当签订书面的共同投标协议；②联合体中标的，联合体各方应当共同与招标人签订合同；③联合体各方对中标的项目承担连带责任。

6.1.2　招标的范围

按我国《招标投标法》中的规定，强制性招标范围包括项目范围和规模标准。

6.1.2.1　强制性招标的项目范围

强制性招标的项目范围是分别从项目性质和资金来源两个方面规定的，包括以下内容。

（1）大型基础设施、公用事业等关系社会公共利益、公众安全的项目

1）大型基础设施项目是指：①煤炭、石油、天然气、电力、新能源等能源项目；②铁路、公路、管道、水运、航空以及其他交通运输业等交通运输项目；③邮政、电信枢纽、通信、信息网络等邮电通讯项目；④防洪、灌溉、排涝、引（供）水、滩涂治理、水土保持、水利枢纽等水利项目；⑤道路、桥梁、地铁和轻轨交通、污水排放及处理、垃圾处理、地下管道、公共停车场等城市设施项目；⑥生态环境保护项目和其他基础设施项目。

2）公用事业项目是指：①供水、供电、供气、供热等市政工程项目；②科技、教育、文化等项目；③体育、旅游等项目；④卫生、社会福利等项目；⑤商品住宅，包括经济适用住房；⑥其他公用事业项目

（2）全部或者部分使用国有资金投资或者国家融资的项目。

1）使用国有资金投资项目是指：①使用各级财政预算资金的项目；②使用纳入财政管理的各种政府性专项建设基金的项目；③使用国有企业事业单位自有资金，并且国有资产投资者实际拥有控制权的项目。

2）国家融资项目是指：①使用国家发行债券所筹资金的项目；②使用国家对外借款或者担保所筹资金的项目；③使用国家政策性贷款的项目；④国家授权投资主体融资的项目；⑤国家特许的融资项目。

（3）使用国际组织或者外国政府贷款、援助资金的项目

主要是指：①使用世界银行、亚洲开发银行等国际组织贷款资金的项目；②使用外国政府及其机构贷款资金的项目；③使用国际组织或者外国政府援助资金的项目。

6.1.2.2 强制性招标的规模标准

（1）工程建设项目

工程勘察、设计、施工、监理以及与工程建设有关的重要设备、材料等的采购，达到下列标准之一的，必须进行招标。

1）勘察、设计、监理等服务的单项合同估价在 50 万元 RMB 以上的，必须进行招标。

2）施工单项目合同在 200 万元 RMB 以上的，必须进行招标。

3）重要设备、材料等货物的采购单项合同估价在 100 万元 RMB 以上的，必须进行招标。

4）单项合同估价低于上述 1）、2）、3）项规定的标准，但项目总投资额在 3000 万元 RMB 以上的，必须进行招标。

（2）机电产品国际招标项目和政府采购项目

1）对于机电产品国际招标项目，一次采购产品合同估算价格超过 100 万元 RMB 以上的，必须进行招标。

2）对于政府采购项目，单项或批量采购金额一次性达到 120 万元人民币以上的，或政府采购工程项目在 200 万元人民币以上的，必须进行招标。

6.1.2.3 可以不进行招标的项目

（1）根据《招标投标法》的相关规定，以下项目经审批，可以不招标。

1）涉及国家安全、国家秘密或者抢险救灾而不适宜招标的。

2）属于利用扶贫资金实行以工代赈需要使用农民工的。

3）施工主要技术采用特定的专利或者专有技术的。

4）施工企业自建自用的工程，且该施工企业资质等级符合工程要求的。

5）在建工程追加的附属小型工程或者主体加层工程，原中标人仍具备承包能力的。

6）法律法规规定的其他情形。

（2）根据《招标投标法实施条例》，除上述情况外，以下情况可以不招标。

1）需要采用不可替代的专利或者专有技术；

2）采购人依法能够自行建设、生产或者提供；

3）已通过招标方式选定的特许经营项目投资人依法能够自行建设、生产或者提供；

4）需要向原中标人采购工程、货物或者服务，否则将影响施工或者功能配套要求；

5）国家规定的其他特殊情形。

6.1.3 招标的方式

我国《招标投标法》中规定，工程建设项目招标有公开招标和邀请招标两种方式。

6.1.3.1 公开招标

公开招标又称为竞争性招标，是指招标人以招标公告的方式邀请不特定的法人或者其他组织投标。

（1）公开招标的特点

公开发布招标信息，可供选择的范围广，竞争激烈；招标过程公开性强、透明度高；招标时间长、费用高。

（2）公开招标的优缺点

1）优点。公开招标可为所有的承包人提供一个平等竞争的机会；业主有较大的选择余地，有利于提高工程质量、降低工程造价和缩短工期。

2）缺点。由于公开招标涉及的范围广，参加投标的承包人可能比较多，因此，会大大增加资格预审和评标的工作量，同时，也可能出现通过故意压低报价而赢得中标机会的承包人，使得报价较高但更为合适的承包人被淘汰。

6.1.3.2 邀请招标

邀请招标又称为选择性招标或有限竞争性招标，是指招标人以投标邀请书的方式邀请特定的法人或者其他组织投标。

（1）邀请招标的特点

1）邀请招标的投标人数量以 5～7 家为宜，但不应少于 3 家，以保证竞争性和最终结果的合理性。

2）邀请招标方式对于被邀请的投标人要求具备的条件是：①近期内承担过类似工程项目，工程经验比较丰富。②企业的信誉、业务、财务状况良好。③对本项目有足够的管理组织能力、技术力量和生产能力保证。

3）邀请招标方式为体现公平竞争和保证中标结果，对被邀请的各投标方实行资格后审制度。

（2）邀请招标的优缺点

1）优点。①邀请招标无需发布招标公告和设置资格预审环节，大大节约了招标的时间和费用。②由于招标人了解被邀请投标人的业绩和履约能力，因此，降低了合同履行过程中承包人的履约风险。

2）缺点。①邀请招标不使用公开的公告形式，而是采用投标邀请书的形式，因此招标信息的公开程度十分有限。②邀请招标方式下，接受邀请的单位才是合格的投标人，投标人的数量有限，因此，竞争不如公开招标激烈。③由于邀请招标的范围较小、可选择面窄，因此可能排除了更加优秀、在技术或报价上更具竞争实力的潜在投标人。

（3）邀请招标的范围

对于应当公开招标的工程项目，有下列情形之一的，经批准可进行邀请招标。

1）项目技术复杂或有特殊要求，只有少量几家潜在投标人可供选择的，可采用邀请招标方式。

2）受自然地域环境限制的，可采用邀请招标方式。

3）涉及国家安全、国家秘密或者抢险救灾，适宜招标但不宜公开招标的，可采用邀请招标方式。

4）拟公开招标的费用与项目的价值相比，更适合采用邀请招标方式的，可采用邀请招标方式。

5）法律、法规规定不宜公开招标的，可采用邀请招标方式。

6.1.3.3 公开招标与邀请招标的区别

1）发布招标信息的方式不同。公开招标是采用招标公告的方式发布招标信息，而邀请招标则是采用投标邀请书的方式发布招标信息。

2）投标竞争的范围不同。公开招标是面向全部的潜在投标人，而邀请招标则面向的是特定的投标人；

3）招标信息的公开程度不同。公开招标对于招标信息的公开范围广，而邀请招标对于招标信息的公开范围十分有限。

4）招标过程耗用的时间和费用不同。公开招标费时长、费用高，而邀请招标费时较短、费用较省。

6.1.4 招标投标的基本原则与行为规范

6.1.4.1 招标投标的基本原则

工程项目招标投标的基本原则包括公开、公平、公正和诚实信用原则。

1）公开原则，是指信息透明。招标投标活动应有较高的透明度，表现在建设项目招标投标的信息、条件、程序和结果公开。

2）公平原则，是指机会均等。招标投标过程中应当杜绝一方把自己的意志强加于对方的行为，如招标过程中或签订合同前无理压价、投标人恶意串通提高标价损害对方利益等违反公平原则的行为。

3）公正原则，是指程序规范、标准统一。在评标和定标的过程中，应按招标文件中规定的统一标准，实事求是地进行，不得偏袒或压制任何一方。

4）诚实信用原则，是指善意真诚、守信不欺。要求在招标投标活动中的招标人、招标代理机构、投标人等均应以诚实的态度参与招标投标活动，坚持良好的信用，不得以欺骗手段虚假进行招标或投标，牟取不正当利益，并且恪守诺言，严格履行有关义务。

6.1.4.2 招标投标的行为规范

按照招标投标公开、公平、公正、诚实信用原则的要求，招标人及其代理人、投标人、评标委员会成员等应遵守下列规定。

（1）招标人的行为规范

1）不得泄露应当保密的与招投标活动有关的情况和资料。

2）不得以不合理的条件限制或排斥潜在投标人投标，或对某些潜在投标人实行歧视待遇；强制投标人组成联合体共同投标，或者限制投标人之间的竞争等。

3）不得向他人透露已获取招标文件的潜在投标人的名称、数量以及可能影响公平竞争的有关招投标的其他情况。

（2）投标人、评标委员会及其成员的行为规范

1）投标人不得相互串通投标或者与招标人串通招投标。

2）与投标人有利害关系的人不得进入评标委员会，评标委员会成员的名单应保密。

3）评标委员会成员不得收受投标人的财物或其他任何好处。

（3）招投标双方均应遵守的行为规范。

1）投标人不得以他人名义投标或者以其他方式弄虚作假骗取中标。

2）招标人应当对招标文件的内容负责，必须在评标委员会依法推荐的中标候选人名单中确定中标人。

3）招标人与中标人应当按照招标文件和中标人的投标文件订立合同，中标人不得将中标项目转让或肢解后转让给他人，也不得违法分包给他人。

6.2 建设项目招标过程中的工程造价管理

6.2.1 招标程序

招标程序包括招标的前导工作、发布招标公告或发出投标邀请书、资格预审或资格后审、发售招标文件、组织现场考察和招标答疑、接收投标书六个步骤。

6.2.1.1 招标的前导工作

招标的前导工作内容包括建立招标的组织机构，完成各项审批手续，提出招标申请。

（1）建立招标的组织机构

根据建设单位是否具备自行招标的能力，确定是采用自行招标还是代理招标。对于采用代理招标的，要根据招标工程的性质、规模以及工程招标代理机构的资质确定招标代理单位。乙级工程招标代理机构只能承担工程投资额（不含征地费、大市政配套与拆迁补偿费）3000万元以下的工程招标代理业务。

（2）完成各项审批手续

招标组织机构建立后，应完成工程招标的各项审批手续，以使建设项目具备招标的条件。建设项目招标应具备的条件为：①建设项目的设计概算已经相关部门批准，且有能够满足施工要求的施工图纸及技术资料；②建设项目已正式列入国家、部门或地方的年度固定资产投资计划；③项目建设用地的征地工作已经完成，项目的建设资金和主要建筑材料设备的来源已经落实；④建设项目已经所在地的规划部门批准，施工现场的"三通一平"工作已经完成或已列入施工的范围中。

（3）提出招标申请

在建立了招标的组织机构并按要求完成工程招标的各项审批手续后，即可向政府的招投标管理机构提出招标申请。

6.2.1.2 发布招标公告或发出投标邀请书

（1）发布招标公告

是指采取公开招标方式的招标人（包括招标代理机构）通过国家指定的报刊、信息网络或者其他媒介向所有潜在的投标人发出的一种广泛的通告，发布招标公告的目的是使所有潜在的投标人都具有公平的投标竞争的机会。

（2）发出投标邀请书

是指采取邀请招标方式的招标人，向 3 个或 3 个以上具备承担招标工程能力、资信良好的特定法人或者其他组织发出的参加投标的邀请。

（3）招标公告或投标邀请书的内容

主要包括：①招标人的名称、地址、联系人、电话；②招标项目的性质、数量、名称、建筑规模、实施地点、结构类型、装修标准、质量要求和工期要求等概况；③项目的招标方式、招标项目的实施时间以及获取招标文件的办法、地点、时间等；④项目的承包方式、材料设备的供应方式以及其他需要说明的问题。

6.2.1.3　资格预审或资格后审

（1）含义

资格预审是指采取公开招标方式的，招标人在发出招标公告，接到投标人的投标申请和相关证件、资料后，为确定其是否具备投标资格，而组织人员对投标人提供的材料进行的资格审查。资格后审是指采取邀请招标方式的，被邀请的投标人必须按招标文件的要求报送资格审查材料，在评标时一并审查。

（2）审查的内容

资格预审或资格后审，需审查的主要内容是投标人的法人地位、信誉、财务状况和技术资格。①法人地位。审查投标人的注册证明和资质等级是否与招标文件中的条件要求相符。②信誉。审查投标人的主要施工经历以及正在承建的施工项目的履约情况。③财务状况。审查投标人的承包收入、投标能力以及可获得的信贷资金。④技术资格。审查投标人的技术力量、设备能力以及工程施工实践经验积累情况等。

（3）资格预审的程序和要求

1）程序。①公开招标的项目实行资格预审的，招标人应当在招标公告或者招标预审公告中载明预审后允许参加投标的投标人的数量范围，并按照排名先后或者得分高低选择投标人。②合格潜在投标人确定后，招标人向资格预审合格的潜在投标人发出资格预审合格通知书。③潜在投标人在收到资格预审合格通知书后，应以书面形式予以确认是否参加投标，并在规定的地点和时间领取或购买招标文件和有关技术资料。

2）要求。①招标公告或者招标预审公告没有载明数量范围的，招标人不得限制通过资格预审的投标人进行投标。②只有通过资格预审的投标申请人才有资格参与下一阶段的投标竞争。③通过资格预审的申请人少于 3 个的，应当重新招标。

6.2.1.4　发售招标文件

招标人应当按招标公告或投标邀请书规定的时间、地点向预审合格或被邀请的投标人出售相应工程项目的招标文件。

（1）招标文件的出售

招标人对于发出的招标文件可以酌收工本费，但对招标文件的收费应当合理，限于补偿印刷、邮寄的成本支出，不得以营利为目的。对于其中的设计文件，招标人可以采用酌收押金的方式收取其费用，在确定中标人后，对于将设计文件予以退还的，招标人应当同时将其押金退还。

（2）招标文件的确认

投标人收到招标文件、图纸和有关资料后，应认真核对，无误后应以书面形式予以确认。招标文件自出售之日起至停止出售之日止，最短不得少于 5 个工作日。

6.2.1.5　组织现场考察和招标答疑

（1）现场考察

招标人按照招标文件中写明的地点、时间和方式安排投标人对现场及其周围环境进行考察，以便投标人自行查明或核实有关编制投标文件和签订合同所需的相关资料。现场考察前，招标人或其委托的设计单位应通过适当的方式将工程的地形地貌、水文地质、气象、料场、水源电源、通信交通条件等做交底，以帮助投标人了解现场情况，有利于编制投标书。

（2）招标答疑

招标人可通过组织标前会议或其他形式进行招标答疑，招标答疑的目的，是澄清并解答投标人在查阅招标文件并经过现场考察后，可能提及的投标和合同方面的相关问题。投标人应在标前会议召开之前，以书面的形式将要求答复的问题提交招标人，由招标人就此做出澄清和解答，招标答疑完成后，招标人应将其书面答复和澄清的内容以补遗书的形式发给所有已购买招标文件的投标人。投标人在收到书面答复后，应在 24 小时内以传真等书面形式向招标人确认收到。

6.2.1.6　接收投标书

在招标文件规定的投标截止时间之前，投标人应按招标文件的要求递交投标文件，招标人收到投标文件后，应当签收保存，在开标前任何单位和个人不得开启投标文件。在招标文件要求递交投标文件的截止时间后送达的投标文件，招标人应当拒收。投标人少于 3 个的，招标人应当依法重新招标。

6.2.2　招标文件的内容

招标文件是招标人为选择工程承包人而对投标人所做投标文件的具体要求和说明的书面文件，可由具备条件的建设单位自行编制，也可委托咨询机构或其他相关专业单位代为编制。

6.2.2.1　招标文件的作用

1）招标文件是向投标人提供招标信息，以指导投标人进行投标分析和决策的重要依据。

2）招标文件是投标人进行投标文件的编制以及招标人进行评标的依据标准。

3）招标文件是招标投标活动成交后，中标人与招标人签订合同的主要依据和组成部分，招标文件中提出的各项要求，对整个招标投标阶段乃至承发包双方均有约束力。

6.2.2.2　招标文件的主要内容

招标文件的主要内容包括：招标公告或投标邀请书，投标人须知，评标办法，合同条款及格式，工程量清单，图纸、技术标准和要求，投标文件格式以及投标人须知前附表规定的其他材料。

（1）招标公告或投标邀请书

招标人发布招标公告或发出投标邀请书后，将实际发布的招标公告或实际发出的投标邀请书编入出售的招标文件中，作为投标邀请。其中，招标公告应同时注明发布所在的所有媒介名称。

（2）投标人须知

投标人须知是招标文件的重要组成部分，主要内容有：项目概况；资金来源和落实情况；招标范围、计划工期、质量要求；投标人资格要求；现场踏勘和答投标预备会；招标文件的组成、澄清及修改的要求；投标文件的组成、递交、修改与撤回的要求以及投标报价要求；投标有效期、开标的时间、地点和程序；评标委员会的要求、评标的原则和标准；定标的方式、中标通知的送达、签订合同的要求等。

（3）评标办法

评标办法的内容包括评标的方法、评审的标准和评审的程序。常用的评标办法包括经评审的最低投标价法和综合评估法两种，招标人可根据招标项目具体特点和实际需要选择采用。招标人选择采用综合评估法的，各评审因素的评审标准、分值和权重等由招标人自主确定，国务院有关部门对各评审因素的评审标准、分值和权重等有规定的，从其规定。评标办法前附表应列明全部评审因素和评审标准，并标明投标人不满足要求即否决其投标的全部条款。

（4）合同条款及格式

合同条款及格式包括通用合同条款、专用合同条款和合同附件格式。通用合同条款的主要内容有：合同的一般约定；发包人义务、监理人的职责和权力、承包人义务；施工控制网、工期的计划、实施、延误和延期的处理；工程质量要求、试验和检验规定；变更的程序与估价原则、计量与支付的要求、竣工验收程序、缺陷责任与保修责任的处理；不可抗力的确认与处理、索赔的处理程序与争议的解决方式等。是投标人明确在承包工程后应该承担的义务和责任以及享有的权利，并作为合同谈判的基础。合同附件一般指所附合同协议书和履约担保协议。

（5）工程量清单

是由招标人或其委托的有资质的咨询机构根据工程量清单的国家标准、行业标准以及招标项目具体特点和实际需要编制的，并与投标人须知、通用合同条款、专用合同条款、技术标准和要求、图纸相衔接。工程量清单是投标人确定报价和招标人评定标书的主要依据，是招标文件中的主要内容。

（6）图纸、技术标准和要求

包括经相关部门审批合格的工程设计图纸和文字说明，工程的具体内容和施工技术、质量要求以及该工程所使用的相关规范规程，以便投标人制定相应的工程施工方案和施工组织措施等。技术标准和要求中的各项技术标准应符合国家强制性标准，不得要求或标明某一特定的专利、商标、名称、设计、原产地或生产供应者，不得含有倾向或者排斥潜在投标人的其他内容。

（7）投标文件格式、投标人须知前附表规定的其他材料

规定了投标文件的组成、各部分的格式要求以及排列、装订顺序等。投标文件一般包括封面、目录格式，投标函及投标函附录，法定代表人身份证明，授权委托书，投标保证金，已标价工程量清单，施工组织设计，项目管理机构，资格审查资料等内容。

6.2.2.3 招标文件的澄清或修改

（1）含义

招标文件的澄清，是指招标人对招标文件中的遗漏、词义表述不清，或对比较复杂事项

进行的补充说明，以及回答投标人提出的问题等。招标文件的修改，是指招标人对招标文件中出现的遗漏、差错、表述不清等问题认为必须进行的修订。

（2）要求

1）招标人有权对招标文件进行澄清与修改。招标文件发出以后，无论出于何种原因，招标人可以对发现的错误或遗漏，在规定时间内主动地或在潜在投标人提出问题进行解答时，澄清或者修改，改正差错，以避免损失。该澄清或者修改的内容为招标文件的组成部分。

2）澄清与修改的时限。招标人对已发出的招标文件的澄清与修改，应当在招标投标法规定的时限内进行，具体要求是：①澄清或者修改的内容可能影响投标文件编制的，招标人应当在投标文件截止时间至少15日前，以书面形式通知所有获取招标文件的潜在投标人；不足15日的，招标人应当顺延提交投标文件的截止时间。②潜在投标人或者其他利害关系人对招标文件有异议的，应当在投标截止时间10日前提出；招标人应当自收到异议之日3日内做出答复，做出答复前，应当暂停招标投标活动。

3）澄清或者修改的内容应为招标文件的组成部分。招标人对招标文件澄清和修改应以书面形式通知所有招标文件收受人，该澄清或者修改的内容为招标文件的组成部分。招标人可以直接采取书面形式，也可以采用召开投标预备会的方式进行解答和说明，但最终必须将澄清与修改的内容以书面方式通知所有招标文件收受人，而且作为招标文件的组成部分。

招标人对已发出的招标文件进行必要的澄清或者修改的，应当在招标文件要求提交投标文件截止时间至少15日前，以书面形式通知所有招标文件收受人。

6.2.3 招标工程量清单的编制

6.2.3.1 招标工程量清单的概念

（1）招标工程量清单的含义

招标工程量清单是指招标人依据国家标准、招标文件、设计文件以及施工现场实际情况编制的，随招标文件发布供投标报价的工程量清单，包括对其的说明和表格。工程量清单是指建设工程的分部分项工程项目、措施项目、其他项目、规费项目和税金项目的名称和相应数量等的明细清单。

（2）招标工程量清单的作用

招标工程量清单必须作为招标文件的组成部分，由具有编制能力的招标人或受其委托，具有相应资质的工程造价咨询人或招标代理人编制，其准确性和完整性由招标人负责。招标工程量清单是工程量清单计价的基础，应作为编制招标控制价、投标报价、计算工程量、工程索赔等的依据之一。

6.2.3.2 招标工程量清单的组成和编制依据

（1）招标工程量清单的组成

招标工程量清单由分部分项工程量清单、措施项目清单、其他项目清单、规费项目清单、税金项目清单组成。

（2）招标工程量清单的编制依据

招标工程量清单应依据：①现行国家标准《建设工程工程量清单计价规范》（GB 50500）及各专业工程计量规范等。②国家或省级、行业建设主管部门颁发的计价定额和办法。③建设工程设计文件及相关资料。④与建设工程有关的标准、规范、技术资料。⑤拟定的招标文件。⑥施工现场情况、地质水文资料、工程特点及常规施工方案。⑦其他相关资料。

6.2.3.3 招标工程量清单的编制

招标工程量清单的编制内容包括分部分项工程量清单、措施项目清单、其他项目清单、规费项目清单和税金项目清单。

(1) 分部分项工程量清单的编制

分部分项工程量清单是反映拟建工程分项实体项目名称和相应数量的明细清单，包括项目编码、项目名称、项目特征、计量单位和工程量五个组成要件。

1) 项目编码。分部分项工程量清单的项目编码，应采用十二位阿拉伯数字表示，一至九位应按相应专业工程计量规范附录的规定设置，十至十二位应根据拟建工程的工程量清单项目名称和项目特征设置，同一招标工程的项目编码不得有重码。各位数字的含义如下。

a. 一、二位为专业工程代码。01 代表房屋与装饰工程，02 代表仿古建筑工程，03 代表通用安装工程，04 代表市政工程，05 代表园林绿化工程，06 代表矿山工程，07 代表构筑物工程，08 代表城市轨道交通工程，09 代表爆破工程。

b. 三、四位为附录分类顺序码，五、六位为分部工程顺序码，七、八、九位为分项工程项目名称顺序码，十至十二位为清单项目名称顺序码。

2) 项目名称。分部分项工程量清单的项目名称，应按专业工程计量规范附录的项目名称结合拟建工程的实际确定，原则上以形成的工程实体命名。确定项目名称时应注意：

a. 当项目在拟建工程的施工图纸中有体现，且在专业工程计量规范附录中也有对应清单项时，则根据附录中的规定直接列项计算工程量，并确定其项目编码。

b. 当项目在拟建工程的施工图纸中有体现，但在专业工程计量规范附录中没有对应清单项，且在附录项目的项目特征或工程内容中也没有提示时，则必须编制这些分项工程的补充项目，在清单中单独列项并在清单的编制说明中注明，并报当地工程造价管理部门备案。

c. 对于补充项目，在工程量清单中需附有其项目编码、项目名称、项目特征、计量单位、工程量计算规则、工程内容。其中，项目编码由各专业附录的顺序码与 B 和 3 位阿拉伯数字组成，并应从 ×B001 起顺序编制，同一招标工程的项目不得重码。

3) 项目特征。分部分项工程量清单的项目特征，是对项目的准确描述，是影响价格的因素，是设置具体工程清单项目的依据，应按不同的工程部位、施工工艺或材料品种、规格等分别列项。描述项目特征的原则如下。

a. 项目特征描述的内容应按附录中的规定，结合拟建工程的实际，满足确定综合单价的需要。凡附录清单中对项目特征未描述到的其他独有特征，由清单编制人以准确描述清单项目为准，视项目具体情况确定。

b. 当采用标准图集或施工图纸能够全部或部分满足项目特征描述的要求时，项目特征描述可直接采用详见 ××图集或 ××图号的方式；对不能满足项目特征描述要求的部分，仍应采用文字描述。

4) 计量单位。分部分项工程量清单的计量单位和有效位数，应按专业工程计量规范附录中规定的计量单位确定，对于附录中有两个或两个以上计量单位的，应结合拟建工程项目的实际情况选择其中一个确定。具体要求如下。

a. 除各专业另有特殊规定外，计量单位应采用基本单位，即：①以重量计算的项目按吨或千克（t或kg）计；②以体积计算的项目按立方米（m³）计，以面积计算的项目按平方米（m²）计，以长度计算的项目按米（m）计；③以自然计量单位计算的项目按个、套、台等单位计取，没有具体数量的项目按系统、项等单位计取。

b. 工程量的有效位数应遵守的规定为：①以"t"为单位的，应保留三位小数，第四位小数四舍五入；②以"m³"、"m²"、"m"、"kg"为单位的，应保留两位小数，第三位小数四舍五入；③以"个"、"项"等为单位的，应取整数。

5）工程量的计算。分部分项工程量清单中所列工程量，应按专业工程计量规范附录中规定的工程量计算规则，即清单项目工程量的计算规定计算。除另有说明外，所有清单项目的工程量应以实体工程量为准，并以完成后的净值计算；投标人投标报价时，应在单价中考虑施工中的各种损耗和需要增加的工程量。

（2）措施项目清单的编制

措施项目清单是反映发生于拟建项目的施工准备和施工过程中的技术、生活、安全、环境保护等方面的项目清单，分为单价措施项目和总价措施项目。具体的编制要求如下。

1）措施项目清单的设置。要考虑：①拟建工程的施工组织设计、施工技术方案、相关的施工与验收规范；②招标文件中提出的或设计文件中不足以写进技术方案的，但必须通过一定的技术措施才能实现的要求和内容。

2）措施项目清单的编制内容。①措施项目清单应根据拟建工程的实际情况列项编制，列项时需考虑多种因素，除工程本身的因素外，还涉及水文、气象、环境、安全等因素。②若出现专业工程计量规范附录中未列的项目，可根据工程实际情况补充。

3）措施项目清单的编制方法。①对于可以精确计算工程量的措施项目，如脚手架、混凝土模板及支架、垂直运输等项目，可采用与编制分部分项工程量清单相同的方法，编制"分部分项工程和单价措施项目清单与计价表"。②对于项目的发生与使用时间、施工方法或者两个以上的工序相关，且大都与实际完成的实体工程量的大小关系不大的措施项目费用，如安全文明施工、冬雨季施工、已完工程设备保护等，应编制"总价措施项目清单与计价表"。

（3）其他项目清单的编制。

其他项目清单是应招标人的特殊要求而发生的、与拟建工程有关的其他费用项目和相应数量的清单。其具体内容与工程建设标准的高低、复杂程度、工期长短、组成内容以及发包人对工程的管理模式等有关，当出现未包含在规范表格中的内容的项目时，可根据实际情况补充。其他项目清单应按暂列金额、暂估价、计日工、总承包服务费列项，具体的编制要求如下。

1）暂列金额。此项费用应根据工程特点按有关计价规定估算，由招标人填写其项目名称、计量单位、暂定金额等，若不能详列，也可只列暂定金额总额。由于暂列金额由招标人支配，实际发生后才得以支付，因此，在确定暂列金额时应根据施工图纸的深度、暂估价设定的水平、合同价款约定调整的因素以及工程实际情况合理确定。一般可按分部分项工程量清单的10%～15%确定，不同专业预留的暂列金额应分别列项。

2）暂估价。此项费用包括材料暂估单价、工程设备暂估单价、专业工程暂估价，是招标人在招标文件中提供的、用于支付必然要发生但暂时不能确定价格的材料、工程设备的单价以及专业工程的金额。其中，暂估价中的材料、工程设备暂估单价应根据工程造价信息或参照市场价格估算，列出明细表，专业工程暂估价应分不同专业，按有关计价规定估算，列出明细表。

3）计日工。此项费用是为了解决现场发生的零星工作或项目的计价而设立的，是对完成零星工作所消耗的人工工日、材料数量、机械台班进行计量，编制时应列出项目名称、计量单位和暂估数量，并按照计日工表中填报的适用项目单价进行计价支付。

4）总承包服务费。此项费用招标人应列出服务项目及其内容等，应当按投标人的投标报价支付。是为了解决招标人在法律法规允许的条件下，进行专业工程发包以及自行采购供应材料、设备时，要求总承包人对发包的专业工程提供的协调和配合服务，向承包人支付的费用。

（4）规费、税金项目清单的编制

1）规费项目清单。应按社会保险费（包括养老保险费、失业保险费、医疗保险费、工伤保险费、生育保险费）、住房公积金、工程排污费列项，出现规范中没有的项目时，应根据省级政府或省级有关部门的规定列项。

2）税金项目清单。应按增值税、城市维护建设税、教育费附加、地方教育附加列项，当出现规范中没有的项目时，应根据税务部门的规定列项。

3）规费、税金的计算基础和费率均应按国家或地方相关部门的规定执行。

（5）招标工程量清单总说明的编制。

招标工程量清单的总说明包括：工程概况、工程招标及分包范围、编制依据以及工程质量材料、施工等的特殊要求等。

1）工程概况。应包括：①工程的建设规模、建设地点；②工程的建筑结构特征，即建筑层数、高度、门窗类型、各部位装饰装修做法及基础和结构类型等；③工程的计划工期、施工现场实际情况、自然地理条件以及环境保护要求等。

2）工程招标及分包范围。招标范围是指单位工程的招标范围，工程分包范围是分包的特殊工程项目的范围，如某工程的招标范围为全部建筑工程、装饰装修工程，分包范围为招标人自行采购安装实木门。

3）工程量清单的编制依据。包括设计文件（设计图纸、相关标准图集）、现行《建设工程工程量清单计价规范》、招标文件、施工现场情况及常规施工方案等。

4）工程质量、材料、施工等的特殊要求。①对工程质量的要求，是指招标人要求拟建工程的质量应达到的标准，如质量合格或质量优良；②对材料的要求，是指招标人根据工程的重要性、使用功能及装饰装修标准提出的对材料的质量或采购标准的要求；③对施工的要求，是指对项目施工的过程、验收环节等应达到的标准规定，如建筑工程施工质量应符合设计与专业验收规范的要求等。

5）其他需要说明的事项。对以上内容中还有需进一步说明的事项进行备注。

（6）招标工程量清单汇编成册

在分部分项工程量清单、措施项目清单、其他项目清单、规费和税金项目清单编制完成后，经审查复核，与招标工程量清单的封面、总说明汇总并装订成册，由相关责任人签字、盖章后，即形成了完整的招标工程量清单文件。

6.2.4 标底与招标控制价的编制

6.2.4.1 标底的编制

标底是指招标人或其委托的具有相应资质的中介机构，根据招标项目的具体情况，编制的完成招标项目所需的全部费用，是根据国家规定的计价依据和计价办法计算出来的工程造价，是招标人对建设工程的期望价格。

（1）标底的作用

《招标投标法》没有明确规定招标是否必须设置标底价格，招标人可根据工程的实际情况自己决定是否需要编制标底。如设标底，标底的主要作用是：①标底是招标人为招标工程制定的预期价格，因此，标底价格是招标人控制建设工程投资，确定工程合同价格的参考依据。②标底是招标工作的核心文件，标底价格是衡量、评审投标人投标报价是否合理的尺度和依据，是择优选择承包人的重要依据。

（2）标底的编制

1）编制原则。①一个工程只能编制一个标底。②招标人不得以各种原因任意压低标底价格。③标底在开标前必须严格保密，如有泄漏，对责任者要严肃处理，直至法律制裁。④标底在批准的概算或修正概算以内，由招标人确定，但必须经招投标管理部门审查。

2）编制方法。我国目前编制标底一般采用定额计价法，与编制施工图预算的方法基本相同，也是通过计算工程量、套预算定额、计算各项费用和汇总造价的步骤编制完成的。但要注意的是，在进行标底费用的计取时，还应考虑材料的计价及材料差价的确定方法、工程质量或进度控制的奖罚办法、发包方式以及材料供应方式等因素。

（3）标底的审查

1）审查的内容。

a. 审查标底的计价依据。包括承包范围、招标文件规定的计价方法及其他有关条款。

b. 审查标底价格的组成内容。包括工程量清单及其单价组成、人工费、材料费、施工机具使用费、措施费、有关文件规定的调价、企业管理费、利润、规费、税金、主要材料、设备需用数量等。

c. 审查标底价格的相关费用。包括人工、材料、机械台班的市场价格、现场因素费用、特殊情况下的不可预见费，以及对于采用固定价格的工程所测算的在施工周期内价格波动的风险系数等。

2）审查的方法。标底价格的审查方法类似于施工图预算的审查方法，主要有：全面审查法、重点审查法、分解对比审查法、分组计算审查法、标准预算审查法、筛选法、应用手册审查法等，可根据工程的实际情况选择采用。

6.2.4.2 招标控制价的编制

招标控制价是指根据国家或省级建设行政主管部门颁发的有关计价依据和办法，依据拟订的招标文件和招标工程量清单，结合工程具体情况发布的招标工程的最高投标限价。

（1）招标控制价的编制规定

1）国有资金投资的建设工程招标，招标人必须编制招标控制价，对于投标人的投标报价高于招标控制价的，作废标处理。

2）招标控制价应由具有编制能力的招标人或受其委托具有相应资质的工程造价咨询机构编制，接受了招标控制价委托编制任务的工程造价咨询机构，不得再就同一工程接受投标人委托的投标报价编制任务。

3）招标控制价应在招标文件中公布，公布内容包括招标控制价的总价以及各单位工程的分部分项工程费、措施项目费、其他项目费、规费和税金。招标人或投标人均不得对已确定的招标控制价进行上浮或下调。

4）招标控制价及有关资料应报送工程所在地或有该工程管辖权的行业管理部门工程造价管理机构备查。对于超过了批准概算的招标控制价，招标人应将其报原概算审批部门审核。

5）投标人经复核，认为招标人公布的招标控制价，未按照《建设工程工程量清单计价规范》（GB 50500）的规定进行编制的，应在招标控制价公布后5天内向招投标监督机构和工程造价管理机构投诉，投诉的处理程序如下。

a. 工程造价管理机构受理投诉后，应立即对招标控制价进行复查，组织投诉人、被投诉人或其委托的招标控制价编制人等单位人员对投诉问题逐一核对。

b. 当招标控制价复查结论与原公布的招标控制价误差大于±3％时，应责成招标人改正。

c. 招标人根据复查结论需重新公布招标控制价的，若其重新公布的时间至投标截止时间不足15天的，应相应延长投标截止时间。

（2）招标控制价的编制依据

招标控制价的编制和复核的依据主要包括以下规范或资料。

1）现行国家标准《建设工程工程量清单计价规范》（GB 50500）与各专业工程计量规范。

2）国家或省级、行业建设主管部门颁发的计价定额和计价办法。

3）建设工程设计文件及相关资料；拟定的招标文件及招标工程量清单；与建设项目相关的标准、规范、技术资料。

4）施工现场情况、工程特点及常规施工方案。

5）工程造价管理机构发布的工程造价信息，或没有造价信息发布时可参照的市场价。

6）其他的相关资料。

（3）招标控制价的编制内容

招标控制价的编制内容包括与招标工程量清单相对应的分部分项工程费、措施项目费、其他项目费、规费和税金。

1）分部分项工程费的编制。

a. 分部分项工程费应根据拟定的招标文件中的分部分项工程量清单项目的特征描述及有关要求，按《建设工程工程量清单计价规范》（GB 50500）的有关规定确定综合单价计算。

b. 综合单价应包括招标文件中划分的应由投标人承担的风险范围及其费用，招标文件中没有明确的，如是工程造价咨询机构编制的，应提请招标人明确；如是招标人编制的，应予以明确。

2）措施项目费的编制。

a. 单价措施项目费与分部分项工程费的计算方法相同，应根据拟定的招标文件中的单价措施项目清单的特征描述及有关要求，按《建设工程工程量清单计价规范》（GB 50500）的有关规定确定综合单价计算。

b. 总价措施项目费应根据拟定的招标文件和常规施工方案采用综合单价计价。其中，安全文明施工费必须按照国家或省级、行业建设主管部门的规定计价，且该费用不得作为竞争性费用。

3）其他项目费的编制。

a. 暂列金额应按招标工程量清单中列出的金额填写。

b. 暂估价中的材料、工程设备单价应按招标工程量清单中列出的单价计入综合单价，专业工程暂估价应按招标工程量清单中列出的金额填写。

c. 计日工应按招标工程量清单中的列出的项目根据工程特点和有关计价依据确定综合单价计算。

d. 总承包服务费应根据招标工程量清单中列出的内容和要求估算。

4）规费和税金的编制。规费和税金必须按国家或省级、行业建设主管部门的规定计算，不得作为竞争性费用。

（4）招标控制价的计价程序

建设工程的招标控制价反映的是单位工程费用，各单位工程费用是按分部分项工程费、措施项目费、其他项目费、规费和税金的计价程序依次进行的。单位工程招标控制价计价程序如表 6.1 所示。

表 6.1　单位工程招标控制价计价程序

序号	内容	计算方法	金额/元
1	分部分项工程费	按计价规定计算	
2	措施项目费	按计价规定计算	
2.1	其中:安全文明施工费	按规定标准计算	
3	其他项目费		
3.1	其中:暂列金额	按计价规定估算	
3.2	其中:专业工程暂估价	按计价规定估算	
3.3	其中:计日工	按计价规定估算	
3.4	其中:总承包服务费	按计价规定估算	
4	规费	按规定标准计算	
5	税金(扣除不列入计税范围的工程设备费)	(1+2+3+4)×规定税率	
招标控制价合计＝1+2+3+4+5			

6.3　建设项目投标过程中的工程造价管理

6.3.1　投标程序

招标程序包括投标的前导工作、研究招标文件、确定投标策略和报价技巧、编制投标文件、提交投标文件五个步骤。

6.3.1.1　投标的前导工作

投标的前导工作包括建立投标的工作机构，报名参加投标，准备资格审查资料。

（1）建立投标的工作机构

为了随时掌握建筑市场的动态，在获取招标信息后能及时有序地开展投标工作、提高中标概率，投标人应在企业中设立专门的投标工作机构，平时收集和整理有关于招标投标的各项政策文件、各类工程技术经济指标等重要资料以及能反映本企业技术能力、管理水平、工程业绩和信誉的各种竞争性材料。投标工作机构的人员应为熟悉招标业务的技术、经济、合同、管理等方面的专业人才，为节约企业成本和投标保密的需要，投标机构的人员不宜过多，可由企业技术经济类骨干人员兼任。

(2) 报名参加投标

在投标工作机构获悉项目的招标信息后，应及时了解招标公告或投标邀请书的内容，根据招标项目的特点和企业的具体情况，综合分析决定是否参加投标。如确定参加投标，则在最短的时间内组织成立该项目的投标小组，按要求的时间和方式报名参加投标，并着手开展投标工作。

(3) 准备资格审查资料

在报名参加投标后，应根据招标公告或投标邀请书中对投标人的资格、技术、商务等方面的招标要求，准备资格预审或资格后审资料。其中，营业执照、资质证书等资格要求，是投标人通过资格审查的重要条件；投标人是否具备招标工程施工所需的技术装备与技术能力等技术要求以及已完工程的获奖情况、各类工程施工的经历、企业的财务和经营状况等商务要求，是招标人对投标人资格审查的重点。

6.3.1.2 研究招标文件

通过资格审查后，投标人即可按要求购买招标文件。为正确理解招标人的意图以便合理地安排投标工作，投标人应详细研究招标文件，尤其是其中投标人须知、合同条件、技术规范与标准要求、图纸和招标工程量清单等部分，充分了解其内容和要求。

(1) 研究投标人须知

招标人在投标人须知中对投标工作的各个方面做出了具体的要求，投标人的研究重点应在于其中有关项目的资金来源；投标书的编制和递交；投标保证金的相关规定；评标方法与程序等方面的项目说明，明确投标过程和手续，以满足评标符合性审查要求，避免出现废标的情况。

(2) 研究合同条件

招标人在合同条件中说明了工程的发包方式和承包范围以及工程的质量和工期要求等。投标人的研究重点应在于其中有关工程的承发包方式以及承包商的任务、工作范围和责任；工程的合同类型和计价方式、工程价款的结算方式与时间、工程变更及相应的合同价款调整规定。合同工期及工期奖罚的规定、发包方的责任与义务等。

(3) 研究技术规范与标准要求

技术规范与标准的要求说明了工程的技术和工艺内容特点，规定了对设备、材料、施工和安装方法的技术要求以及对工程质量进行检验、试验和验收的方法和要求。这些规范和标准关系到工程量清单中各子项的工作内容及要求，投标人应重点研究，以保证准确理解工程内容从而进行合理而全面的报价。

(4) 研究图纸和招标工程量清单

图纸是投标人确定工程范围、内容和技术要求的重要文件，也是投标人确定施工方法、施工方案、施工技术和合同计价方式的主要依据，对工程合理报价有着决定性的影响，投标人必须认真阅读熟悉。招标工程量清单是投标人确定项目内容、特征和工程数量的重要文件，是进行工程量审核和投标报价的基础，也是投标人研究招标文件的重点内容，投标人应仔细研究各清单项目，分析投标疑点，在考察工程现场参加招标答疑时及时提出并重点解决。

6.3.1.3　考察工程现场、参加招标答疑

（1）考察工程现场

投标人应根据招标文件规定的时间和方式，参加招标人组织的现场踏勘或自行前往工程现场考察，以分析投标环境，制定报价策略。投标人进行工程现场考察的重点应放在以下几个方面。

1）工程所在地的自然条件考察。考察内容主要是工程所在地的气象、水文、地质资料，以及地震、洪水或其他自然灾害发生的情况等。

2）工程现场的施工条件考察。主要包括以下考察内容。

a. 当地政府有关部门对施工现场管理的要求及规定，是否允许节假日和夜间施工以及周围居民对施工时间的特殊要求等。

b. 工程的用地范围、周边的道路交通情况、材料设备的进出场条件、是否需要二次搬运等；工程现场邻近建筑物的性质用途、结构形式、基础埋深、与招标工程之间的间距等。

c. 工程现场设计平面的土石方调配情况、地上或地下有无障碍物等；工程施工临时设施、大型施工机械、材料堆放场地安排的可能性。

d. 市政给排水及污水、雨水废水的处理方式，消防供水管道的管径、压力和位置等；当地供电的方式和电压、工程现场通信线路的连接和铺设等情况。

3）其他条件考察。考察内容主要包括商品混凝土、各种构件、半成品的供应能力和价格以及现场附近的生活设施、治安情况等。

（2）参加招标答疑

投标人应将研究招标文件和工程现场考察过程中产生的投标问题按招标文件的要求以书面形式提交给招标人，并应按照招标文件中写明的地点、时间和方式安排人员出席招标人组织的标前会议或其他形式的招标答疑活动。投标人应充分利用招标答疑机会以及招标问题补遗书，全面理解招标人的意图，深层次地掌握招标文件和工程图纸的内容，以确保投标报价的合理性和可竞争性。

6.3.1.4　编制投标文件

投标文件是由投标人编制的对招标文件提出的实质性要求和条件做出响应的文件。投标文件的编制是投标程序中非常重要的一项工作，投标人应完全按照招标文件的要求编制，一般不能带任何附加条件。投标文件也是决定能否中标的关键环节，高质量的投标文件是通过合理的施工组织、先进的施工方案以及有效的经济措施体现的。

（1）投标文件的内容

投标文件主要由投标函、施工组织设计或施工方案、投标报价以及招标文件要求提供的其他材料四部分组成。

1）投标函。是指投标人按照招标文件的条件和要求，向招标人提交的有关报价、质量目标等承诺和说明的函件。

2）施工组织设计或施工方案。一般包括：工程的施工部署、工程所含各主要工种的施工方法，质量安全保证措施，工程施工进度计划，施工机械、材料、设备及劳动力安排计划以及临时生产、生活设施和材料堆放场地的平面布置图等。

3）投标报价。一般包括：单项工程或单位工程总报价、已标价工程量清单、材料价格

价差分析表及综合单价分析表等。

4）招标文件要求提供的其他材料。一般包括：①投标保证书或投标保证金；②法定代表人资格证明或授权委托书，拟选派的项目负责人、主要工程技术管理人员的资格证明等；③拟分包的工程和分包商的情况；④按投标须知规定应提供的其他材料等。

（2）投标文件的编制要求

1）投标函是投标人为响应招标文件相关要求所做的概括性说明和承诺的函件，一般位于投标文件的首要部分，其格式、内容必须符合招标文件的规定。

2）投标文件应按招标文件要求的格式进行编制，如有必要，可以增加附页，作为投标文件的组成部分。

3）投标文件应当对招标文件中有关工期、投标有效期、质量要求、技术标准和要求、招标范围等实质性内容做出响应。

4）投标人根据招标文件载明的项目实际情况，拟在中标后将中标项目的部分非主体、非关键性工作进行分包的，应当在投标文件中载明。

5）投标文件应尽量避免涂改、行间插字或删除，如果无法避免，则应在改动处加盖单位公章或由投标人的法定代表人或其授权的代理人签字确认。

6.3.1.5 递交投标文件

（1）投标文件的递交程序

投标人应在招标文件规定的递交投标文件的截止时间前，将投标文件密封送达投标地点。招标人收到投标文件后，应向投标人出具标明签收人和签收时间的凭证。

（2）递交投标文件时应注意的问题

1）投标人在招标文件要求提交投标文件的截止时间前，可以补充、修改或撤回已提交的投标文件，并书面通知招标人，补充、修改的内容为投标文件的组成部分。

2）投标文件应由投标人的法定代表人或其委托代理人签字和单位盖章。委托代理人签字的，投标文件应附法定代表人签署的授权委托书。

3）除招标文件另有规定外，投标人不得递交备选投标方案。允许投标人递交备选投标方案的，只有中标人所递交的备选投标方案方可予以考虑。

6.3.2 投标报价的策略与技巧

为提高中标机会并保证在中标后获得期望的效益，投标人编制投标文件之前，在研读了招标文件并考察了工程现场的投标环境后，应根据招标工程的建设特点、施工条件和价款结算方式以及了解到的其他潜在投标人的情况等因素，结合自身的企业资质、技术实力和承包能力，确定恰当的投标报价策略与技巧。

6.3.2.1 投标报价的策略

投标报价策略是指投标人通过多因素投标决策后确定的在投标过程中拟采用的规避重大风险、提高中标概率的措施和方法。常采用的有高价赢利策略、低价薄利策略和无利润算标策略，具体报价时，应按招标项目的不同特点、类别、施工条件等选用。

（1）高价赢利策略

是指在投标报价时，以通过相对高的报价获取较大施工利润为投标目标的策略。这种投标报价的策略适用于以下情况。

1）施工条件差或支付条件不理想的工程。

2）专业要求高的技术密集型工程或港口码头、地下开挖等特殊工程，而投标人在这类工程的建设方面有专业优势且信誉好；

3）工期要求比较急或投标对手少的工程。

4）工程总价低、规模小、投标人自身并不愿意投标但又不方便不投标的工程。

（2）低价薄利策略

是指在投标报价时，以通过相对低的报价获取微薄利润为投标目标的策略。这种投标报价的策略适用于以下情况。

1）施工条件好或支付条件好的工程。

2）招标工程的工作简单、工程量大、一般投标人均可完成的。

3）非急需工程或投标对手多、竞争激烈的工程。

4）投标人目前急于进入某市场或某地区，或在该地区面临工程结束，机械设备等无工地转移时。

5）投标人在招标工程附近有在建项目，中标后可利用在建项目中已投入的设备和劳务，或有条件在短期内完成的工程。

（3）无利润算标的策略

是指在投标报价时，以通过接近成本的低报价、不考虑利润、争取获得工程承包权为投标目标的策略。这种投标报价策略适用于以下情况。

1）对于缺乏竞争优势或初到某地施工的投标人，在不得已的情况下，为提高中标率，在报价时采用的低价保本策略；

2）中标后，在法律法规允许的情形下，通过劳务分包或专业分包的方式将大部分工程分包给索价较低的分包商；

3）投标人长时期没有在建的工程项目，需通过中标项目获得一定的企业管理费来维持企业的日常运转；

4）对于分期建设的招标项目，先以低报价获得首期工程，为后期投标赢得机会、创造竞争优势，并可在今后的实施过程中争取利润。

6.3.2.2 投标报价的技巧

为达到中标目的，在保证质量与工期的前提下，投标人在复核工程量和报价时应采用适当的方法或技巧。

（1）清单工程量的复核方法

投标人对于招标工程量清单中的各项工程量进行复核时，要根据招标人是否允许对其所列工程量的误差进行调整，视不同情况按以下方法进行。

1）招标人允许调整工程量的误差，则投标人应详细审核招标工程量清单内所列各分部分项的工程量，对其中出现较大误差的，通过招标文件答疑的环节提出调整意见，取得招标人同意后进行调整；

2）招标人不允许调整工程量的误差，则投标人只需对招标工程量清单中主要的或工程量大的项目进行复核，发现有较大误差时，利用调整这些项目综合单价的方法解决。

（2）不平衡报价法

是指投标人在项目总报价基本确定的前提下，通过调整各个分部分项的综合单价，达到既不提高总报价、不影响中标，又能在今后工程结算时得到更理想的经济效益的目的。

可采用不平衡报价的情况包括：①能够早日结算获得工程款的项目可适当提高单价，如土方工程、基础工程等。②预计今后工程量会增加的项目可适当提高单价，相应地，预计工程量可能减少的项目应适当降低单价。③对于设计图纸不明确，估计修改变更后会导致工程量增加的项目，可适当提高单价。④对于招标人列出的暂定项目，其实施可能性大的应适当提高单价，估计难以实施的应适当降低单价。

采用不平衡报价法时要认真仔细地分析欲调整的各分部分项单价的合理性，尤其是对于需调低单价的项目，如中标后因工程变更而工程量增大将会造成承包方的重大损失，因此，一般对单价的调整应控制在±10%以内。在采用不平衡报价法时还应注意，若调整单价的项目过多或过于明显，则可能会引起招标人反对，甚至导致废标。

（3）增加建议方案法

是指招标人在招标文件中规定可由投标人提出建议方案时，投标人应抓住机会，组织专业人员对招标文件中的设计和施工要求认真研究，提出更成熟、更具操作性的且可降低总造价或缩短工期的方案吸引招标人，从而促成自己的方案中标。

采用增加建议方案法时应注意：在对增加的建议方案进行报价的同时，一定要按招标文件中的原方案也作报价，并说明新方案与原方案在造价方面的对比情况。此方法应用时，若未对原招标方案做投标报价，就会导致废标。

（4）多方案报价法

是指招标人在招标文件中对工程范围的描述不明确、条款不清楚或不公正，或技术规范要求过于苛刻时，投标人要在充分估计投标风险的基础上，对范围加以明确、条款加以补充、技术规范要求作修正后，按多个方案进行报价处理。

采用多方案报价法时应注意：要先按原招标文件报价，然后提出通过某些变动可使总报价降低，由此再根据修正后的方案报一个较低的价，这样既可避免因招标文件的缺陷而增加投标风险，又可通过降低总报价吸引招标人采用新方案。

（5）突然降价法

是指投标人先表现出自己对招标工程的兴趣不大，并按一般情况报价，到临近投标截止时间，突然再次递交投标报价文件，降低总报价，并注明以此报价为准，为最后中标打下基础的方法。采用这种方法，一定要在准备投标报价的过程中考虑好降价幅度，在临近截止日期前，根据情报信息和分析判断做出最后决策。如果中标，因为开标时只降低了总报价，在签订合同后可采用不平衡报价的思想调整工程量表的各单价或价格，以期取得更高的经济效益。

6.3.3 投标报价的编制

投标报价是在工程招标投标过程中，由投标人按照招标文件的要求，根据招标工程特点，并结合自身的施工技术、装备和管理水平，依据招标工程量清单、已确定的施工方案和有关计价规定自主确定的工程造价。投标报价是投标文件的重要组成部分，报价是否合理决定着投标的成败，关系到中标后企业的盈亏。

6.3.3.1 投标报价的编制要求与依据

(1) 投标报价的编制要求

1) 投标报价应由投标人或受其委托具有相应资质的工程造价咨询机构编制，投标报价由投标人自主确定，但必须执行《建设工程工程量清单计价规范》（GB 50500）中的强制性规定。

2) 投标报价是投标人希望达成工程承包交易的期望价格，既不得高于招标人确定的招标控制价，也不得低于工程的成本价。

3) 投标报价必须按招标工程量清单填报价格，项目编码、项目名称、项目特征、计量单位和工程量必须与招标工程量清单一致。

4) 投标报价应与拟采用的合同形式相协调，要以招标文件中设定的发承包双方责任划分，作为考虑投标报价费用项目和费用计算的基础。

5) 投标报价应以招标工程的施工方案和技术措施等作为计算的基本条件，根据企业的定额合理确定人工、材料、施工机械等要素的投入与配置，并充分利用现场考察结果和市场价格信息资料确定。

(2) 投标报价的编制依据

投标报价的编制和复核的依据主要包括以下规范或资料。

1) 现行国家标准《建设工程工程量清单计价规范》（GB 50500）与各专业工程计量规范。

2) 企业定额，国家或省级、行业建设主管部门颁发的计价定额和计价办法。

3) 招标文件、招标工程量清单及其补充通知、答疑纪要。

4) 建设工程设计文件及相关资料；施工现场情况、工程特点及投标时拟定的施工组织设计或施工方案；与建设项目相关的标准、规范等技术资料。

5) 市场价格信息或工程造价管理机构发布的工程造价信息。

6) 其他的相关资料。

6.3.3.2 投标报价的编制内容

投标报价的编制内容包括与招标工程量清单相对应的分部分项工程费、措施项目费、其他项目费、规费和税金。

(1) 分部分项工程费的编制

1) 分部分项工程费应根据招标文件和招标工程量清单中的分部分项工程量清单项目的特征描述及有关要求，按企业定额和《建设工程工程量清单计价规范》（GB 50500）的有关规定确定综合单价计算。

2) 综合单价的确定是编制分部分项工程量清单投标报价的最主要的内容，综合单价包括完成一个规定清单项目所需的人工费、材料费、施工机具使用费、企业管理费、利润，并考虑风险费用的分摊。

3) 招标文件中没有明确应由投标人承担的风险范围及费用的，应提请招标人明确。

(2) 措施项目费的编制

措施项目费包括单价措施项目费和总价措施项目费。

1) 单价措施项目费与分部分项工程费的计算方法相同，应根据招标文件中的单价措施项目清单的特征描述及有关要求，按《建设工程工程量清单计价规范》（GB 50500）的有关规定确定综合单价计算。

2）总价措施项目费应根据招标文件和投标时拟定的施工组织设计或施工方案由投标人自主确定。其中，安全文明施工费必须按照国家或省级、行业建设主管部门的规定计价，且该费用不得作为竞争性费用，投标人不得将其参与市场竞争。

（3）其他项目费的编制

其他项目费主要包括暂列金额、暂估价、计日工和总承包服务费。

1）暂列金额不得更改或变动，应按招标工程量清单中列出的暂列金额填写。

2）暂估价不得更改或变动。暂估价中的材料、工程设备单价应按招标人提供的暂估单价计入综合单价，专业工程暂估价应按招标工程量清单中列出的金额填写。

3）计日工应按招标工程量清单中列出的项目和估算的数量，自主确定各项的综合单价并计算费用。

4）总承包服务费应根据招标工程量清单中列出的分包专业工程内容和供应材料设备的情况，按招标人提出的协调、配合及服务要求和施工现场的管理需要自主确定。

（4）规费和税金的编制

规费和税金必须按国家或省级、行业建设主管部门的规定计算，不得作为竞争性费用。

6.3.3.3 投标报价的计价程序

投标人的投标总价应当与组成工程量清单的分部分项工程费、措施项目费、其他项目费和规费、税金的合计金额相一致，不能对投标总价进行降价或让利的优惠，如有优惠应反映在相应清单项目的综合单价中。单位工程投标报价的计价程序如表6.2所示。

表6.2 单位工程投标报价计价程序

序号	内容	计算方法	金额/元
1	分部分项工程费	自主报价	
2	措施项目费	自主报价	
2.1	其中:安全文明施工费	按规定标准计算	
3	其他项目费		
3.1	其中:暂列金额	按招标文件提供金额计列	
3.2	其中:专业工程暂估价	按招标文件提供金额计列	
3.3	其中:计日工	自主报价	
3.4	其中:总承包服务费	自主报价	
4	规费	按规定标准计算	
5	税金(扣除工程设备费)	(1+2+3+4)×规定税率	
投标报价合计=1+2+3+4+5			

6.4 建设项目定标过程中的工程造价管理

6.4.1 开标与评标准备

6.4.1.1 开标

开标是指投标人提交投标文件的截止时间，招标人依据招标文件所规定的时间和地点，开启投标人提交的投标文件，公开宣布投标人的名称、投标价格及投标文件中的其他主要内容的活动。

（1）开标的相关规定

1）开标应当在招标文件确定的提交投标文件截止时间的同一时间公开进行，开标地点应当为招标文件中预先确定的地点。

2）开标应由招标人或其委托的招标代理机构主持，邀请所有投标人参加，也可邀请其他部门如行政监督部门、纪检监察部门或公证机构参加，投标人可自主决定是否参加。

3）招标人在招标文件要求提交投标文件的截止时间前收到的所有投标文件，开标时都应当众予以拆封、宣读，宣读顺序应按各投标人报送投标文件时间先后的顺序进行。

4）开标的整个过程应当记录，并存档备查。

（2）开标应当遵守的法定程序

1）投标文件密封情况检查。开标会议宣布开始后，应首先请各投标人代表确认其投标文件的密封完整性，并签字予以确认。

2）拆封和当众宣读投标文件的相关内容。招标人或其委托的招标代理机构当众宣读有效标函的投标人名称、投标价格、工期、质量、主要材料用量、修改或撤回通知、投标保证金、优惠条件以及招标人认为有必要的其他内容。

3）记录并存档。应由专人记录整个开标过程，开标记录应由招标人代表、投标人代表、监标人和记录人等签字后存档备查。

4）开标后立即进入评标。招标人应当采取必要的措施，保证评标在严格保密的情况下进行。

6.4.1.2　评标准备

评标准备包括组建评标委员会和编制评标表格两项工作。

（1）组建评标委员会。

为了保证评标的公正、客观，防止招标人左右评标结果，评标不能由招标人或其代理机构独自承担，应专门成立一个由有关专家和人员参加的评标委员会。评标委员会的要求如下。

1）评标委员会由招标人负责组建，负责评标活动，向招标人推荐中标候选人或者根据招标人的授权直接确定中标人。

2）评标委员会由招标人或其委托的招标代理机构熟悉相关业务的代表以及有关技术、经济等方面的专家组成，成员人数为五人以上的单数，其中技术、经济方面的专家不得少于成员总数的 2/3。

3）评标专家在国务院有关部门或省级人民政府有关部门或招标代理机构提供的专家库中选取。与投标人有利害关系的人不得进入相关项目的评标委员会，已经进入的应当更换；在定标前，评标委员会成员名单必须严格保密。

4）评标委员会的权利和义务。①依法对投标文件进行评审和比较，出具个人评审意见，并依法承担个人责任；②签署评标报告；③需要时配合质疑和投诉处理工作；④客观、公正、诚实、廉洁地履行职责；⑤遵守保密、勤勉等评标纪律；⑥接受参加评标工作的劳务报酬；⑦其他相关权利和义务。

（2）编制评标表格

评标委员会成立后，招标人或其委托的招标代理机构应向评标委员会提供招标文件等评标所需的重要文件、信息和数据。

1）研究招标文件。评标委员会成员应当认真研究招标文件，明确招标工程评标的主要内容与方法，具体包括：①招标的目标、招标项目的范围和性质。②招标文件中规定的主要技术要求、标准和商务条款。③招标文件规定的评标标准、评标方法和在评标过程中应考虑的相关因素。

2）编制评标表格。评标委员会成员应当在认真研究招标文件后，编制供评标使用的相应表格。

6.4.2 评标程序

评标应遵循公平、公正、科学、择优的原则，任何单位和个人不得非法干预、影响评标的过程和结果，评标程序包括初步评审、详细评审、推荐中标候选人和提交评标报告四个步骤。

6.4.2.1 初步评审

初步评审是指对投标文件的符合性评审以及技术标和商务标的初步审查。

(1) 投标文件的符合性评审

是指评标委员会对于各投标文件是否响应了招标文件提出的所有实质性要求和条件的审查，未能在实质上响应的投标，应作废标处理，而且不允许投标人通过修正或撤销其不符合要求的差异或保留，使之成为具有响应性的投标。

1）修正原则。在对实质上响应招标文件要求的投标进行报价评估时，除招标文件另有约定外，初审应当按下列原则进行修正：①投标文件中用数字表示的数额与用文字表示的数额不一致时，以文字数额为准；②单价与工程量的乘积与总价之间不一致时，以单价，若单价有明显的小数点错位，应以总价为准，并修改单价；③对不同文字文本投标文件的解释发生异议的，以中文文本为准。④按照上述规定调整后的报价经投标人确认后产生约束力。

2）剔除废标文件。有下列情形之一的，由评标委员会初审后按废标处理：①投标人以他人的名义投标、串通投标、以行贿手段谋取中标或者以其他弄虚作假方式投标的。②投标人的报价明显低于其他投标报价或者在设有标底时明显低于标底，使得其投标报价可能低于其个别成本的。③投标文件无单位盖章、无法定代表人或法定代表人授权的代理人签字或盖章的。④投标文件未按规定的格式填写，内容不全或关键字迹模糊、无法辨认的。⑤投标人递交两份或多份内容不同的投标文件，或在一份投标文件中对同一招标项目报有两个或多个报价，且未声明哪一个有效的，按招标文件规定提交备选投标方案的除外。⑥投标人名称或组织结构与资格预审时不一致的。⑦未按招标文件要求提交投标保证金的。⑧联合体投标未附联合体各方共同投标协议的。⑨未能在实质上响应的投标。

(2) 技术标和商务标的初步审查。

1）初步审查各投标文件技术标采取的技术方案能否实施，分析技术方案能否保证招标项目目标的实现。

2）核对各投标文件商务标中的投标报价数据计算的正确性，分析投标报价构成是否合理，如设有标底，还应与标底进行比较。

6.4.2.2 详细评审

根据初步审查结果，评标委员会应当按照投标报价的高低或招标文件规定的其他方法对投标文件排序，并根据招标文件确定的评标标准和方法对其技术标和商务标做详细的评审、比较。详细评审的方法包括经评审的最低投标价法和综合评估法两种。

（1）经评审的最低投标价法

经评审的最低投标价法是指评标委员会对满足招标文件实质要求的投标文件，根据详细评审标准规定的量化因素及量化标准进行价格折算，按照经评审的投标价由低到高的顺序推荐中标候选人，或根据招标人授权直接确定中标人，但投标报价低于其成本的除外。经评审的投标价相等时，投标报价低的优先；投标报价也相等的，由招标人自行确定。

采用经评审的最低投标价法的，中标人的投标应当符合招标文件规定的技术要求和标准，评标委员会无需对投标文件的技术部分进行价格折算，因此，经评审的最低投标价法一般适用于具有通用技术、性能标准或者招标人对其技术、性能没有特殊要求的招标项目。

根据经评审的最低投标价法，完成详细评审后，评标委员会应当拟定"标价比较表"，连同书面评标报告一起提交招标人。"标价比较表"中应当载明投标人的投标报价、对商务偏差的价格调整和说明以及经评审的最终投标价。

（2）综合评估法

综合评估法是指评标委员会对满足招标文件实质性要求的投标文件，按照规定的评分标准进行打分，并按得分由高到低顺序推荐中标候选人，或根据招标人授权直接确定中标人，但投标报价低于其成本的除外。综合评分相等时，以投标报价低的优先；投标报价也相等的，由招标人自行确定。

采用综合评估法的，应在招标文件中对于需量化的因素及其权重做出明确规定，评标委员会对投标文件中的技术标和商务标进行量化后，还需对这两部分的量化结果进行加权平均，计算出每一投标的综合评估分值。综合评估法适用于不宜采用经评审的最低投标法的招标项目。

根据综合评估法完成评标后，评标委员会应拟定"综合评估比较表"，连同书面评标报告一起提交招标人。"综合评估比较表"应载明投标人的投标报价、所做的任何修正、对商务偏差和技术偏差的调整、对各评审因素的评估以及对每一投标的最终评审结果。

6.4.2.3 推荐中标候选人

除招标文件中特别规定了授权评标委员会直接确定中标人外，评标委员会应按招标文件的要求推荐1~3名中标候选人，并标明排列顺序。满足以下条件之一的，可推荐为中标候选人。

1）根据经评审的最低投标价法，能够满足招标文件的实质性要求，并且经评审的最低投标价的投标，应当推荐为中标候选人。

2）根据综合评估法，最大限度地满足招标文件中规定的各项综合评价标准的投标，应当推荐为中标候选人。

6.4.2.4 评标报告的内容及要求

评标委员会完成评标后，应当向招标人提交书面评标报告，并抄送有关行政监督部门。

（1）评标报告的内容

评标报告应当如实记载以下内容：基本情况和数据表；评标委员会成员名单；开标记录；符合要求的投标一览表；废标情况说明；评标标准、评标方法或者评标因素一览表；经评审的价格或评分比较一览表；经评审的投标人排序；推荐的中标候选人名单与签订合同前要处理的事宜；澄清、说明、补正事项纪要。

（2）评标报告的提交要求

评标报告的内容经评标委员会各成员确认后，应由全体成员签字后提交。如评标委员会成员对评标结论或建议有异议的，按以下方式处理：①对评标结论和建议持有异议的评标委员可以书面方式阐述其不同意见和理由。②评标委员会成员拒绝在评标报告上签字且不陈述其不同意见和理由的，视为同意评标结论和建议。评标委员会负责人应当对此做出书面说明并记录在案。

（3）评标委员会的解散

向招标人提交书面评标报告和建议后，评标委员会即告解散，评标过程中使用的文件、表格以及其他资料应当立即归还招标人。

6.4.3 定标与合同价款的确定

6.4.3.1 定标

（1）中标人的投标应符合的条件

中标人的投标应当符合下列条件之一。

1）能够满足招标文件的实质性要求，并且经评审的投标价格最低；但是投标价格低于成本的除外。

2）能够最大限度地满足招标文件中规定的各项综合评价标准。

（2）中标人的确定

对使用国有资金投资或国家融资的项目，招标人应当确定排名第一的中标候选人为中标人。排名第一的中标候选人放弃中标，或因不可抗力提出不能履行合同，或招标文件规定应提交履约保证金而在规定的期限内未能提交的，招标人可以确定排名第二的中标候选人为中标人。排名第二的中标候选人因上述同样原因不能签订合同的，招标人可以确定排名第三的中标候选人为中标人。招标人也可以授权评标委员会直接确定中标人。

（3）发出中标通知书

中标人确定后，招标人应向中标人发出中标通知书，并同时将中标结果通知所有未中标的投标人。中标通知书对招标人和中标人具有法律约束力，招标人不得在中标通知书中提出压低报价、增加工作量、缩短工期或其他违背中标人意愿的要求。中标通知书发出后，招标人改变中标结果，或者中标人放弃中标项目的，应当依法承担法律责任。

（4）提交招标投标书面报告

根据《招标投标法》的规定，依法必须进行招标的项目，招标人应当自确定中标人之日起15日内，向有关行政监督部门提交招标投标情况的书面报告。书面报告中应包括的内容有：①招标范围；②招标方式和发布招标公告的媒介；③招标文件中投标人须知、技术条款、评标标准和方法、合同主要条款等内容；④评标委员会的组成和评标报告；⑤中标结果。

（5）履约保证金的提交

招标文件要求中标人提交履约保证金的，在签订合同前，中标人应按招标文件的要求提交，其金额不得超过中标合同金额的10%。关于履约保证金的具体规定如下。

1）中标人不能按要求提交履约保证金的，视为放弃中标，其投标保证金不予退还，给招标人造成的损失超过投标保证金数额的，中标人还应当对超过部分予以赔偿。

2）招标人要求中标人提供履约保证金或其他形式履约担保的，招标人应当同时向中标人提供工程款支付担保。

3）中标后的承包人应保证其履约保证金在发包人颁发工程接收证书前一直有效，发包人应在工程接收证书颁发后 28 天内将履约保证金退还给承包人。

（6）签订合同

招标人应当与中标人自中标通知书发出之日起 30 日内，按照招标文件和中标人的投标文件订立书面合同，并不得再行订立背离合同实质性内容的其他协议。招标人应在书面合同签订后 5 日内，向中标人和未中标的投标人退还投标保证金。

6.4.3.2 合同价款的确定

工程合同价款的确定有固定合同价、可调合同价和成本加酬金确定的合同价三种。

（1）固定合同价

是指合同中确定的工程合同价在实施期间不因价格变化而调整，这种合同以一次包干价委托，除了设计有重大变更，一般不允许调整合同价格。固定合同价又分为固定合同总价和固定合同单价两种。

1）固定合同总价。是指工程合同价款总额已确定，在工程实施过程中不再因为物价波动、气候条件恶劣或地质地基条件不理想等因素而变化。固定合同总价应考虑价格风险因素，在合同中明确规定合同总价包括的范围，且由于这类合同承包方需承担较大的风险，因此合同价款一般较高。

2）固定合同单价。是指合同中确定的各项单价不因工程实施期间的价格变化而调整，但在每阶段的工程结算时，可根据实际完成的工程量结算，工程竣工后按竣工图的工程量进行最终结算，得到实际工程总价款。

固定合同价的适用范围是：①工程范围清楚明确。②工程设计较细，图纸完整、详细、清楚。③工程量小、工期短，环境因素变化小，条件稳定并合理。④工程结构、技术简单，风险小，报价估算方便。⑤工程投标期相对宽裕，承包商可以详细做准备。⑥合同条件完备，双方的权利和义务十分清楚。

（2）可调合同价

是指合同中确定的工程合同价在实施期间可因价格变化而调整，可调合同价又分为可调合同总价和可调合同单价两种。

1）可调合同总价。是指签订合同时的总价是以招标文件的要求和当时的市场价计算得到的，当实施期间因通货膨胀而引起的成本增加额达到一定限度时，合同总价可随价格变化而调整。

2）可调合同单价。是指在工程招标文件中规定可随物价变化等因素调整的合同单价，或在合同中暂定某些分部分项工程的单价，然后根据实际情况在工程结算时进行调整，确定实际结算单价。

可调合同价由发包方承担通货膨胀或物价变化等风险，承包方承担其他风险，一般适用于工期在 1 年以上的项目。

（3）成本加酬金确定的合同价

是指合同中确定的工程合同价，是按工程的实际成本加一定比率的酬金计算得到的。按照酬金的计算方式不同，又分为成本加固定百分比酬金确定的合同价、成本加固定金额酬金确定的合同价、成本加奖罚确定的合同价和最高限额成本加固定最大酬金确定的合同价四种。

1）成本加固定百分比酬金确定的合同价。

a. 这种合同价是发包方对承包商支付的人工费、材料费、施工机具使用费、措施费等工程成本费用全部据实补偿，并按实际成本费用的固定百分比付给承包方酬金，作为承包方的利润。

b. 这种合同价由于不利于鼓励承包方降低成本，因此，很少采用，如需采用时，可在承包合同中规定补充条款进行成本控制，以促使承包方节约资金。

2）成本加固定金额酬金确定的合同价。这种合同价与成本加固定百分比酬金合同价类似，不同之处在于发包方付给承包方的酬金是固定金额。

3）成本加奖罚确定的合同价。这种合同价需预先粗略确定目标成本和固定酬金以及实际发生的成本与目标成本对比后的奖罚计算办法。

a. 具体做法是：①当实际成本低于目标成本时，承包方除从发包方获得实际成本、酬金补偿外，还可根据成本降低额得到奖金。②当实际成本高于目标成本时，则承包方只能从发包方得到成本和酬金的补偿，视具体情况，若超过了合同限额，还要处以一定的罚金。③可设工期奖罚。

b. 这种合同价可促使承包方降低成本、缩短工期，而且由于目标成本可随实际的工程量及单价进行调整，故发承包双方风险较小，应用较广泛。

4）最高限额成本加固定最大酬金确定的合同价。这种合同价需预先确定限额成本、报价成本和最低成本。

a. 具体做法是：①当实际成本未超过最低成本时，发包方支付给承包方实际成本和应得酬金，节约额双方共享。②当实际成本介于最低成本和报价成本之间时，承包方只能得到成本和酬金。③当实际成本在报价成本与限额成本之间时，承包方只能得到全部成本。④当实际成本超过限额成本时，则超过部分发包方不予支付。

b. 这种合同价有利于控制工程造价，并能鼓励承包方最大限度地降低工程成本。但由于需预先确定三种成本价，增加了前期估算的工作量和难度，限制了这种合同价的应用。

成本加酬金合同价的适用范围是：①投标阶段依据不准，工程的范围无法界定，无法准确估价，缺少工程的详细说明。②工程特别复杂，工程技术、结构方案不能预先确定，可能按工程中出现的新的情况据实确定。③时间特别紧急，要求尽快开工的工程，如抢救，抢险工程等。

思 考 题

6.1 简述招标人自行办理招标事宜应具备的条件。

6.2 简述强制性招标的项目范围。

6.3 公开招标和邀请招标的特点是什么？二者的区别是什么？

6.4 简述建设项目招标应具备的条件。

6.5 简述招标文件的主要内容。

6.6 简述招标工程量清单的组成。

6.7 分部分项工程量清单的组成要件是什么？

6.8 简述其他项目清单包括的内容。

6.9 简述招标控制价包括的内容。

6.10 简述投标文件的内容。

6.11 投标报价的策略有哪些？各是什么含义？

6.12 投标报价技巧有哪些？各有什么特点？

6.13 简述中标人应符合的条件。

6.14 工程合同价款的确定有哪些类别？各自的特点是什么？

7 建设项目施工阶段工程造价管理

【本章学习要点】

◆ 掌握：施工阶段工程造价管理的内容、资金使用计划的编制方法、施工阶段造价偏差的分析与控制方法、工程变更价款的确定方法、施工索赔费用的确定方法、工程预付款的限额与起扣点的计算方法、工程进度款的支付程序。

◆ 熟悉：工程计量的方法与顺序、合同价款调整事项与程序、工程变更的内容与程序、施工索赔的概念与分类、施工索赔的程序与内容、工程价款结算的概念。

◆ 了解：工程计量的概念、工程计量的原则与程序、法规及工程量清单变化类合同价款的调整方法、物价变化类合同价款的调整方法。

7.1 施工阶段工程造价管理概述

7.1.1 施工阶段工程造价管理的内容

施工阶段是项目建设过程中资金投入量最大的阶段，也是实现建设项目实体和使用价值的主要阶段，施工阶段的工程造价管理是实施建设项目全过程造价管理的重要组成部分。

（1）施工阶段工程造价管理的内容

施工阶段的工程造价管理是通过资金使用计划的编制、实际工程量的计量、工程变更与索赔的预防、处理与费用控制以及合理的工程价款结算等内容实施的，目的是在保证质量、进度的前提下力求将施工阶段造价控制在承包合同价款以内。

（2）施工阶段工程造价管理的影响因素

影响施工阶段造价管理的因素主要有施工组织设计的技术经济性和施工阶段的各类风险因素。

1）施工组织设计 施工组织设计能够协调施工单位之间、单项工程或单位工程之间以及资源使用时间和资金投入时间之间的关系，是实现工期、质量、造价目标的保证。因此，要注意施工组织设计的优化，尽量做到技术的先进性与经济的合理性统一、施工部署的科学性与资金安排、使用的有效性相结合。

2）施工阶段的各类风险 施工阶段存在着如设计变更与现场签证、资源的价格和数量变化、施工条件的变化、施工相关政策规定的变化等因素，因此，在制定工程造价管理措施时要考虑各类风险因素，做好预防和纠偏准备。

（3）施工阶段工程造价管理的过程

施工阶段的工程造价管理是一个有限循环的周期性动态的工作过程，如图 7.1 所示。

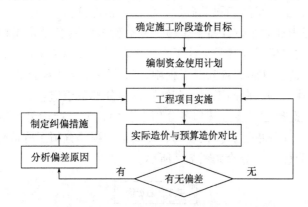

图 7.1　施工阶段工程造价管理过程图

（4）施工阶段工程造价管理的程序

施工阶段工程造价管理的程序和步骤如下。

1）施工前根据项目特点和要求，确定工程施工阶段的造价目标，并结合资金来源与需求情况编制资金使用计划；

2）在工程施工过程中，通过跟踪检查以及工程计量的方式，检查并对比实际造价和预算造价，监测项目造价的变动情况；

3）分析实际造价与预算造价之间的费用偏差，确定其严重性及产生原因，并预测项目后续施工所需总成本，做好后续施工资金的准备和资源的分配工作。

4）采取纠偏措施，实现造价的动态控制，以期消除或减小偏差、保证预期造价目标的实现。

7.1.2　资金使用计划的编制

资金使用计划的编制是施工阶段进行其他造价管理工作的基础依据和前提。资金使用计划的编制是在建设项目结构分解的基础上，将施工阶段的造价控制总目标值依次分解为各分目标值和各详细目标值，从而通过对工程实际支出额与目标值的比较，找出偏差，分析原因，并采取措施纠正偏差，以保证施工阶段资金的有效利用。

根据施工阶段造价控制的目标和要求不同，可按建设项目组成、工程项目造价构成、工程进度分解三种方式编制资金使用计划，在实践中，这三种方法并不是相互独立的，往往需结合起来应用。资金来源的实现方式和时间限制、施工进度计划的细化与分解，与实际工程进度调整有机地结合起来。

7.1.2.1　按建设项目组成编制资金使用计划

是通过将建设项目按其组成进行单项工程、单位工程、分部工程、分项工程的合理划分，从而逐级安排资金计划的方法，具体划分的粗细程度根据建设项目资金支出的实际需要决定。这种方法编制资金使用计划时，需先进行建设项目总造价的分解，然后根据工程的造价分配得到资金使用计划表。

（1）建设项目总造价的分解

建设项目总造价的分解是按建设项目的组成依次进行的，总造价的分解过程如下。

1）将建设项目总造价分解到各单项工程中，形成各单项工程的总造价。如某工厂的总造价可分解为办公楼、生产车间和职工宿舍等单项工程造价。

2）以各单项工程为独立个体，将各单项工程造价分解到各单位工程中，形成各单位工程的造价。如生产车间造价可分解为土建工程、水电工程等单位工程造价。

3）将各单位工程造价分解到各分部工程中，形成各分部工程造价。如土建工程造价可分解为基础工程、主体工程、屋面工程、装饰工程等分部工程造价。

4）将各分部工程造价进一步分解到各分项工程中，形成造价最小组分单元。如基础工程可分解为土方工程、基础垫层、筏板基础、回填土工程等分项工程造价。

按建设项目组成分解的总造价如图 7.2 所示。

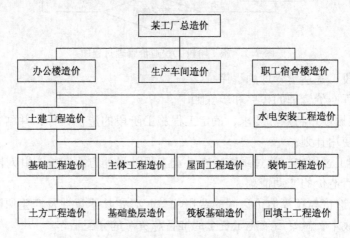

图 7.2　按建设项目组成分解的总工程造价

（2）工程的资金使用计划表

在完成建设项目总造价的分解之后，接下来就要根据各工程分项的造价分配额，编制详细的工程资金使用计划表，其内容一般包括：工程分项编码、工程内容、工程量、计划综合单价、计划资源需用量等。分项工程费计划如表 7.1 所示。

表 7.1　按建设项目组成编制的资金使用计划表

工程分项编码	工程内容	工程量		计划综合单价	计划资源需用量	工程分项总价
		工程数量	计量单位			

7.1.2.2　按工程项目造价构成编制资金使用计划

在施工阶段，工程项目的造价构成主要包括建筑安装工程费、设备及工器具购置费和工程建设其他费，与此相对应，按工程项目造价构成编制的资金使用计划也分为建筑安装工程费使用计划、设备及工器具购置费使用计划和工程建设其他费使用计划。其中，由于建筑工程和安装工程在性质上存在较大差异，造价的计算方法和标准也不尽相同，因此，在编制资金使用计划时往往对建筑工程费用和安装工程费用分别进行。

在进行各项费用分配时，费用比例要根据以往经验或已建立的数据库确定，也可根据具体情况做出相应调整。每项费用还可根据其构成要素继续细分，这种方法适用于有大量经验数据的工程项目。按工程项目造价构成编制的资金使用计划如图 7.3 所示。

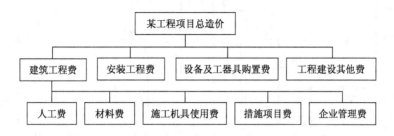

图 7.3　按工程项目造价构成编制的资金使用计划

7.1.2.3　按工程进度分解编制资金使用计划

工程项目的总造价是随着项目的进展分阶段、分期支出的，资金应用是否合理与其投入的时间以及项目的进度安排密切相关。因此，为了尽可能减少资金占用和利息支出，更合理有效地筹措和使用资金，可采用将项目总造价按其使用时间和进度情况进行分解的方法，编制项目资金使用计划。具体编制过程如下。

（1）编制工程进度计划

按工程进度分解编制资金使用计划，首先要编制工程进度计划，确定完成各项工程所需花费的时间以及完成相应工作的工程量或资源消耗。

（2）编制月费用支出计划表

根据每单位时间内完成的实物工程量或投入的人力、物力和财力等资源消耗，计算单位时间的费用，编制月费用支出计划表，如表 7.2 所示

表 7.2　某工程项目月费用支出计划表

时间/月	1	2	3	4	5	6	7	8	9	10	11	12
费用/万元	95	130	195	285	390	465	320	280	230	195	135	65

（3）按工程进度分解编制资金使用计划

月费用支出计划表完成后，即可进行工程项目资金使用计划的编制，其表达方式有两种：一种是在时标网络图上表示的资金使用计划，另一种是利用时间-费用累计曲线表示的资金使用计划。

1）在时标网络图上表示的资金使用计划。

是在时标网络图上拟定工程项目的执行计划时，一方面确定施工进展的时间，另一方面确定完成相应工作的资金使用额，时标网络图上表示的资金使用计划如图 7.4 所示。

2）利用时间-资金累积曲线表示的资金使用计划。

时间-资金累积曲线是以横坐标表示时间不变、以纵坐标表示到每一单位时间为止累计完成的工作量，绘制出的时间与累计完成工作量之间的关系曲线，由于形状如字母 S，因此，也被称为 S 曲线。

在编制资金使用计划时，时间-资金累计曲线（S 形曲线）的绘制步骤是：①计算出规定时间内计划累计完成的资金额，其计算方法为各单位时间计划完成的资金额累加求和。

②按各规定时间的累加资金额，绘制 S 形曲线。按时间-资金累计曲线表示的资金使用计划如图 7.5 所示。

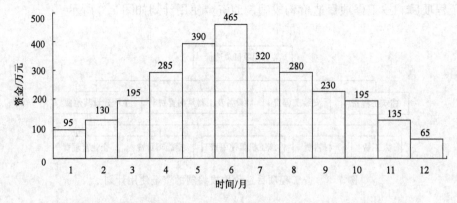

图 7.4　时标网络图上表示的资金使用计划

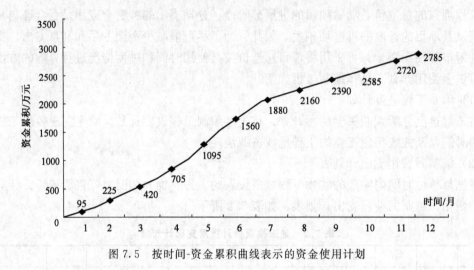

图 7.5　按时间-资金累积曲线表示的资金使用计划

7.1.3　施工阶段造价偏差的分析

施工阶段是项目实施过程中耗费工期最长、资源消耗量最大以及费用投入额度最高的阶段，在施工过程中会出现诸多影响因素，使得造价偏差在所难免，因此，进行造价偏差的计算与分析是造价控制的前提与基础。造价偏差对于发包人而言是投资偏差，对于承包人而言是成本偏差，在此统一表示为费用偏差。

7.1.3.1　施工阶段费用偏差的计算方法

（1）费用偏差与进度偏差的含义

在项目施工过程中，由于各种因素的影响，实际情况往往会与计划出现偏差，这些偏差是施工阶段工程造价控制与管理的对象。其中，工程实际费用与工程预算费用之间的差异叫做费用偏差；工程实际进度与工程计划进度的差异叫做进度偏差。进度偏差对费用偏差分析的结果有重要影响，要正确反映费用偏差的实际情况，必须注意进度偏差。

（2）费用偏差与进度偏差的计算参数

在费用偏差计算中包括拟完工程预算费用、已完工程预算费用和已完工程实际费用三个参数。

1) 拟完工程预算费用。即计划进度下的预算费用，是指截止到报告日期，按照批准的进度计划要求完成的工作量所需的预算费用，由计划工程量与预算单价相乘得到。

2) 已完工程预算费用。即实际进度下的预算费用，是指截止到报告日期，项目实际完成工作量的预算费用，由实际完成工程量与预算单价相乘得到。

3) 已完工程实际费用。即实际进度下的实际费用，是指截止到报告日期，项目已完工作量实际支出的总费用，由实际完成工程量与实际单价相乘得到。

(3) 费用偏差与进度偏差的计算公式

1) 费用偏差的计算公式，费用的绝对偏差可按式 (7.1) 计算，费用的相对偏差可按式 (7.2) 计算。

$$费用的绝对偏差=已完工程实际费用-已完工程预算费用 \qquad (7.1)$$

$$费用的相对偏差=\frac{绝对偏差}{预算费用}=\frac{(已完工程实际费用-已完工程预算费用)}{已完工程预算费用} \qquad (7.2)$$

2) 进度偏差的计算公式，根据时间进度计算，则进度偏差就是指已完工程实际时间与已完工程计划时间的差值。但在费用偏差分析时，为与费用偏差联系起来，常用式 (7.3) 计算的进度偏差来反映费用的偏差结果。

$$进度偏差=拟完工程预算费用-已完工程预算费用 \qquad (7.3)$$

(4) 费用偏差与进度偏差的结果分析

1) 费用偏差的结果分析。

a. 费用的绝对偏差结果比较直观，可直接用于指导项目资金使用计划和资金筹措计划的调整，相对偏差结果能较客观地反映费用偏差的严重程度或合理程度，对费用控制工作更有意义，因此，在费用偏差分析时，对绝对偏差和相对偏差都要计算。

b. 费用的绝对偏差或相对偏差结果均可正可负，当费用偏差大于 0 时，说明实际费用超过预算费用，项目费用超支；当费用偏差小于 0 时，说明实际费用没有超出预算费用，项目费用节约；当费用偏差等于 0 时，说明项目实际费用与预算费用相等。

2) 进度偏差的结果分析。当进度偏差大于 0 时，说明实际进度比计划进度慢，项目进度滞后，费用超支；当进度偏差小于 0 时，说明实际进度比计划进度快，项目进度提前，费用节约；当进度偏差等于 0 时，说明实际进度与计划进度相等，费用相等。

7.1.3.2 施工阶段费用偏差的分析方法

施工阶段项目费用的偏差可通过表格法、S 曲线法和横道图法等表达方式进行具体分析。

(1) 表格法

表格法是根据项目的具体情况、数据来源、费用控制工作的要求等条件来设计表格，在表格中列明项目编码、项目名称、各偏差参数数额以及费用偏差和进度偏差数额等内容，费用偏差比较与分析的工作可直接在表格中进行。用表格法表达的费用偏差分析如表 7.3 所示。

表格法的优点是适用性较强，设计的表格信息量大，可以反映各种偏差变量和指标，对于深入地了解项目费用的实际应用与控制状况非常有益；而且表格法还便于应用计算机辅助工程管理，提高费用控制工作的效率，因此，表格法是进行费用偏差分析最常用的一种表达方法。

表 7.3   费用偏差分析表（表格法）

项目编码	(1)	011	012	013
项目名称	(2)	土方工程	打桩工程	基础工程
计量单位	(3)	万元	万元	万元
预算单价	(4)			
预算工程量	(5)			
拟完工程预算费用	(6)＝(4)×(5)	80	90	110
已完工程量	(7)			
已完工程预算费用	(8)＝(4)×(7)	90	130	90
实际单价	(9)			
其他款项	(10)			
已完工程实际费用	(11)＝(7)×(9)+(10)	100	110	110
费用偏差（绝对）	(12)＝(11)－(8)	10	－20	20
费用偏差（相对）	(13)＝(12)÷(8)	0.11	－0.15	0.22
进度偏差	(16)＝(6)－(8)	－10	－40	20

（2）S 曲线比较法

S 曲线比较法是用时间−资金累积曲线（S 形曲线）进行费用偏差分析的方法，是通过绘制三条费用曲线，即已完工程实际费用曲线、已完工程预算费用曲线和拟完工程预算费用曲线，然后两两比较其横向进度偏差和纵向费用偏差，从而得到费用偏差数值和结论的方法。用曲线比较法表达的费用偏差分析如图 7.6 所示。

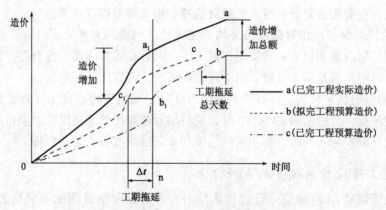

图 7.6   造价偏差分析（S 曲线比较法）

a_1、b_1、c_1 分别是某检查时刻的已完工程预算造价

图 7.6 中，曲线 a 与曲线 b 的竖向距离表示费用偏差，曲线 b 与曲线 c 的水平距离表示进度偏差，图中所反映的偏差为累计偏差。曲线法的优点是形象直观，缺点是难以直接用于定量分析，因此，在应用时往往与表格法结合起来，适用性更强。

（3）横道图法

用横道图法进行偏差分析，是用不同的横道线分别标识出拟完工程预算费用、已完工程预算费用和已完工程实际费用，横道线的长度与其费用数额成正比。费用偏差和进度偏差数额可以用数字或横道线表示，产生偏差的原因在认真分析后填入表内，用横道图法表达的费用偏差分析如表 7.4 所示。

表 7.4 费用偏差分析表（横道图法）

项目编码	项目名称	偏差的计算参数/万元	费用偏差/万元	进度偏差/万元	偏差原因
011	土方工程	100 / 80 / 90	10	−10	
012	基础工程	110 / 90 / 130	−20	−40	
013	砌筑工程	110 / 110 / 90	20	20	
		20 40 60 80 100 120			
	合计	320 / 280 / 310	10	−30	
		50 100 200 250 300 350			

注：▥—已完工程实际费用；▨—拟完工程预算费用；▮—已完工程预算费用。

横道图法的优点是简单直观，能准确表达出项目施工过程中费用的绝对偏差，便于掌握项目资金的管理状况。缺点是可获得的信息量较少，只能反映出累计偏差和局部偏差，因此应用具有一定的局限性，多用于对项目分部或分项工程的局部费用偏差分析。

7.1.4 施工阶段造价偏差的控制

通过对造价偏差的计算与结论分析，找出偏差产生的原因，以期有针对性地进行纠偏措施的制定是施工阶段造价控制的重要内容，也是造价管理的关键环节。

7.1.4.1 造价偏差产生的原因

导致工程项目产生造价偏差的因素是多方面的，究其本质可以归结为客观原因和主观原因，具体表现在以下方面。

（1）客观原因

主要包括自然原因和社会原因。其中，自然原因包括：气象条件、地质条件、环境条件等自然条件变化；社会原因包括：国家政策法规变化，人工、材料、机械费等价格上涨，城市规划的要求等导致的偏差。

（2）主观原因

主要包括业主、监理、设计、施工、供应等项目管理相关方的因素。其中，业主原因主要是指投资规划不当、建设手续不健全、因业主原因变更工程或业主未及时付清工程款等情况；设计原因主要是指设计错误、设计变更或设计标准变更等情况；施工原因主要是指施工组织设计或施工方案不合理、发生了质量或安全事故等情况。

在工程项目产生造价偏差的各种原因中，客观原因是无法避免的，施工原因造成的损失要由施工单位自行负责，而业主、监理和设计原因造成的费用偏差则是业主纠偏的主要对象，也是施工阶段工程造价管理的重点。

7.1.4.2　造价偏差的类型

施工阶段产生的造价偏差并非都需要进行纠正，而是要根据不同类型确定是否有纠偏必要，然后再针对性地研究纠偏措施。造价偏差主要包括以下四种类型。

(1) 费用增加且进度拖延

这种类型是纠正偏差的主要对象，需进行偏差原因分析并制定相应的纠偏措施。

(2) 费用增加但进度提前

这种类型是否需要进行纠偏，要视具体情况并适当考虑进度提前带来的收益的增加，综合分析后再行确定。①若增加的费用超过增加的收益时，要采取纠偏措施；②若增加的费用与增加的收益大致相等或低于收益增加额时，则可以考虑不采取纠偏措施。

(3) 费用节约但进度拖延

这种类型是否需要进行纠偏，要视具体情况从项目参建各方的角度根据实际需要考虑。

(4) 费用节约且进度提前

这种类型是最理想的，不需要采取任何纠偏措施，但需认真核对工程量，避免因遗漏工程量而出现费用节约、进度提前的工作失误。

7.1.4.3　造价偏差的纠正措施

造价偏差的纠正措施包括组织措施、经济措施、技术措施和合同措施四个方面。

(1) 组织措施

组织措施是指从造价管理的组织保障方面采取的措施，包括确定和落实造价管理的组织机构和人员，明确各级造价管理人员的任务和职能分工、权利和责任，编制造价管理工作计划和详细的造价控制工作流程图。

(2) 经济措施

经济措施是指从造价管理的经济保障方面采取的措施。包括施工前确定并分解造价管理目标、编制资金使用计划；施工过程中，通过工程计量定期地进行造价实际值与预算值的比较，分析费用偏差产生的原因、所属的类型并据此采取相应的纠偏措施；根据分析结果，对未完工程进行费用预测，以发现潜在问题，及时采取预防措施进行费用偏差的主动控制。

(3) 技术措施

技术措施是指从造价管理的技术保障方面采取的措施。包括对设计变更进行技术经济比较以严格控制设计变更；在保证项目功能和质量的前提下，对设计方案继续挖潜节约造价的可能性；施工过程中对主要的施工方案和施工部署安排不断进行技术经济分析和优化，以节约造价保证目标的实现。

(4) 合同措施

合同措施是指从费用管理的合同保障方面采取的措施。包括合同签订时相关条款的约定、组织机构中对合同规定责任的落实以及施工过程中对合同的日常管理；在项目建设实施过程中，索赔事件难以避免，因此，索赔管理是施工阶段的主要造价控制措施，在合同管理中，一方面要加强主动控制、尽量减少索赔事件；另一方面，在发生索赔事件后，要认真审查有关索赔依据和索赔证据是否可靠有效、索赔费用的计算与支付是否合理，以保证最大程度控制因索赔而产生的费用偏差。

7.2　施工阶段的工程计量

7.2.1　工程计量的概念

（1）工程计量的含义与作用

1）含义　施工阶段的工程计量是由发包人根据设计文件、相关技术规范与标准，招标工程量清单以及发包方与承包人签订的承包合同中关于工程量计算的规定，对承包人申报的已完成工程的工程量进行的统计、测量核验与确认工作。

2）作用　施工阶段的工程计量不仅是发包方控制施工阶段工程造价的关键环节，也是约束承包人按约履行合同义务、强化合同意识的重要手段，对承包人已完合格工程进行及时准确地计量并予以确认，是发包方支付工程款、进行价款结算的基础与前提。

（2）工程计量的内容与依据

1）工程计量的内容　主要包括：工程量清单中的全部项目所包含的工程内容；工程变更项目中涉及的工程量清单修正的内容；合同文件中规定的现场签证、工程索赔、预付备料款、价格的据实调整、工程违约金等各种费用支出项目。

2）工程计量的依据　主要包括：工程量清单及说明；设计图纸、设计变更及修订的工程量清单；合同条件及有关工程计量规定的补充协议；工程量清单计价规范及预算定额、相关技术规范标准及质量验收合格证书、审定的施工组织设计和施工技术措施方案以及施工现场情况等。

7.2.2　工程计量的原则与程序

7.2.2.1　工程计量的原则

（1）按合同文件的约定进行工程计量的原则

合同中的工程量清单说明、要求的技术规范与标准、相关合同条款等会从不同角度、不同侧面涉及工程计量的要求，工程计量的范围、内容、方法和程序应与这些合同文件中的约定相一致，遵循相关规定。

（2）对不符合合同文件要求的工程不予计量的原则

对于承包人已完的工程，并不是全部进行计量，而只是对于满足设计图纸要求的、质量达到合同标准的、具有完备的工程质量验收资料及交验手续的已完工程才进行计量，否则不予以计量。

（3）对承包人原因导致的工程增量不予计量的原则

对于施工过程中因承包人自身原因所造成的超出合同约定范围的工程量，比如因工程质量不合格而造成的返工或返修的工程增量等情况，不予以计量。

7.2.2.2　工程计量的程序

工程计量的一般程序及计量结果规定如图 7.7 所示。

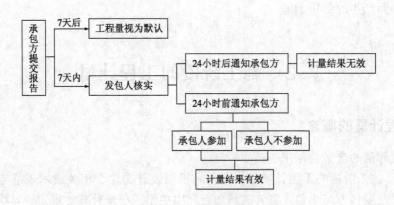

图 7.7　工程计量程序图

（1）工程计量的一般程序

按照施工合同示范文本的规定，工程计量的一般程序是：承包人应按专用条款约定的时间，向发包人提交已完工程量的报告；发包人接到报告后 7 天内按设计图纸核实已完工程量，并在计量前 24 小时通知承包人；承包人为计量提供便利条件并派人参加。

（2）未按要求程序计量的处理规定

未按要求的工程计量程序进行时，对工程计量结果的处理规定如下。

1）发包人收到承包人报告后 7 天内未进行计量，从第 8 天起，承包人报告中开列的工程量视为已经被确认，并作为工程价款支付的依据；

2）发包人不按约定时间通知承包人，致使承包人不能参加计量的，计量结果无效；

3）承包人在要求的时间内接到通知不参加计量，发包人可自行进行，计量结果有效，并作为工程价款支付的依据；

4）发包人对承包人超出设计图纸范围或因自身原因造成返工的工程量，不予计量。

7.2.3　工程计量的方法

7.2.3.1　工程计量的规定

（1）一般规定

工程量必须按照相关工程现行国家计量规范规定的工程量计算规则计算，工程计量周期可选择按月或按工程形象进度分段计量，具体计量周期在合同中约定。

（2）单价合同的计量规定

1）单价合同工程量必须以承包人完成合同工程应予计量的工程量确定。

2）在进行单价合同工程计量时，如果出现由于清单缺项漏项、工程量偏差、项目特征描述与实际不符、工程变更等原因而导致承包人实际完成的工程量与工程量清单中所列工程量有出入时，应按承包人为履行合同义务而完成的实际工程量进行计量。

（3）总价合同的计量规定

1）采用工程量清单方式招标形成的总价合同，其工程计量规定同单价合同。

2）采用经审定批准的施工图纸及其预算方式发包形成的总价合同，除按照工程变更规定引起的工程量增减外，总价合同各项目的工程量是承包人用于结算的最终工程量。

3）总价合同约定的项目计量应以合同工程经审定批准的施工图纸为依据，发承包双方应在合同中约定工程计量的形象目标或时间节点进行计量。

7.2.3.2　工程计量的方法与计量顺序

（1）工程计量的方法

根据 FIDIC 合同条件的规定，工程计量的方法有以下几种。

1）均摊法。是指对于清单中某些项目稳定发生的合同价款，按合同工期平均计量的方法。如，为发包人提供宿舍、保养测量设备以及维护工地清洁和整洁等项目，一般按均摊法进行计量支付。

2）凭据法。是指按照承包人提供的确凿的凭据进行计量支付的方法。如，建筑工程保险费、第三方责任保险费、履约保证金等项目，一般按凭据法进行计量支付。

3）估价法。是指按合同文件的规定，根据发包人针对进行中的工作，估算其已完成的工程价值支付的方法。如，为发包人提供办公设施、生活设施、办公用车以及为发包人提供测量设备等清单项目，往往要购买几种仪器设备，当承包人对于某一项清单项目中规定购买的仪器设备不能一次购进时，一般按估价法进行计量支付。

4）断面法。是指对于开挖土方或填筑路堤等工程的计量，在开工前承包人测绘出原地形的断面，经发包人检查后，即可作为计量依据的方法。

5）图纸法。是指采用按照设计图纸所示的尺寸进行计量的方法，如钻孔桩的桩长计量、混凝土构筑物的体积计量等，是计量工程量清单项目常用的方法。

6）分解计量法。是指将一个项目先根据工序或部位分解为若干子项，然后对完成的各子项进行计量支付的方法。这种计量方法主要适用于包干或规模较大的项目因其支付时间过长，而影响承包人资金流动的情况。

（2）工程计量的顺序

工程计量应按照一定的顺序依次进行，这样既可以节省时间加快计量速度，又可以避免计量错误。可采用的顺序有以下几种。

1）按顺时针方向计量。是指采用从施工图纸的左上角开始，按顺时针方向从左向右进行，当计量路线绕图一周后，再重新回到施工图纸左上角的计量顺序。例如外墙、地面、天棚等抹灰等分项工程，均可按此顺序进行计量。

2）按照横竖分割计量。是指采用先左后右、先横后竖、从上至下的计量顺序。例如房屋的条形基础土方、砖墙砌筑、门窗过梁、墙面抹灰等分项工程，均可按此顺序进行计量。

3）按图纸分项编号顺序计量。是指以图纸上所注结构构件、配件的编号顺序作为工程量的计量顺序。例如混凝土构件、门窗、屋架等分项工程，均可按此顺序计量。

总之，在计量工程量时，无论采用哪种顺序进行，都不能有漏量、少量、错量或重复计量的现象发生。

7.3　施工阶段合同价款的调整

7.3.1　合同价款的调整事项与程序

7.3.1.1　合同价款的约定

（1）施工合同价款的约定

施工合同价款应由发承包双方在签订的施工合同中约定。对于实行招标的工程，其合同价款由发承包双方依据中标通知书的中标价款在合同协议书中约定；对于不实行招标的工程，其合同价款由发承包双方依据由双方共同确定认可的施工图预算总造价在合同协议书中约定。

（2）施工合同价款调整的约定

工程项目在施工阶段可能会受到多种因素的影响，而使得实际情况发生变化，从而导致发承包双方在施工合同中约定的合同价款出现变动。为合理分配合同价款的变动风险，有效地控制施工阶段的工程造价，发承包双方应当在施工合同中明确约定合同价款的调整事项、调整程序及各事项的调整方法。

7.3.1.2　合同价款的调整事项

发承包双方应当按照合同约定调整合同价款的事项主要包括法规变化类、工程变更类、工程量清单变化类、物价变化类、工程索赔类和其他类事项。

其中，①法规变化类，主要包括法律法规变化事项。②工程变更类，主要包括各类工程变更事项。③工程量清单变化类，主要包括项目特征描述不符、工程量清单缺项、工程量偏差、计日工等事项。④物价变化类，主要包括物价变化、暂估价事项。⑤工程索赔类，主要包括不可抗力、提前竣工或赶工补偿、误期赔偿、索赔等事项。⑥其他类，主要包括现场签证、暂列金额以及发承包双方约定的其他调整事项。

7.3.1.3　合同价款的调整程序

（1）合同价款调增事项的调整程序

1）出现不包括因工程量偏差、计日工、现场签证和施工索赔引起的合同调增事项后的14 天内，承包人应向发包人提交合同价款调增报告并附上相关资料。若承包人在 14 天内未提交合同价款调增报告的，视为承包人对该事项不存在调整价款请求。

2）发包人应在收到承包人合同价款调增报告及相关资料之日起 14 天内对其核实，予以确认的应书面通知承包人。未按要求进行的，处理程序为：①发包人在收到合同价款调增报告之日起 14 天内未确认也未提出协商意见的，视为承包人提交的合同价款调增报告已被发包人认可。②发包人提出协商意见的，承包人应在收到协商意见后的 14 天内对其核实，予以确认的应书面通知发包人。③如承包人在收到发包人的协商意见后 14 天内既不确认也未提出不同意见的，视为发包人提出的意见已被承包人认可。

（2）合同价款调减事项的调整程序

1）出现不包括因工程量偏差、施工索赔引起的合同调减事项后的 14 天内，发包人应向承包人提交合同价款调减报告并附相关资料。若发包人在 14 天内未提交合同价款调减报告的，视为发包人对该事项不存在调整价款请求。

2）承包人应在收到发包人合同价款调减报告及相关资料之日起 14 天内对其核实，予以确认的应书面通知发包人。未按要求进行的，处理程序为：①承包人在收到合同价款调减报告之日起 14 天内未确认也未提出协商意见的，视为发包人提交的合同价款调增报告已被承包人认可。②承包人提出协商意见的，发包人应在收到协商意见后的 14 天内对其核实，予以确认的应书面通知承包人。③如发包人在收到承包人的协商意见后 14 天内既不确认也未提出不同意见的，视为承包人提出的意见已被发包人认可。

（3）合同调整价款的支付

经发承包双方确认调整的合同价款，作为追加或追减合同价款，应与工程进度款或结算款同期支付。

7.3.2 法规及工程量清单变化类合同价款的调整

7.3.2.1 法规变化类合同价款的调整

（1）基准日的确定

招标工程以招标文件中规定的投标截止日期之前的第 2 8 天作为基准日；非招标工程以建设工程施工合同签订前的第 28 天作为基准日。

（2）合同价款的调整方法

施工合同履行期间，在基准日后国家的法律、法规、规章和政策发生变化引起工程造价增减变化的，发承包双方应当按照省级或行业建设主管部门或其授权的工程造价管理机构据此发布的规定调整合同价款。

（3）工期延误期间的特殊处理

施工合同履行期间，因承包人原因导致工期延误，在工程延误期间国家的法律、法规、规章和政策发生变化引起工程造价变化的，合同价款调增的不予调整，合同价款调减的予以调整。

7.3.2.2 工程量清单变化类合同价款的调整

（1）项目特征描述不符

1）项目特征描述的要求。项目特征是承包人确定工程量清单中各项目综合单价的重要依据之一，发包人在招标工程量清单中对项目特征的描述，应被认为是准确的和全面的，并且与实际施工要求相符合。承包人应按照发包人提供的招标工程量清单，根据其项目特征描述的内容及有关要求实施合同工程，直到其被改变为止。

2）合同价款的调整方法。承包人应按照发包人提供的设计图纸实施合同工程，若在合同履行期间，出现设计图纸（含设计变更）与招标工程量清单中任一项目的特征描述不符的情况，且这种情况会引起该项目的工程造价增减变化的，应根据实际施工的项目特征，按照工程变更类合同价款的调整方法重新确定相应工程量清单项目的综合单价，并调整合同价款。

（2）工程量清单缺项

1）工程量清单缺项的处理。合同履行期间，由于招标工程量清单中缺项，新增分部分项工程清单项目的，应按照工程变更类合同价款的调整方法确定该清单项目的综合单价，并调整合同价款。

2）合同价款的调整方法。①新增分部分项工程清单项目后，引起措施项目发生变化的，应在承包人提交的实施方案被发包人批准后，调整合同价款。②由于招标工程量清单中措施项目缺项，承包人应将新增措施项目实施方案提交发包人批准后，按照规范相关规定调整合同价款。

（3）工程量偏差

合同履行期间，若应予计算的实际工程量与招标工程量清单出现偏差，且符合以下两条规定的，发承包双方应调整合同价款。

1）对于任一招标工程量清单项目，如果因工程量偏差和工程变更等原因导致工程量偏差超过15％，调整的原则为：①当工程量增加15％以上时，其增加部分的工程量的综合单价应予调低；②当工程量减少15％以上时，减少后剩余部分的工程量的综合单价应予调高。

2）如果工程量出现超过15％的变化，且该变化引起相关措施项目相应发生变化，按系数或单一总价方式计价的，工程量增加的措施项目费调增，工程量减少的措施项目费调减。

（4）计日工

发包人通知承包人以计日工方式实施的零星工作，承包人应予执行。计日工计价的任何一项变更工作，承包人应在该项变更的实施过程中，按以下要求进行合同价款的调整。

1）按合同约定提交相关报表和有关凭证送发包人复核。包括：①工作名称、内容和数量；②投入该工作所有人员的姓名、工种、级别和耗用工时；③投入该工作的材料名称、类别和数量；④投入该工作的施工设备型号、台数和耗用台时；⑤发包人要求提交的其他资料和凭证。

2）任一计日工项目实施结束，承包人应按确认的计日工现场签证报告核实该类项目的工程数量，并根据核实的工程数量和承包人已标价工程量清单中的计日工单价计算，提出应付价款；若无相应计日工单价，则发承包双方按工程变更类的有关规定商定。

3）每个支付期末，承包人应按进度款的支付规定向发包人提交本期间所有计日工记录的签证汇总表，并说明本期间自己认为有权得到的计日工金额，调整合同价款，列入进度款支付。

7.3.3 物价变化类合同价款的调整

7.3.3.1 物价波动变化类合同价款的调整

施工合同履行期间，因人工、材料、工程设备、施工机械台班价格波动影响合同价款时，应根据合同约定的方法调整合同价款，调整方法有价格指数调整法和造价信息差额调整法。

（1）价格指数调整法

是指采用价格指数调整价格差额的方法，主要适用于施工中所用的材料品种较少，但每种材料使用量较大的土木工程，如公路、水坝等工程。

1）价格调整公式。因人工、材料和工程设备等价格波动影响合同价格时，根据投标函附录中的价格指数和权重表约定的数据，按价格调整公式计算差额并调整价款，计算公式如下：

$$\Delta P = P_0 \left[A + \left(B_1 \times \frac{F_{t1}}{F_{01}} + B_2 \times \frac{F_{t2}}{F_{02}} + B_3 \times \frac{F_{t3}}{F_{03}} + \cdots + B_n \times \frac{F_{tn}}{F_{0n}} \right) - 1 \right] \quad (7.4)$$

式中　　　　　　　ΔP——需调整的价格差额；

P_0——合同约定的付款证书中，承包人应得到的已完成工程量的金额。此项金额不包括价格调整、不计质量保证金的扣留和支付、预付款的支付和扣回；变更及其他金额已按现行价格计价的，也不计在内；

A——定值权重（即不调部分的权重）；

B_1、B_2、B_3、$\cdots$、B_n——各可调因子的变值权重（即可调部分的权重），为各可调因子在投标函投标总报价中所占的比例；

F_{t1}、F_{t2}、F_{t3}、$\cdots$、F_{tn}——各可调因子的现行价格指数，指合同约定的付款证书相关周期最后一天的前 42 天的各可调因子的价格指数；

F_{01}、F_{02}、F_{03}、$\cdots$、F_{0n}——各可调因子的基本价格指数，指基准日的各可调因子的价格指数。

2）权重的调整。按变更范围和内容所约定的变更，导致原定合同中的权重不合理时，由承包人和发包人协商后进行调整。

3）承包人工期延误后的价格调整。由于承包人原因未在约定的工期内竣工的，对原约定竣工日期后继续施工的工程，应采用原约定竣工日期与实际竣工日期的两个价格指数中较低的一个作为现行价格指数。

（2）造价信息差额调整法

造价信息差额调整法是指采用造价信息调整价格差额的方法，主要适用于使用的材料品种较多、相对而言每种材料使用量较小的房屋建筑与装饰工程。合同履行期间，因人工、材料、工程设备和施工机械台班波动影响的合同价格时，采用造价信息差额调整法的相关规定如下。

1）人工单价的调整。人工单价发生变化时，发承包双方应按省级或行业建设主管部门或其授权的工程造价管理机构发布的人工成本文件调整合同价款。

2）材料、工程设备价格的调整。材料、工程设备价格发生变化时，其价款调整按照承包人提供的主要材料和设备一览表，根据发承包双方约定的风险范围按以下规定进行。

a. 当承包人投标报价中材料单价低于基准单价：施工期间材料单价涨幅以基准单价为基础超过合同约定的风险幅度值时，或材料单价跌幅以投标报价为基础超过合同约定的风险幅度值时，其超过部分按实调整。

b. 当承包人投标报价中材料单价高于基准单价：施工期间材料单价跌幅以基准单价为基础超过合同约定的风险幅度值时，或材料单价涨幅以投标报价为基础超过合同约定的风险幅度值时，其超过部分按实调整。

c. 当承包人投标报价中材料单价等于基准单价：施工期间材料单价涨、跌幅以基准单价为基础超过合同约定的风险幅度值时，其超过部分按实调整。

d. 承包人应在采购材料前将采购数量和新的材料单价报发包人核对，确认用于本合同工程量，发包人应确认采购材料的数量和单价。①发包人在收到承包人报送的确认资料后 3 个工作日不予答复的视为已经认可，作为调整合同价款的依据。②如果承包人未报经发包人核对即自行采购材料，再报发包人确认调整合同价款的，如发包人不同意，则不作调整。

3）施工机械台班单价或施工机械使用费的调整。当施工机械台班单价或施工机械使用费发生变化的范围，超过省级或行业建设主管部门或其授权的工程造价管理机构规定的范围时，按其规定调整合同价款。

对于承包人采购材料和工程设备的，应在合同中约定主要材料、工程设备价格变化的范围或幅度。如没有约定，则材料、工程设备单价变化超过 5％，超过部分的价格应按照价格指数调整法或造价信息差额调整法计算调整材料、工程设备费。

7.3.3.2 暂估价变化类合同价款的调整

暂估价是招标人在工程量清单中提供的用于支付必然发生但暂时不能确定价格的材料、工程设备的单价以及专业工程的金额，当其发生变化时，按以下规定进行合同价款的调整。

(1) 给定暂估价的材料、工程设备

1) 属于依法必须招标的，由发承包双方以招标的方式选择供应商。确定其价格并以此为依据取代暂估价，调整合同价款。

2) 不属于依法必须招标的，由承包人按照合同约定采购，经发包人确认单价后取代暂估价，调整合同价款。

(2) 给定暂估价的专业工程

1) 不属于依法必须招标的，应按照工程变更价款的确定方法确定专业工程价款，并以此为依据取代专业工程暂估价，调整合同价款。

2) 依法必须招标的，应当由发承包双方依法组织招标选择专业分包人，并接受有管辖权的建设工程招标投标管理机构的监督，还应符合下列要求。

a. 除合同另有约定外，承包人不参加投标的专业工程发包招标，应由承包人作为招标人，但拟定的招标文件、评标工作、评标结果应报送发包人批准。与组织招标工作有关的费用应当被认为已经包括在承包人的签约合同价即投标总报价中。

b. 承包人参加投标的专业工程发包招标，应由发包人作为招标人，与组织招标工作有关的费用由发包人承担。同等条件下，应优先选择承包人中标。

c. 以专业工程发包中标价为依据取代专业工程暂估价，调整合同价款。

7.4 工程变更与施工索赔管理

7.4.1 工程变更的内容与程序

工程变更，是工程项目变更的简称，是指因施工条件改变、发包人或监理工程师的要求以及设计原因等引起的工程或其任何部分的形式、数量或质量等发生的变更。工程变更是影响工程项目造价管理的关键因素，可能会导致工程量的变化、承包方的索赔等事项，因此，造价管理者必须严格予以控制。

7.4.1.1 工程变更的内容

工程变更的内容包括设计变更、施工条件变更、进度计划变更、新增工程和施工措施变更等内容。

(1) 设计变更

设计变更是工程变更的主要内容，是指工程项目施工合同履约过程中，由参建各方提出的、最终由设计单位以设计变更或设计补充文件形式发出的变更。引起设计变更的原因有：

①设计文件与现场情况不符；②设计文件上有表达不清楚的部分，包括设计图纸及其说明互相矛盾、设计文件中出现的各种遗漏或错误等情况；③因设计深度不够或应发包人要求对设计所作的优化调整等。

（2）施工条件变更

施工条件变更是指在施工过程中，因发包人未能按合同约定提供必需的施工条件，或施工现场的地质、水文等情况使施工受到限制以及不可抗力发生导致工程无法按预定计划实施等情况而产生的变更。引起施工条件变更原因有：①因投资和物价发生较大变动而改变承包金额。②发包人提供的勘察资料与现场实际情况不相符，致使工程中途停顿；③发包人提供的施工临时用电因社会电网紧张而断电，导致施工无法正常进行；④因暴风大雨、洪水海潮、地震、沉陷、火灾等自然或人为事件，而对已完工程、临时设施和已运进现场的施工材料、机具设备造成的重大损失等。

（3）新增工程量变更

新增工程量变更是指施工过程中，发包人要求增加原招标工程量清单之外的建设内容而引起的变更。引起新增工程量变更的原因主要是来自发包人的要求，可能是为调整或修改整体布局而增加工程量，也可能是由于监理工程师错误指令所导致的工程量增加。

（4）施工措施变更

施工措施变更是指在施工过程中承包人因工程地质条件变化、施工环境或施工条件的改变等因素影响，向监理工程师和发包人提出改变原施工方案或施工措施而产生的变更。施工措施或方案的变更必须经监理工程师和发包人审查同意后实施，重大施工措施或方案的变更还应征询原设计单位的意见，否则引起的费用增加和工期延误将由承包人自行承担。

（5）进度计划变更

进度计划变更是指在施工过程中，发包人因上级指令、技术因素或经营需要，调整原定工期或进度安排而引起的变更。引起进度计划变更的原因有：①由于天气等客观条件的影响而使工程被迫暂时停工，需延长工期，改变进度计划；②发包人因某些理由要求承包人采取措施加快进度，缩短工期，改变进度计划。

7.4.1.2 工程变更的程序

（1）发包人要求的工程变更

工程施工过程中，如果发包人需要对原工程设计进行变更，应提前14天由监理工程师代表发包人以书面形式向承包人发出变更通知。变更超过原设计标准或批准的建设规模时，发包人应报规划管理部门和其他有关部门重新审查批准，并由原设计单位提供变更的相应图纸和说明。因设计变更导致合同价款的增减及造成的承包人的损失由发包人承担，延误的工期相应顺延。

（2）监理工程师提出的工程变更

根据工程项目的需要和施工现场的实际情况，监理工程师可就以下内容经发包人认可后向承包人发出变更通知，包括：①更改工程有关部分的标高、基线、位置和尺寸；②增减合同中约定的工程量；③改变有关工程的施工时间和顺序；④其他有关工程变更需要的附加条件。

（3）承包人提出的工程变更

承包人应严格按照图纸施工，不得随意提出变更要求。承包人可提出变更的情形有：

①因图纸出现错误、漏笔、各专业尺寸矛盾或缺项等缺陷而无法施工的；②图纸中不便于施工的设计方案，经变更后在不改变设计要求的情况下更经济、方便的；③采用新技术、新材料、新产品、新工艺的需求。承包人提出的工程变更，需经监理工程师审查认可后上报发包人，经发包人批准后按规定程序执行。

（4）承包人提出的合理化建议

施工过程中，承包人提出的合理化建议涉及对设计图纸或施工方案的更改及对原材料和设备的更换的，必须经过监理工程师和发包人的同意。具体要求是：①监理工程师同意变更后，上报发包人，并经原规划管理部门和其他相关部门审查批准后，由原设计单位提供变更的相应图纸和说明。②未经监理工程师同意，承包人擅自更改或换用材料等，承包人应承担由此发生的费用，并赔偿发包人的有关损失，延误的工期不予顺延；③经监理工程师同意采用承包人的合理化建议的，则由此所发生的费用和所获得的收益的分担或分享，由发包人和承包人另行约定。

（5）其他变更情况

如果发包人提出的工程变更，因非承包人原因删减了合同中的某项原定工作或工程，致使承包人发生的费用或（和）得到的收益不能被包括在其他已支付或应支付的项目中，也未被包含在任何替代的工作或工程中，则承包人有权提出并得到合理的费用及利润补偿。由于在我国的工程实践中，承包人因工程变更向发包人索赔利润的情况并不多见，因此这项规定为承包人向发包人索赔利润提供了法律依据，在变更管理中非常重要。

7.4.2　工程变更价款的确定

7.4.2.1　工程变更价款的确定程序

1）承包人在工程变更确定后14天内，可提出变更涉及的追加合同价款要求的报告，经监理工程师确认后上报发包人进行相应合同价款的调整。如果承包人在双方确定变更后的14天内，未向监理工程师提出变更工程价款的报告，视为该项变更不涉及合同价款的调整。

2）监理工程师应在收到承包人的变更合同价款后14天内，对承包人的要求予以确认或做出其他答复。监理工程师无正当理由不确认或不答复时，自承包人的报告送达之日起14天后，视为变更价款报告已被确认。

3）监理工程师确认增加的工程变更价款作为追加合同价款，与工程进度款同期支付。监理方不同意承包人提出的变更价款，按合同约定的争议条款处理。

4）因承包人自身原因导致的工程变更，承包人无权要求追加合同价款。如果由于承包人原因使实际施工进度滞后于计划进度，某工程部位的施工与其他承包人的施工发生干扰，监理工程师发布指示改变了原来的施工时间和顺序，导致施工成本的增加或效率降低，承包人也无权要求补偿。

7.4.2.2　工程变更价款的确定

工程变更价款的确定包括工程变更引起的分部分项工程费和措施项目费的确定。

（1）工程变更引起的分部分项工程费的确定

是指工程变更引起已标价工程量清单项目或其工程数量发生变化时，对于工程变更价款的确定方法，具体规定如下。

1）已标价工程量清单中有适用于变更工程项目的，应采用该项目的单价计算变更价款；

但当工程变更导致该清单项目的工程数量发生变化，且工程量偏差超过 15% 时，应予以调整，调整的原则为：①当工程量增加 15% 以上时，其增加部分的工程量的综合单价应予调低；②当工程量减少 15% 以上时，减少后剩余部分的工程量的综合单价应予调高。

2）已标价工程量清单中没有适用但有类似于变更工程项目的，可在合理范围内参照类似项目的单价。

3）已标价工程量清单中没有适用也没有类似于变更工程项目的，应由承包人根据变更工程资料、计量规则和计价办法、工程造价管理机构发布的信息价格和承包人报价浮动率，提出变更工程项目的单价，并应报发包人确认后调整。承包人的报价浮动率计算公式如下。

a. 对于招标工程，按式 (7.5) 计算。

$$承包人报价浮动率 = (1 - 中标价/招标控制价) \times 100\% \qquad (7.5)$$

b. 对于非招标工程，按式 (7.6) 计算。

$$承包人报价浮动率 = (1 - 报价值/施工图预算) \times 100\% \qquad (7.6)$$

4）已标价工程量清单中没有适用也没有类似于变更工程项目，且工程造价管理机构发布的信息价格缺价的，应由承包人根据变更工程资料、计量规则、计价办法和通过市场调查等取得有合法依据的市场价格提出变更工程项目的单价，并应报发包人确认后调整。

(2) 工程变更引起的措施项目费的确定

是指工程变更引起施工方案改变并使措施项目发生变化时，对于工程变更价款的确定方法，具体规定如下。

1）工程变更引起承包人提出调整措施项目费的，应事先将拟实施的方案提交发包人确认，并应详细说明与原方案措施项目相比的变化情况。如果承包人未事先将拟实施的方案提交给发包人确认，则视为工程变更不引起措施项目费的调整或承包人放弃调整措施项目费的权利。

2）拟实施的方案经发、承包双方确认后执行，并应按照下列规定调整措施项目费。

a. 安全文明施工费按照实际发生变化的措施项目调整，不得浮动。

b. 采用单价计算的措施项目费，按照实际发生变化的措施项目及分部分项工程费变更价款的规定确定单价。

c. 按总价或系数计算的措施项目费，按照实际发生变化的措施项目调整，但应考虑承包人报价浮动因素，即调整金额按照实际调整金额乘以相应公式得出的承包人报价浮动率计算。

7.4.3　施工索赔的概念与分类

7.4.3.1　施工索赔的概念

施工索赔是指在施工合同履行过程中，合同一方因对方不履行或没有全面适当履行合同所规定的义务而遭受损失时，向对方提出索赔或补偿要求的行为。索赔是双向的，可以是承包人向发包人的索赔，也可以是发包人向承包人的索赔，但由于发包人在向承包人索赔中处于主动地位，可以直接从应付给承包人的工程款中扣抵，也可以从履约保证金中扣款以补偿损失，索赔容易实现。因此，在实际工作中，施工索赔主要指的是承包人向发包人的索赔。

7.4.3.2　施工索赔的起因

施工索赔通常是由于当事人违约、不可抗力、合同的缺陷和变更、监理工程师的指令和其他第三方原因等引起的。

（1）当事人违约

当事人违约是指当事人没有按照合同约定履行自己的义务，包括发包人违约和承包人违约两种情况。

1）发包人违约的情况。①发包人没有为承包人提供合同约定的施工条件、未按照合同约定的期限和数额付款等。②监理工程师未能按照合同约定完成工作，如未能及时发出图纸、指令等也视为发包人违约。

2）承包人违约的情况。承包人没有按照合同约定的质量、期限完成施工，或者由于不当行为给发包人造成其他损害等。

（2）不可抗力

不可抗力是指合同订立时不能预见、不能避免且不能克服的客观情况，包括自然事件和社会事件。①自然事件。主要包括各种自然灾害，如地震、飓风、台风、火山爆发或海啸、洪水、冰雹等。②社会事件。主要包括政府行为和社会异常事件，如国家政策、法律、法令的变更，战争、叛乱、恐怖主义等以及承包方人员和承包方及其雇员以外的人员的骚动、罢工或停工等。

（3）合同的缺陷和变更

合同的缺陷是指合同文件规定不严谨甚至矛盾以及合同中的遗漏或错误；合同变更是指设计变更、施工方法变更、追加或者取消某些工作、合同其他规定的变更等。对于合同的缺陷，监理工程师应当给予解释，如果这种解释将导致成本增加或工期延长，发包人应当给予补偿。

（4）监理工程师指令和其他第三方原因

监理工程师指令有时也会产生索赔，如监理工程师指令承包人加速施工、进行某项工作、更换某些材料、采取某些措施等。其他第三方原因是指与工程有关的第三方的问题所引起的对工程的不利影响。

7.4.3.3 施工索赔的分类

施工索赔可分为承包人向发包人的索赔、发包人向承包人的索赔和反索赔三种类型。

（1）承包人向发包人的索赔

这类索赔主要是针对非承包人的原因造成的以下情形。

1）不利的自然条件与人为障碍引起的索赔。是指施工过程中遇到的实际自然条件比招标文件中所描述的更为困难和恶劣，是一个有经验的承包人也无法预测的不利的自然条件与人为障碍，导致承包人必须耗用更多的时间和费用，则承包人有权提出索赔要求。

2）工程变更引起的索赔。主要是指发包人对于工程变更价款确定的单价或总价不合理，或缺乏付款依据，则承包人有权就此向发包人进行索赔。

3）工程延期的索赔。工程延期是指非承包人原因造成的工期拖延，工程延期的索赔有两种情况：①凡纯属发包人方面的原因造成的延期，应给予承包人延长工期和费用的补偿；②属于客观原因所致的延期，则只延长工期而不给予费用补偿。

4）发包人的原因引起的索赔。包括发包人拖延支付工程款、属于发包人的风险事件以及发包人不正当地终止工程引起的索赔。

5）其他非承包人原因引起的索赔。包括不可抗力事件以及法律、法规、汇率变化引起的索赔。

(2) 发包人向承包人的索赔

这类索赔主要是针对承包人的原因造成的以下情形。

1) 工程延误的索赔。工程延误是指由于承包人自身的原因造成的工期拖延。承包人的工期拖延往往会导致发包人盈利损失、引起贷款利息增加、带来附加监理费、不能使用或继续租用原建筑物等后果，会引起发包人的费用和工期索赔。

2) 施工质量不满足合同要求的索赔。当承包人的施工质量、应用的设备和材料不符合合同的要求，或在缺陷责任期未满以前未完成应负责修补的工程时，发包人有权向承包人索赔。

3) 对超额利润的索赔。是指由于法规的变化导致承包人在工程实施中降低了成本，产生了超额利润的，应重新调整合同价格，收回部分超额利润。

4) 承包人不履行的保险费用索赔。如果承包人未按照合同条款指定的项目投保，并保证保险有效，则发包人可以投保并保证保险有效，发包人所支付的必要的保险费可在应付给承包人的款项中扣回。

5) 发包人合理终止合同或承包人不正当地放弃工程的索赔。如果发包人合理地终止承包人的承包，或者承包人不合理放弃工程，则发包人有权从承包人手中收回由新的承包人完成工程所需的工程款与原合同未付部分的差额。

(3) 反索赔

在合同实施过程中，一旦干扰事件发生，合同双方就会争取索赔，不能进行有效的反索赔，同样要蒙受损失，因此反索赔与索赔同样重要。反索赔通常是发包人应对承包人索赔的有效手段，包括防止对方提出索赔和反击对方的索赔要求两项内容。

1) 防止对方提出索赔。主要是通过防止自己违约，按合同办事以及争取索赔中的有利地位，早日提出索赔等措施实现。

2) 反击对方的索赔要求。主要是通过反驳索赔报告实现的，即通过证实索赔事件的真实性，分析干扰事件的责任和影响，分析索赔理由和证据以及审核索赔费用值来否定对方的索赔要求或减少自己的损失。

7.4.4 施工索赔的程序与内容

7.4.4.1 施工索赔的程序

施工索赔程序是指对于索赔事件从出现到最终处理全过程所包括的工作内容及工作步骤，承包人向发包人的索赔程序如图 7.8 所示。

索赔程序的具体步骤如下所述。

(1) 索赔事件发生后，作好索赔准备工作

1) 索赔的前期工作。以合同条款为依据，寻找事实，保存好索赔文件资料；

2) 索赔的分析与初步评估。①针对索赔事件，分析确定责任；②初步评估确定索赔是否可行，选定索赔方法，分析索赔问题的程度，估计索赔金额；③准备索赔报告。

(2) 承包人在索赔事件发生后 28 天内向监理工程师发出索赔意向通知

索赔意向通知的内容包括：①索赔事件发生的时间、地点或工程部位；②索赔事件发生的双方当事人或其他有关人员；③索赔事件发生的原因及性质，特别说明并非承包人的责

任；④承包人在索赔事件发生后的态度，特别应说明承包人为控制事件的发展、减少损失所采取的行动；⑤写明事件的发生将会使承包人产生的额外经济支出或其他不利影响；⑥提出索赔意向，注明合同条款依据。

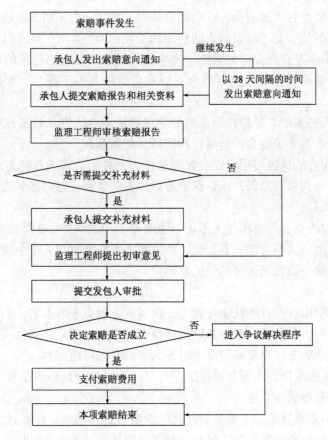

图7.8 施工索赔程序图

（3）承包人在发出索赔意向通知后28天内，向监理工程师提交索赔报告及有关资料

索赔报告是承包人提交的要求发包人给予一定经济赔偿或延长工期的重要文件，内容包括：①标题；②索赔事件叙述；③索赔理由及依据；④索赔值的计算及索赔要求；⑤索赔证据资料。

（4）监理工程师在收到索赔报告的28天内要做出答复

监理工程师在收到承包人送交的索赔报告和有关资料后，应于28天内给予答复，或要求承包人进一步补充索赔理由和证据。监理工程师在收到承包人送交的索赔报告和有关资料后，28天内未予答复或未对承包人作进一步要求的，视为该项索赔已经认可。

（5）进行索赔的支付

监理工程师在收到索赔报告28天内提出自己的初步意见，连同承包人的索赔报告一并报发包人审定，并参加发包人和承包人之间的索赔谈判，通过谈判，做出最后决定。如索赔成立，则通知承包人并付款；如果索赔事项在发承包双方之间未能通过谈判解决，双方可按合同中约定的解决争议的方式或仲裁或诉讼，仲裁机关或法院做出的决定具有同样的最终裁决权威，索赔双方必须遵照执行。

7.4.4.2 施工索赔的内容

施工索赔的内容包括费用索赔和工期索赔。

（1）费用索赔

费用索赔是施工索赔的主要内容之一，是指承包人向发包人提出补偿自己的额外费用支出或赔偿损失的要求。

1）费用索赔的原则。①所发生的费用应该是承包人履行合同所必需的，如果没有该费用支出，合同无法履行。②给予费用补偿后，承包人应处于假设不发生索赔事件的同样地位，承包人不应由于索赔事件的发生而额外受益或额外受损。

2）费用索赔的注意事项。

a. 判断索赔的要求是否符合规定的审批程序。

b. 分清费用索赔的责任归属。①由于非承包人原因（发包人原因等）导致费用增加，承包人可得到费用索赔；②对于不可抗力，承包人只能进行工期索赔；③由于承包人原因导致费用增加，承包人不能进行索赔。

c. 审查对应补偿的费用计算。检查其计费标准及计算有无错误、重复等，如计费标准，应采用机械闲置费和窝工费标准，而不宜采用施工机械台班费或人工工资标准。

（2）工期索赔

是指承包商在索赔事件发生后向业主提出延长工期、推迟竣工日期的要求，工期索赔的目的是避免承担不能按原计划施工、完工而需承担的责任。

1）工期索赔的原则。①对于承包人以外的责任造成的工程延期，通过一定的申报和审批程序，承包人可获得工期和费用赔偿。②对于承包人的责任造成的工程延误，由工程延误引起的全部额外开支和造成的损失由承包人自己承担，并向发包人支付误期损失赔偿费。

2）工期索赔的计算方法。工期索赔的计算方法包括网络图分析法和比例分析法。

a. 网络图分析法。即利用施工进度计划的网络图，分析索赔事件对其关键路线的影响。①若延误的工作为关键工作，则总延误时间为批准顺延的工期；②若延误的工作为非关键工作，当该工作因为延误超过时差限制而成为关键工作时，可以批准延误时间与时差的差值；③若该工作延误后被认为是非关键工作，则不存在工期索赔。

b. 比例分析法。在实际工程中，干扰时间往往只影响到某些单项工程、单位工程或分部分项工程的工期，因此可以采用比例分析法计算工期索赔值。

① 对于已知部分工程延期的情况，工程索赔值按式（7.7）计算。

$$工程索赔值 = \frac{受干扰部分工程的合同价}{原合同价格} \times 该受干扰部分工期拖延时间 \qquad (7.7)$$

② 对于已知额外增加工程量价格的情况，工程索赔值按式（7.8）计算。

$$工程索赔值 = \frac{额外增加的工程量}{原合同价格} \times 原合同工期 \qquad (7.8)$$

7.4.5 施工索赔费用的确定

7.4.5.1 索赔费用的组成

费用索赔以赔偿或补偿实际损失为原则，对于不同原因引起的索赔，承包人可索赔的具体费用内容并不完全相同，但总体而言，索赔费用的构成要素与工程造价的构成基本类似，可归纳为人工费、材料费、施工机具使用费、分包费、施工管理费、利息、利润、保险费等。

（1）人工费

1）人工费的索赔内容。包括：①完成合同外的额外工作所花费的人工费；②因非承包人的原因导致工效降低所增加的人工费；③超过法定工作时间的加班增加的费用；④法定人工费的增长；⑤工程延期导致的人员窝工费和工资上涨费等。

2）索赔人工费的计算。在计算停工损失的人工费时，通常采取人工单价乘以折算系数计算。

（2）材料费

1）材料费的索赔内容。包括：①由于索赔事件的发生造成材料实际用量超过计划用量而增加的材料费；②由于客观原因材料价格大幅度上涨；③工程延期导致的材料价格上涨和超期储存费用。

2）索赔材料费的计算。材料费应包括运输费仓储费，以及合理的损耗费用，但如果是由于承包人管理不善，造成材料损坏失效的，不能列入索赔款项内。

（3）施工机具使用费

1）施工机具使用费的索赔内容。包括：①完成合同外的额外工作所增加的机械、仪器仪表使用费；②非承包商原因导致工效降低所增加的机械、仪器仪表费或窝工费等。③由于发包人或监理工程师原因导致机械停工的台班停滞费。

2）索赔施工机械停滞费的计算。在计算施工机械台班停滞费时，如果机械设备是承包人自有设备，一般按台班折旧费计算；如果是承包人租赁的机械设备，一般按台班租金加上每台班分摊的施工机械进出场费计算。

（4）现场管理费

1）现场管理费的索赔内容。包括承包人完成合同外的额外工程、索赔事项工作以及工期延期期间的管理费。

2）现场管理费的索赔计算。按以下公式计算：

$$现场管理费索赔金额＝索赔的直接成本费用×现场管理费率 \quad (7.9)$$

式中，现场管理费率的确定可采用的方法有：①合同百分比法，即采用合同中规定的管理费比率；②行业平均水平法，即采用公开认可的行业标准费率；③原始估价法，即采用投标报价时确定的费率；④历史数据法，即采用以往相似工程的管理费率。

（5）总部管理费

1）总部管理费的索赔内容。主要指的是由于发包人原因导致工程延期期间所增加的承包人向公司总部提交的管理费，包括总部职工工资、办公大楼折旧、办公用品、财务管理、通信设施以及总部领导人员赴工地检查指导工作等开支。

2）总部管理费的索赔计算。通常采用按总部管理费比率计算的方法，计算公式为：

$$总部管理费索赔金额＝(人、材、机费索赔金额＋现场管理费索赔金额)$$
$$×总部管理费比率（\%） \quad (7.10)$$

式中，总部管理费比率可按投标文件中的企业管理费比率计算（一般为 3%～8%），也可按承包人所在公司总部统一规定的管理费比率计算。

3）如果对部分工人窝工损失索赔时，因其他工程仍然进行，一般不予补偿总部管理费。

（6）保险费和保函手续费

是因发包人原因导致工程延期时，承包人必须办理工程保险、意外伤害保险等各项保险以及相关履约保函的延期手续，对于由此而增加的费用，承包人可以提出索赔。

（7）利息

1）利息索赔的内容。包括：发包人拖延支付工程款的利息；发包人迟延退还工程质量保证金的利息；承包人垫资施工的垫资利息；发包人错误扣款的利息等。

2）利率的计取标准。具体的利率标准，双方可以在合同中明确约定，没有约定或约定不明的，可以按照中国人民银行发布的同期同类贷款利率计算。

（8）利润

1）利润索赔的内容。由于工程范围的变更、发包人提供的文件有缺陷或错误、发包人未能提供施工场地以及因发包人违约导致的合同终止等事件引起的索赔，承包人都可以列入利润。对于因发包人原因暂停施工导致的工期延误，承包人有权要求发包人支付合理的利润。

2）索赔利润的计算。通常是与原报价单中的利润百分率保持一致。但在计算利润索赔费用时应当注意以下两点。

a. 由于工程量清单中的单价是综合单价，已经包含了人工费、材料费、施工机具使用费、企业管理费、利润以及一定范围内的风险费用，在索赔计算中不应重复计算。

b. 由于一些引起索赔的事件，同时也可能是合同中约定的合同价款调整因素（如工程变更、法律法规的变化以及物价波动等），因此，对于已经进行了合同价款调整的索赔事件，承包人在费用索赔的计算时，不能重复计算。

（9）规费与税金

除工程内容的变更或增加，承包人可以列入相应增加的规费与税金。其他情况一般不能索赔。索赔规费与税金的款额计算通常是与原报价单中的百分率保持一致。

（10）分包费用

由于发包人的原因导致分包工程费用增加时，分包人只能向总承包人提出索赔，但分包人的索赔款项应当列入总承包人对发包人的索赔款项中。分包费用索赔指的是分包人的索赔费用，一般也包括与上述费用类似的内容索赔。

7.4.5.2 费用索赔的计算方法

费用索赔的计算方法主要有实际费用法、总费用法和修正总费用法。

（1）实际费用法

即额外成本法，是按照各索赔事件所引起损失的费用项目分别分析计算索赔值，然后将各费用项目的索赔值汇总，得到总索赔费用值的方法。计算公式如下：

$$索赔费用 = \sum 各费用项目的索赔值 \tag{7.11}$$

这种方法是以承包人为某项索赔工作所支付的实际开支为依据，但仅限于由于索赔事项引起的、超过原计划的费用，因此，在应用时需要注意不要遗漏费用项目。实际费用法是费用索赔计算中最常用的一种方法。

（2）总费用法

即总成本法，就是当发生多次索赔事件以后，重新计算该工程的实际总费用，再用实际总费用减去投标报价时的估算费用，得到索赔费用值的方法。计算公式如下：

$$索赔费用 = 实际总费用 - 投标报价估算总费用 \tag{7.12}$$

这种方法因实际发生的总费用中可能也包括了由于承包人自身原因造成的费用增加，而这部分在计算索赔费用时很难划分责任界限，或因投标报价过低而导致索赔费用较高的情况也可能出现，因此，总费用法只有在难以采用实际费用法时才应用。

(3) 修正的总费用法

这种方法是对总费用法的改进，即在索赔总费用计算的基础上，去掉一些不确定的可能因素，对总费用法进行相应的修改和调整，使其更加合理的方法。计算公式如下：

索赔费用＝某项工作修正后的实际总费用－该项工作的重新核算的投标报价　　　(7.13)

修正内容包括：①将计算索赔款的时段局限于受到外界影响的时间，而不是整个施工期；②只计算受影响时段内的某项工作所受影响的损失，而不是计算该时段内所有施工工作所受的损失；③与该项工作无关的费用不列入总费用中，并对投标报价费用重新进行核算。

由于修正总费用法是以某项工作调整后的实际总费用与该项工作报价费用的差值作为索赔费用值，因此它的准确程度已接近于实际费用法。

7.5　工程价款结算

7.5.1　工程价款结算的概念

7.5.1.1　工程价款结算的含义

工程价款结算是指工程实施过程中，承包人在单项工程、单位工程、分部工程或分项工程完工并经发包人及有关部门验收后，依据承包合同中关于付款条款的规定和已经完成的工程量，以预付备料款和工程进度款的形式，按照规定的程序向发包人收取工程价款的一项经济活动。

工程价款结算也可表述为承包人在施工图预算的基础上，依据施工过程中现场实际情况的记录、设计变更通知书、现场工程经济签证、预算定额、材料预算价格和各项费用标准等资料，按规定编制的向发包人办理结算工程价款，取得收入用以补偿施工过程中的资金耗费，确定施工盈亏的经济文件。

7.5.1.2　工程价款结算的作用

(1) 工程价款结算是反映工程进度的主要指标

在施工过程中，工程价款的结算是根据已经完成工程的计量情况进行支付的，因此，根据累计已结算的工程价款占合同价款的比例，能够反映出工程的进度情况，有利于准确掌握工程进度。

(2) 工程价款结算是加速资金周转的重要环节

通过工程价款的结算，承包人能够按时得到工程进度款，从而有利于及时偿还债务、筹备和周转项目所需劳务或材料设备，从而通过加速资金周转，降低内部运营成本，提高资金使用的有效性。

(3) 工程价款结算也是考核经济效益的重要指标

对于发包人而言，通过工程价款结算额的统计，可反映建设项目的完成情况以及竣工率，对于承包人而言，通过工程价款的结算情况，可反映施工能获得的利润，因此，工程价款结算是发承包双方考核经济效益的重要指标。

7.5.1.3 工程价款结算的方式

根据不同情况，工程项目可采取的价款结算方式主要有以下几种。

（1）按月结算

按月结算是指对于当年完工的项目，采取先在旬末或月中预付工程备料款，然后在施工过程中将已完分部分项工程视为阶段成果，月终按实际完成的工程量结算工程进度款，竣工后进行竣工结算，对于跨年度竣工的工程，采取在年终进行工程盘点，办理年度结算，竣工后清算的方式。

按月结算的方式便于准确地计算已完分部分项工程量，即干多少活给多少钱，便于发包人对已完工程进行验收和承包人的资金周转，我国现行建安工程项目费用结算多采用此种方式。

（2）分段结算

分段结算是指按照工程形象进度或者季度，分阶段进行结算。

主要适用于当年开工但当年不能竣工的单项工程或单位工程，分段结算可按月预支工程款。分段的划分标准，由各部门、自治区、直辖市自行规定，如对于房屋建筑工程，在分段结算时的形象进度一般划分为基础、±0.000 以上主体结构、装修、室外及收尾工程等。

（3）竣工后一次结算

竣工后一次结算是指开工前预付一定的工程备料款，或者预付款加上工程款在每月月中预支，竣工后一次结算的方式。这种结算方式主要适用于建筑安装工程建设期在 1 年内，或者工程承包合同价值在 100 万元以下的建设项目或单项工程。

（4）目标结款方式

目标结款方式是指当承包人完成合同规定的各控制界面所包含的验收单元工程量，并将其交与发包人验收合格后，发包人支付构成单元工程内容的工程价款的方式。这种结算方式要求在工程合同中，要预先将承包工程的内容分解成为不同的控制界面，且对于各控制界面的设定应明确描述，以便于量化和质量控制，同时也要适应项目资金的供应周期和支付频率。

（5）结算双方约定的其他结算方式

根据项目承发包双方的材料采购情况，具体的结算方式可按双方的约定进行。

1）对于由承包人自行采购建筑材料的，发包人可在双方签订合同后，按年度工作量的一定比例向承包人一次或分次预付备料资金。

2）对于由发包人供应材料的，其材料可按合同约定价格转给承包人，材料价款在结算工程款时陆续扣回，这部分材料，承包人不收取备料款。

无论采用哪种结算方式，在施工期间的结算款一般都不应超过工程承包价格的 95%，其余 5% 的尾款待工程竣工验收后按规定清算。

7.5.2 工程预付款的支付

7.5.2.1 工程预付款的概念

（1）工程预付款的含义

工程预付款，是指建设工程施工合同订立后由发包人按照合同的约定，在开工前预先支付给承包人的工程款，相当于发包人给承包人的无息贷款。它是施工企业承包工程、组织施工时所需备料周转资金的主要来源，构成了施工准备阶段为该承包工程储备主要材料、结构件所需的流动资金。

(2) 工程预付款的支付要求

1) 工程实行预付款的，发包人应按合同约定支付，并按合同约定在工程进度款中抵扣，承包人应将预付款专用于合同工程。

2) 预付款的支付与建筑材料供应方式相关联。①对于包工包全部材料的工程，在预付备料款数额确定后，发包人将备料款一次或分次付给承包人；②对于包工包地方材料的工程，在确定了供料范围和备料比重后，发包人据此拨付适量备料款，双方及时结算；③对于包工不包料的工程，发包人无需预付备料款。

7.5.2.2　工程预付款的支付与扣回

在我国的建设项目施工合同示范文本和相关规范中，要求实行工程预付款的，双方应当在合同专用条款内约定发包人向承包人预付工程款的时间和数额，开工后按约定的时间和比例逐次扣回。工程预付款的支付限额、支付时间和扣回方式的约定条款内容如下。

(1) 工程预付款的支付限额

包工包料工程的预付款的支付比例不得低于签约合同价（扣除暂列金额）的10%，不宜高于签约合同价（扣除暂列金额）的30%；对重大工程项目，按年度工程计划逐年预付；实行工程量清单计价的工程，实体性消耗和非实体性消耗部分应在合同中分别约定预付款比例或金额。

(2) 工程预付款的支付程序

承包人应在签订合同或向发包人提供与预付款等额的预付款保函后，向发包人提交预付款支付申请，发包人应在收到支付申请的7天内进行核实后向承包人发出预付款支付证书，并在签发支付证书后的7天内向承包人支付预付款。

发包人没有按合同约定按时支付预付款的，承包人可催告发包人支付；发包人在预付款期满后的7天内仍未支付的，承包人可在付款期满后第8天起暂停施工。

(3) 工程预付款的扣回方式

由于随着施工的进展，拨付的工程进度款数额不断增加，工程所需主要材料、构件的储备逐步减少，而发包人拨付给承包人的工程预付款属于预付的性质，因此，施工后期对于已支付的预付款应以抵扣工程进度款的方式陆续扣回，直到扣回的金额达到合同约定的预付款金额为止。

承包人预付款保函的担保金额根据预付款扣回的数额相应递减，但在预付款全部扣回之前一直保持有效，发包人应在预付款扣完后的14天内将预付款保函退还给承包人。

7.5.2.3　工程预付款的计算

工程预付款的计算内容包括工程预付款的额度和起扣点。

(1) 工程预付款的额度

关于工程预付款的额度，各地区、各部门的规定不完全相同，主要是保证施工所需材料和构件的正常储备。一般是根据施工的工期要求、建安工作量、主要材料和构件费用占建安工作量的比例以及材料储备周期等因素经测算确定的，测算方法有合同约定法和公式计算法两种。

1) 合同约定法。是发包人根据工程的特点、施工的工期、市场行情、供求规律等因素，招标时在合同条件中约定工程预付款的百分比的方法。合同约定法确定的预付款所占百分比原则上限于合同价款的 10%～30% 之间。

2) 公式计算法。是根据主要材料（含结构件等）造价占年度承包工程总价的比重、材料储备定额天数和年度施工天数等因素，通过公式计算工程预付款额度的方法。计算公式如式（7.14）所示。

$$工程预付款的额度 = \frac{工程总价 \times 主要材料所占比重}{年度施工天数} \times 材料储备定额天数 \qquad (7.14)$$

式中，年度施工天数按 365 天日历天数计算；材料储备定额天数由当地材料供应的在途天数、加工天数、整理天数、供应间隔天数、保险天数等因素决定。

（2）工程预付款的起扣点

工程预付款必须在合同中约定扣回方式，常用的扣款方式有以下两种。

1) 按合同约定扣款。是由发包人和承包人通过洽商，约定在承包人完成金额累计达到合同总价一定比例后，采用等比率或等额扣款的方式分期抵扣工程预付款，并用合同的形式予以确定。注意在施工合同中应约定起扣时间和比例，应保证发包人在合同规定的竣工日期之前将工程预付款全部扣回。

2) 利用公式计算起扣点。

a. 计算原理：当未完施工工程尚需的主要材料及构件的价值相当于工程预付款数额时起扣，以冲抵工程进度款的方式，陆续从每个支付期应付给承包人的工程进度款中扣回，竣工前全部扣完。

b. 起扣点的计算公式，如式（7.15）所示。

$$T = P - \frac{M}{N} \qquad (7.15)$$

式中　T——起扣点，即工程预付款开始扣回时的累计已完工程价值；

　　　P——工程承包合同价款总额；

　　　M——工程预付款数额；

　　　N——主要材料及构件所占比重；

c. 在实际结算中，第一次及之后应扣还的预付工程款，按式（7.16）和式（7.17）计算：

第一次扣抵额 =（累计已完工程价值 − 起扣时已完工程价值）× 主材比重　(7.16)

第二次及以后每次扣抵额 = 每次完成工程价值 × 主材比重　(7.17)

7.5.3　工程进度款的支付

工程进度款是指承包人在施工过程中，按逐月完成的工程数量计算各项费用，向发包人提交月进度统计报表作为支取凭证，办理的中期结算工程款。在工程款支付时，要注意安全文明施工费的支付以及工程保修金等尾款的预留。

7.5.3.1　工程进度款的支付程序

发承包双方应按照合同约定的时间、程序和方法，根据工程计量结果，办理期中价款结算，支付进度款。在我国目前常用的按月结算方式中，工程进度款的结算程序是：先对现场已施工完毕的工程进行逐一计量，计量资料提交监理工程师审查签证，然后由发包人按监理工程师签发的付款凭证进行审批并支付，工程进度款的支付程序如图7.9所示。

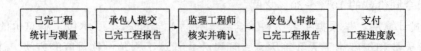

图 7.9　工程进度款的支付程序

7.5.3.2　工程进度款支付金额的计算

工程进度款的支付周期应与合同约定的工程计量周期一致，并按以下计算方法确定工程进度款的支付金额。

（1）已完工程的结算价款

1）已标价工程量清单中的单价项目，承包人应按工程计量确认的工程量与综合单价计算。如综合单价发生调整的，以发承包双方确认调整的综合单价计算进度款。

2）已标价工程量清单中的总价项目，承包人应按合同中约定的进度款支付分解，分别列入进度款支付申请中的安全文明施工费和本周期应支付的总价项目的金额中。

（2）结算价款的调整

承包人现场签证和得到发包人确认的索赔金额列入本周期应增加的金额中。由发包人提供的材料、工程设备金额，应按照发包人签约提供的单价和数量从进度款支付中扣除，列入本周期应扣减的金额中。

（3）进度款的支付比例

进度款的支付比例按照合同约定，按期中结算价款总额计，不低于60％，不高于90％。

7.5.3.3　承包人支付申请的内容

承包人应在合同约定的每个工程量计量周期到期后的7天内，向发包人提交已完工程进度款支付申请一式四份，详细说明在此计量周期内有权得到的款额，包括分包人已完工程的价款。支付申请的具体内容包括以下各项。

1）累计已完成的合同价款。

2）累计已实际支付的合同价款；

3）本周期合计完成的合同价款。包括：本周期已完成单价项目的金额；本周期应支付的总价项目的金额；本周期已完成的计日工价款；本周期应支付的安全文明施工费；本周期应增加的金额；

4）本周期合计应扣减的金额。包括：本周期应扣回的预付款；本周期应扣减的金额；

5）本周期实际应支付的合同价款。

7.5.3.4　发包人支付进度款的程序

（1）发包人支付程序

1）发包人应在收到承包人进度款支付申请后的14天内，根据计量结果和合同约定对申请内容予以核实，确认后向承包人出具进度款支付证书。

2）若发承包双方对部分清单项目的计量结果出现争议，发包人应对无争议部分的工程计量结果向承包人出具进度款支付证书。

3）发包人应在签发进度款支付证书的 14 天内，按照支付证书列明的金额向承包人支付进度款。

（2）发包人支付进度款的违约责任

1）若发包人逾期未签发进度款支付证书，则视为承包人提交的进度款支付申请已被发包人认可，承包人可向发包人发出催告付款的通知；发包人应在收到通知后 14 天内，按照承包人支付申请的金额向承包人支付进度款；发包人未按规定支付进度款的，承包人可催告发包人支付，并有权获得延迟支付的利息；

2）发包人在付款期满后的 7 天内仍未支付的，承包人可在付款期满后的第 8 天起暂停施工；发包人应承担由此增加的费用和延误的工期，向承包人支付合理利润，并应承担违约责任。

（3）工程进度款支付证书的修正

发现已签发的任何支付证书有错、漏或重复的数额，发包人有权予以修正，承包人也有权提出修正申请，经发承包双方复核同意修正的，应在本次到期的进度款中支付或扣除。

7.5.3.5　安全文明施工费的支付

（1）安全文明施工费的内容

工程项目的安全文明施工费包括环境保护费、文明施工费、安全施工费和临时设施费四项费用，它包含在建筑安装工程费用中的措施项目费里，属于工程施工前期的费用，也必须在施工前予以保证。

（2）安全文明施工费的支付要求

1）发包人应在工程开工后的 28 天内预付不低于当年施工进度计划的安全文明施工费总额的 60%，要求其余部分按提前安排的原则进行分解，与进度款同期支付。

2）发包人没有按时支付安全文明施工费的，承包人可催告发包人支付；发包人在付款期满后的 7 天内仍未支付的，若发生安全事故，发包人应承担相应责任。

3）承包人对安全文明施工费应专款专用，在财务账目中单独列项备查，不得挪作他用，否则发包人有权要求其限期改正，逾期未改正的，造成的损失和延误的工期由承包人承担。

7.5.3.6　工程保留金的预留

工程保留金，即工程保修金。按有关规定，工程项目价款结算中应预留出一定比例的尾留款作为质量保修费用，待工程项目保修期结束后最后拨付。

工程保留金的预留有以下两种方法。

1）当工程进度款拨付累计额达到该建筑安装工程造价费用的一定比例时，停止支付，预留造价部分作为工程保留金，这个比例一般规定在 95%～97% 之间。

2）保留金的预留，也可以从发包人向承包人第一次支付工程进度款时开始，在之后每次承包人应得的工程款中扣留投标书附录中规定的金额作为保留金，直至保留金总额达到投标书附录中规定的限额为止。

思 考 题

7.1　简述施工阶段工程造价管理的内容。

7.2 简述施工阶段工程造价管理的影响因素。

7.3 简述费用偏差与进度偏差的含义和计算方法。

7.4 费用偏差的分析方法有哪几种？各自有什么特点？

7.5 施工阶段造价偏差产生的原因是什么？有哪些纠正措施？

7.6 简述工程计量的原则和一般程序。

7.7 简述可采用的工程计量顺序。

7.8 简述合同价款的调整事项。

7.9 简述工程变更的内容。

7.10 简述工程变更引起的分部分项工程费的确定方法。

7.11 简述施工索赔的起因。

7.12 简述施工索赔的分类。

7.13 简述索赔费用的组成。

7.14 费用索赔的计算方法有哪些？各有什么特点。

案例计算题

【背景】

某工程项目施工进行到第 8 周时，对 1～7 周的工作情况进行了统计检查，结果见表 7.5。

表 7.5　工程项目 1～7 周成本统计表

工作代号	拟完工程预算费用/万元	已完工程量/%	已完工程实际费用/万元	已完工程预算费用/万元
A	52	100	52.47	
B	41	85	35.27	
C	35	100	37.32	
D	39	100	39	
合计	167		164.06	

【问题】

1. 计算 1～7 周每项工作的已完工程预算费用。

2. 计算 1～7 周末的费用偏差与进度偏差，并对其结果含义加以说明。

3. 计算第 7 周末的相对费用偏差（计算结果小数点后面保留 3 位），并对其结果含义加以说明。

8 建设项目竣工验收阶段工程造价管理

【本章学习要点】

◆ 掌握：竣工结算的内容与审查、竣工决算的内容与编制依据、工程竣工决算与竣工结算的关系、新增固定资产价值的确定、保修的范围和保修期限的规定。

◆ 熟悉：竣工验收的依据和条件、竣工验收的方式、竣工验收的程序、竣工结算程序、竣工决算的编制步骤、新增流动资产价值的确定、保修费用的含义。

◆ 了解：竣工验收的含义和作用、竣工验收的标准、新增无形资产价值的确定、其他资产价值的确定、保修的含义。

8.1 竣工验收概述

8.1.1 竣工验收的概念

8.1.1.1 竣工验收的含义和作用

(1) 含义

是指由建设单位组织勘察设计单位、施工单位、工程监理单位和建设行政主管部门等单位组成项目验收组织，以项目批准的设计任务书和设计文件以及国家或部门颁发的施工验收规范和质量检验标准为依据，按照一定的程序和手续，在项目建成并试生产合格后（工业生产性项目），对工程项目的总体进行检验和认证、综合评价和鉴定的活动。

(2) 作用

1) 通过竣工验收，能够全面考核建设成果，检查设计、工程质量是否符合要求，确保项目按设计要求的各项技术经济指标正常使用。

2) 通过竣工验收办理固定资产使用手续，可以总结工程建设经验，为提高建设项目的经济效益和管理水平提供重要依据。

3) 建设项目竣工验收是基本建设程序的最后一个阶段，是施工阶段的最后一个程序，是建设成果转入生产使用的标志，是审查投资使用是否合理的重要环节，有效地进行竣工验收阶段的造价管理，对于确认建设项目的最终实际造价具有重要的意义。

8.1.1.2 竣工验收的标准

（1）工业建设项目竣工验收标准

根据国家规定，工业建设项目竣工验收、交付生产使用，必须满足以下要求。

1）生产性项目和辅助性公用设施，已按设计要求完成，能满足生产使用。

2）主要工艺设备配套经联动负荷试车合格，形成生产能力，能够生产出设计文件所规定的产品。

3）有必要的生活设施，并已按设计要求建成合格。

4）生产准备工作能适应投产的需要。

5）环境保护设施，劳动、安全、卫生设施，消防设施已按设计要求与主体工程同时建成使用。

6）设计和施工质量已经过质量监督部门检验并做出评定。

7）工程结算和竣工决算通过有关部门审查和审计。

（2）民用建设项目竣工验收标准

1）建设项目各单位工程和单项工程，均已符合项目竣工验收标准。

2）建设项目配套工程和附属工程，均已施工结束，达到设计规定的相应质量要求，并具备正常使用条件。

8.1.1.3 竣工验收的依据和条件

（1）竣工验收的依据

竣工项目除了必须符合国家规定的竣工标准外，还应依据以下文件进行验收。

1）项目的可行性研究报告、工程勘察、设计文件（含设计图纸、标准图集和设计变更单等）的要求。

2）国家法律、法规、规章及规范性文件规定以及国家和地方的强制性标准等。

3）建设单位与施工单位签订的工程施工承包合同（含合同协议、工程量清单、会议纪要等）。

4）《建筑工程施工质量验收统一标准》和相关专业工程施工质量验收规范的规定。

5）建筑安装工程的统一规定及上级主管部门有关工程竣工的规定。

6）对于引进技术或进口成套设备的项目，还应按照签订的合同和国外提供的设计文件等资料进行验收。

（2）竣工验收的条件

建设项目必须具备以下基本条件，才能组织竣工验收。

1）完成建设工程设计和合同约定的各项内容，并满足使用要求。

2）有完整的技术档案和施工管理资料；有工程使用的主要建筑材料、建筑构配件和设备的进场试验报告。

3）建设单位已按合同约定支付工程款；有施工单位签署的工程质量保修书。

4）勘察、设计单位对勘察、设计文件及施工过程中设计单位签署的设计变更通知书等进行了检查，并提出质量检查报告。

5）有城乡规划行政主管部门对工程是否符合规划设计要求进行的检查，认可文件；有公安消防、环保等部门出具的认可文件或者准许使用文件。

6）建设行政主管部门及其委托的工程质量监督机构等有关部门责令整改的问题全部整

改完毕。

7）施工单位在工程完工后对工程质量进行了自验，确认工程质量符合有关法律、法规和工程建设强制性标准，符合设计文件及合同要求．并提出工程竣工报告。

8）对于委托监理的项目，已由监理单位对工程进行了竣工预验收，并提出工程质量评估报告。

8.1.2 竣工验收的内容

竣工验收的内容一般包括对工程资料的验收和对工程内容的验收两部分。

8.1.2.1 工程资料的竣工验收

竣工验收的工程资料包括工程技术资料、工程综合资料和工程财务资料。

（1）工程技术资料的验收

工程项目技术资料的验收包括以下内容。

1）工程地质、水文、气象、地形、地貌、建筑物、构筑物及重要设备安装位置、勘察报告和记录；

2）建设项目的初步设计、技术设计、关键的技术试验和总体规划设计；

3）土质试验报告、基础处理情况纪录；

4）建筑工程施工记录、单位工程质量检验记录、管线强度、密封性试验报告、设备及管线安装施工记录及质量检查、仪表安装施工记录；

5）设备试车、验收运转、维护记录；

6）产品的技术参数、性能、图纸、工艺说明、工艺规程、技术总结、产品检验、包装、工艺图；

7）设备的图纸、说明书；涉外合同、谈判协议、意向书；

8）各单项工程及全部管网竣工图等资料。

（2）工程项目综合资料的验收

工程项目综合资料的验收包括以下内容。

1）项目建议书及批件、可行性研究报告及批件、项目评估报告、环境影响评估报告书、设计任务书；

2）土地征用申报及批准的文件、承包合同、招投标及合同文件、施工执照、项目竣工验收报告；验收鉴定书。

（3）工程项目财务资料的验收

工程项目财务资料的验收包括以下内容。

1）历年建设资金供应（拨、贷）情况和应用情况；

2）历年批准的年度财务决算；

3）历年年度投资计划、财务收支计划；

4）建设成本资料；支付使用的财务资料；

5）设计概算、预算资料；施工决算资料。

8.1.2.2 工程内容的竣工验收

竣工验收的工程内容包括建筑工程验收和安装工程验收。

（1）建筑工程的验收内容

竣工验收时，对于建筑工程的验收，主要是通过运用有关资料进行审查性验收，包括以下内容。

1）建筑物的位置、标高、轴线是否符合设计要求；

2）对基础工程中的土石方工程、垫层工程、砌筑工程等资料的审查验收；

3）对结构工程中的砖木结构、砖混结构、内浇外砌结构、钢筋混凝土结构的审查验收；

4）对屋面工程的结构层、屋面瓦、保温层、防水层等的审查验收；

5）对门窗工程、装饰装修工程的审查验收（如抹灰、油漆等工程）。

（2）安装工程的验收内容

竣工验收时，对于安装工程的验收，分为建筑设备安装工程、工艺设备安装工程和动力设备安装工程的验收三项内容。

1）建筑设备安装工程验收。是指民用建筑物中的上下水管道、暖气、天然气或煤气、通风、电气照明等安装工程。验收时应检查这些设备的规格、型号、数量、质量是否符合设计要求，检查安装时的材料、材质、材种，并进行试压、闭水试验和照明。

2）工艺设备安装工程验收。包括生产、起重、传动、试验等设备的安装以及附属管线敷设和油漆、保温等。验收时应检查设备的规格、型号、数量、质量，设备安装的位置、标高，机座尺寸、质量，单机试车、无负荷联动试车、有负荷联动试车是否符合设计要求；检查管道的焊接质量、洗清、吹扫、试压、试漏、油漆、保温等及各种阀门。

3）动力设备安装工程验收。是指有自备电厂的项目或变配电室（所）、动力配电线路的验收。

8.1.3 竣工验收的方式与程序

8.1.3.1 竣工验收的方式

竣工验收按被验收的对象划分，可分为单位工程竣工验收、单项工程竣工验收和全部工程竣工验收。

（1）单位工程竣工验收

单位工程竣工验收，又称中间验收。是承包人以单位工程或某专业工程为对象，独立签订建设工程施工合同，达到竣工条件后，承包人可单独进行交工，发包人根据竣工验收的依据和标准，按施工合同约定的工程内容组织竣工验收。

单位工程竣工验收工作由监理单位组织，发包人和承包人派人参加验收工作，单位工程验收资料是最终验收的依据。

（2）单项工程竣工验收

单项工程竣工验收，是指总体建设项目中的某个单项工程已完成设计图纸规定的工程内容，能满足生产要求或具备使用条件时，承包人向监理单位提交"工程竣工报告"和"工程竣工报验单"，经鉴定认可后向发包人发出"交付竣工验收通知书"，说明工程完工情况、竣工验收准备情况、设备无负荷单机试车情况，具体约定单项工程竣工验收的有关工作。

单项工程竣工验收工作由发包人组织，会同承包人、监理单位、设计单位和使用单位等有关部门完成。

（3）全部工程的竣工验收

全部工程的竣工验收，是指建设项目已按设计规定全部建成、达到竣工验收条件，初验结果全部合格，且竣工验收所需资料已准备齐全后，所进行的建设项目整体验收。

全部工程的竣工验收工作按项目规模建立相应的验收组织。对于大中型和限额以上项目由国家发改委或由其委托项目主管部门或地方政府部门组织验收；小型和限额以下项目由项目主管部门组织验收；发包人、监理单位、承包人、设计单位和使用单位参加验收工作。

8.1.3.2 建设项目竣工验收的程序

建设项目竣工验收涉及的单位、部门和人员多、范围和内容广，为保证竣工验收的顺利进行，能够按计划有步骤地有效开展各项验收工作，应按照竣工验收程序进行竣工验收的组织与实施。

（1）承包人申请交工验收

承包人在完成了合同工程或按合同约定可移交工程的，可申请交工验收；交工验收一般为单项工程，但在某些特殊情况下也可以是单位工程的施工内容，诸如特殊基础处理工程、发电站单机机组完成后的移交等。

承包人施工的工程达到竣工条件后，应先进行预检验，对不符合要求的部位和项目，确定修补措施和标准，修补有缺陷的工程部位；对于设备安装工程，要与发包人和监理工程师共同进行无负荷的单机和联动试车。承包人在完成了上述工作和准备好竣工资料后，即可向发包人提交"工程竣工报验单"。

（2）监理工程师组织现场初步验收

对于委托了监理单位的建设项目，在监理工程师收到承包人提交的"工程竣工报验单"后，应由总监理工程师组织各专业监理工程师等人员组成验收组，对竣工项目的竣工资料和各专业工程内容的质量进行初步验收。

对于监理工程师在初验中发现的质量问题，要及时书面通知承包人，令其修理甚至返工；承包人整改合格后，由总监理工程师签署"工程竣工报验单"，并向发包人提交质量评估报告；至此，现场初步竣工预验收工作结束。

（3）单项工程验收

单项工程验收又称交工验收，即验收合格后发包人方可投入使用。由发包人组织的交工验收，由监理单位、设计单位、承包人、工程质量监督站等参加，主要依据国家颁布的有关技术规范和施工承包合同，对以下几方面进行检查或检验。

1）检查、核实竣工项目准备移交给发包人的所有技术资料的完整性、准确性。

2）按照设计文件和合同，检查已完工程是否有漏项。

3）检查工程质量、隐蔽工程验收资料，关键部位的施工记录等，考察施工质量是否达到合同要求。

4）检查试车记录及试车中所发现的问题是否得到改正。

5）在交工验收中发现需要返工、修补的工程，明确规定完成期限。

6）其他涉及的有关问题。

单项工程验收合格后，发包人和承包人共同签署"交工验收证书"。然后由发包人将有关技术资料和试车记录、试车报告及交工验收报告一并上报主管部门，经批准后该部分工程即可投入使用。验收合格的单项工程，在全部工程验收时，原则上不再办理验收手续。

（4）全部工程的竣工验收

全部施工过程完成后，由国家主管部门组织的竣工验收，又称为动用验收。全部工程的竣工验收分为验收准备、预验收和正式验收三个阶段。

1）验收准备。发包人、承包人和其他有关单位均应进行验收准备，验收准备工作主要包括以下主要内容：①收集、整理各类技术资料，分类装订成册。②核实建筑安装工程的完成情况，列出已交工工程和未完工工程一览表，包括单位工程名称、工程量、预算估价以及预计完成时间等内容。③提交财务决算分析。④检查工程质量，查明须返工或补修的工程并提出具体的时间安排，预申报工程质量等级的评定，做好相关材料的准备工作。⑤整理汇总项目档案资料，绘制工程竣工图。⑥登载固定资产，编制固定资产构成分析表。⑦落实生产准备各项工作，提出试车检查的情况报告，总结试车考评情况。⑧编写竣工结算分析报告和竣工验收报告。

2）预验收。建设项目竣工验收准备工作结束后，由发包人或上级主管部门会同监理单位、设计单位、承包人及有关单位或部门组成预验收组进行预验收。预验收的主要工作包括：①核实竣工验收准备工作内容，确认竣工项目所有档案资料的完整性和准确性。②检查项目建设标准、评定质量，对竣工验收准备过程中有争议的问题和有隐患及遗留问题提出处理意见。③检查财务账表是否齐全并验证数据的真实性。④检查试车情况和生产准备情况。⑤编写竣工预验收报告和移交生产准备情况报告，在竣工预验收报告中应说明项目的概况、对验收过程进行阐述、对工程质量做出总体评价。

3）正式验收。建设项目的正式竣工验收是由国家、地方政府、建设项目投资商或开发商以及有关单位领导和专家参加的最终整体验收。

a. 全部工程的竣工验收要根据工程规模大小、复杂程度组成验收委员会或验收组。验收委员会或验收组应由银行、物资、环保、劳动、消防及其他有关部门组成。建设主管部门和发包人、接管单位、承包人、勘察设计单位及工程监理单位也应参加验收工作。

b. 正式验收的程序如下。

① 听取汇报。发包人、勘查设计单位分别汇报工程合同履约情况以及在工程建设各环节执行法律、法规与工程建设强制性标准的情况；听取承包人汇报建设项目的施工情况、自验情况和竣工情况；听取监理单位汇报建设项目监理内容和监理情况及对项目竣工的意见。

② 组织验收。组织竣工验收小组全体人员进行现场检查，了解项目现状、查验项目质量，及时发现存在和遗留的问题；审查竣工项目移交生产使用的各种档案资料。

③ 评审项目质量。对主要工程部位的施工质量进行复验、鉴定；对工程设计的先进性、合理性和经济性进行复验和鉴定；按设计要求和建筑安装工程施工的验收规范和质量标准进行质量评定验收；在确认工程符合竣工标准和合同条款规定后，签发竣工验收合格证书。

④ 审查试车规程，检查投产试车情况，核定收尾工程项目，对遗留问题提出处理意见。

⑤ 在进行竣工验收时，已验收过的单项工程可以不再办理验收手续，但应将单项工程交工验收证书作为最终验收的附件而加以说明。发包人在竣工验收过程中，如发现工程不符合竣工条件，应责令承包人进行返修，并重新组织竣工验收，直到通过验收。

⑥ 签署竣工验收鉴定书，对整个项目做出总的验收鉴定。竣工验收鉴定书是表示建设项目已经竣工，并交付使用的重要文件，是全部固定资产交付使用和建设项目正式动用的依据。整个建设项目进行竣工验收后，发包人应及时办理固定资产交付使用手续。

8.2　竣工结算与竣工决算

8.2.1　竣工结算概述

竣工结算是指承包人在全部完成合同规定的工程内容，亦即完成了合同规定的全部责任和义务后，向发包人进行的最终工程结算。竣工结算确定了承包人按合同应得的全部工程价款额和由发包人按合同支付给承包人所应获得的余额。

8.2.1.1　竣工结算的内容

（1）竣工结算的编制依据

1）工程竣工报告及工程竣工验收单。

2）建设工程设计文件及相关资料，投标文件、技术洽商现场记录等。

3）发承包双方签订的工程合同，发承包双方实施过程中已确认的工程量及其结算的合同价款，发承包双方实施过程中已确认调整后追加或追减的合同价款。

4）现行的《建设工程工程量清单计价规范》，地区配套预算定额、费用定额及有关文件规定等。

（2）竣工结算价款的计算

竣工结算价款的计算公式如下。

$$竣工结算价款总额＝合同价款＋施工过程中合同价款调整数额$$
$$－预付及已结算进度款 \tag{8.1}$$

注：当合同约定竣工结算时需留保修保证金时，应在上述最终付款中扣减下来，或在每月进度款中按比例扣减。

（3）竣工结算价款支付申请的内容

承包人应根据竣工结算文件，向发包人提交竣工结算价款支付申请，申请的内容包括：竣工结算合同价款总额；累计已实际支付的合同价款；应预留的质量保证金；实际应支付的竣工结算款金额。

8.2.1.2　竣工结算的审查

竣工结算的审查主要是通过对合同条款、隐蔽验收记录、设计变更签证、工程数量及单价和费用等方面的核对、核查与核实工作进行的。

（1）核对合同条款

主要包括：①核对竣工工程内容是否符合合同条件要求，工程是否竣工验收合格，只有按合同要求完成全部工程并验收合格才能竣工结算；②应按合同规定的结算方法、计价方式及相应的计价定额或规范、材料供应方式、优惠条款等，对工程竣工结算进行审查。

（2）检查隐蔽验收记录及设计变更签证手续是否齐全

主要包括：①要求所有隐蔽工程均需进行验收，审核竣工结算时应核对隐蔽工程施工记录和验收签证手续是否完整；②设计的修改与变更应有原设计单位出具的设计变更通知单和变更图纸，现场签证应有各方签字认可的凭证，对于重大设计变更，还应经过原审批部门的审批通过，否则不应列入结算。

（3）核实工程数量、单价和费用的计取

主要包括：①竣工结算的工程量应按竣工图、设计变更单和现场签证等进行核算，并按国家统一规定的计价规范与该工程适用的定额规则进行单价的核算。②建筑安装工程的取费标准应按合同要求或项目建设期间与计价定额配套使用的费用定额及有关规定执行。

（4）核查各种误差

工程竣工结算牵涉工程内容多、分部分项工程多，在审查时要采用适当的方法进行漏算、重算或错算项目的更正。

8.2.1.3 竣工结算程序

工程竣工后，承包人应在经发承包双方确认的工程进度款结算的基础上，汇总编制完成竣工结算文件，并在合同约定的时间内办理工程结算。

（1）竣工结算的程序

1）工程竣工验收报告经发包人认可后 28 天内，承包人向发包人递交竣工结算报告及完整的结算资料，双方按照协议书约定的合同价款及专用条款约定的合同价款调整内容，进行工程结算。

2）发包人收到承包人递交的竣工结算报告及结算资料后 28 天内进行核实，给予确认或者提出修改意见。

3）发包人确认竣工结算报告后，通知经办银行向承包人支付竣工结算价款。承包人收到竣工结算价款后 14 天内将竣工工程交付发包人。

（2）竣工结算的违约处理

1）发包人收到竣工结算报告及结算资料后，超过 28 天无正当理由不支付工程竣工结算价款，承包人可催告发包人支付；

2）发包人超过 56 天仍不支付，承包人可与发包人协议将工程折价，也可由承包人向法院申请将该工程依法拍卖，承包人就该工程折价或拍卖的价款优先受偿；

3）工程竣工验收报告经发包方认可后 28 内，承包人未能向发包人递交竣工结算报告及完整的结算资料，造成工程竣工结算不能正常进行，或工程竣工结算价款不能及时支付的情况时：①发包人要求交付工程的，承包人应当交付；②发包人不要求交付工程的，承包人应当承担保管责任。

【例 8.1】 某工业建筑合同价款为 360 万元，主材和结构件费用为工程价款的 62.5%，施工合同规定预付备料款为合同价款的 25%，留尾款 5%。每月实际完成工作量和合同价款调整增加额如表 8.1 所示。

表 8.1 月实际完成工作量及合同调增额表

月份	1 月	2 月	3 月	4 月	5 月	6 月	合同调增额
完成工作量/万元	35	55	75	85	75	35	45

计算：（1）预付款及其起扣点各为多少？（2）每月应结算的工程款为多少？（3）竣工结算的工程款为多少？（注：为解题方便，合同价款调整额列入竣工结算时处理）

解 （1）确定预付款及起扣点。

1）预付备料款＝360×25%＝90（万元）

2）起扣点＝360－90÷62.5%＝216（万元）

（2）计算每月应结算的工程款如下。

1）1月应结算工程款35万元，累计结算款35万元。

2）2月应结算工程款55万元，累计结算款90万元。

3）3月应结算工程款75万元，累计结算款165万元。

4）4月完成工作量85万元，累计结算额250万元＞216万元，故应扣除预付款。

扣除预付款额度＝（250−216）×62.5%＝21.25（万元）

故，4月应结算工程款为：85−21.25＝63.75（万元），累计结算款228.75万元。

5）5月应结算工程款为：75×（1−62.5%）＝28.125（万元），累计结算款256.875万元。

（3）竣工结算的工程款如下。

6月应结算工程款为：35×（1−62.5%）＝13.125（万元），累计结算款270万元。

按题目要求，6月份为竣工月，需增加合同价款45万元，且留尾款5%，故，

6月份竣工结算价款为：13.125＋45−（360＋45）×5%＝37.875（万元）。

因此，6月最终竣工结算款为37.875万元。

8.2.2　竣工决算概述

竣工决算是全部工程完工并经有关部门验收后，由建设单位编制的以实物数量和货币指标为计量单位，综合反映竣工项目从筹建开始到竣工交付使用为止的全部建设费用、建设成果和财务情况的总结性经济文件。它是竣工验收报告的重要组成部分，是正确核定新增固定资产价值、考核分析投资效果、建立健全经济责任制的重要依据，也是反映建设项目实际造价和投资效果的重要文件。

8.2.2.1　竣工决算的内容

建设项目的竣工决算应包括从筹集到竣工投产全过程的全部实际费用，它是由竣工财务决算说明书、竣工财务决算报表、工程竣工图和工程竣工造价对比分析四部分组成的，前两部分又称为建设项目竣工财务决算，是竣工决算的核心内容。

（1）竣工财务决算说明书

竣工财务决算说明书主要反映竣工工程建设成果和经验，是对竣工决算报表进行了分析和补充说明的文件，是全面考核分析工程投资与造价的书面总结，是竣工决算报告的重要组成部分，其内容主要包括：①建设项目概况，对工程总的评价。②会计账务的处理、财产物资清理及债权债务的清偿情况。③基建结余资金等分配情况。④主要技术经济指标的分析、计算情况。⑤基本建设项目管理及决算中存在的问题、建议。⑥决算与概算的差异和原因分析。⑦需要说明的其他事项。

（2）竣工财务决算报表

建设项目竣工财务决算报表按大、中型建设项目和小型建设项目分别制定。

1）大、中型建设项目竣工决算报表。包括：建设项目竣工财务决算审批表；大、中型建设项目概况表；大、中型建设项目竣工财务决算表；大、中型建设项目交付使用资产总表。

2）小型建设项目竣工财务决算报表。包括：建设项目竣工财务决算审批表、竣工财务决算总表、建设项目交付使用资产明细表。

（3）建设工程竣工图

建设工程竣工图是真实地记录各种地上地下建筑物、构筑物等情况的技术文件；是工程

进行交工验收、维护改建和扩建的依据，是国家的重要技术档案。国家规定：各项新建、扩建、改建的基本建设工程。特别是基础、地下建筑、管线、结构、井巷、桥梁、隧道、港口、水坝以及设备安装等隐蔽部位，都要编制竣工图。

为确保竣工图质量，必须在施工过程中（不能在竣工后）及时做好隐蔽工程检查记录，整理好设计变更文件，竣工图的具体要求如下。

1）凡按图竣工没有变动的，由承包人（包括总包和分包承包人，下同）在原施工图上加盖"竣工图"标志后，即作为竣工图；

2）凡在施工过程中，虽有一般性设计变更，但能将原施工图加以修改补充作为竣工图的，可不重新绘制，由承包人负责在原施工图（必须是新蓝图）上注明修改的部分，并附以设计变更通知单和施工说明，加盖"竣工图"标志后，作为竣工图。

3）凡结构形式改变、施工工艺改变、平面布置改变、项目改变以及有其他重大改变，不宜再在原施工图上修改、补充时，应重新绘制改变后的竣工图。①由原设计原因造成的，由设计单位负责重新绘制；②由施工原因造成的，由承包人负责重新绘图；③由其他原因造成的，由建设单位自行绘制或委托设计单位绘制。④承包人负责在新图上加盖"竣工图"标志，并附以有关记录和说明，作为竣工图。

4）为了满足竣工验收和竣工决算需要，还应绘制反映竣工工程全部内容的工程设计平面示意图。

(4) 工程造价比较分析

在竣工决算中必须对控制工程造价所采取的措施、效果及其动态的变化进行认真地比较对比，总结经验教训。批准的概算是考核建设工程造价的依据，在分析时，可将决算报表中所提供的实际数据和相关资料与批准的概算、预算指标进行对比，以确定竣工项目总造价是节约还是超支，并在对比的基础上，总结先进经验，找出节约和超支的内容和原因，提出改进措施。在实际工作中，应主要分析以下内容。

1）考核主要实物工程量。对于实物工程量出入比较大的情况，必须查明原因。

2）考核主要材料消耗量。要按照竣工决算表中所列明的三大材料实际超概算的消耗量，查明是在工程的哪个环节超出量最大，再进一步查明超耗的原因。

3）考核建设单位管理费、措施费和其他费用的取费标准。建设单位管理费、措施费和其他费用的取费标准要按照国家和各地的有关规定，根据竣工决算报表中所列的建设单位管理费及概预算所列的建设单位管理费数额进行比较，依据规定查明是否有多列或少列的费用项目，确定其节约或超支的数额，并查明原因。

以上所列内容是工程造价对比分析的重点，应侧重分析，但究竟选择哪些内容作为考核、分析重点，应因地制宜，视项目的具体情况而定。

8.2.2.2 竣工决算的编制依据

竣工决算的编制依据主要有：①经批准的可行性研究报告、投资估算书，初步设计或扩大初步设计，修正总概算及其批复文件。②经批准的施工图设计及其施工图预算书。③设计交底或图纸会审会议纪要。④设计变更记录、施工记录或施工签证单及其他施工发生的费用记录。⑤招标控制价，承包合同、工程结算等有关资料。⑥竣工图及各种竣工验收资料。⑦历年基建计划、历年财务决算及批复文件。⑧设备、材料调价文件和调价记录。⑨有关财务核算制度、办法和其他有关资料。

8.2.2.3 竣工决算与竣工结算的关系

(1) 二者的联系

建设项目竣工决算是以工程竣工结算为基础进行编制的。在整个建设项目竣工结算的基础上，加上从筹建开始到工程全部竣工，有关基本建设的其他工程费用支出，就构成了建设项目竣工决算的主体。

(2) 二者的区别

竣工决策与竣工结算的区别主要体现在以下几个方面。

1) 编制单位不同。竣工决算是由建设单位编制的，而竣工结算是由施工单位编制的。

2) 编制范围不同。竣工结算主要是针对单位工程编制的，每个单位工程竣工后，便可以进行竣工结算的编制；而竣工决算是针对建设项目编制的，必须在整个建设项目全部竣工后，才能够进行编制。

3) 编制作用不同。竣工决算是建设单位考核基本建设投资效果的依据，是正确确定固定资产价值的依据。而竣工结算是建设单位与施工单位结算工程价款的依据，是核对施工企业生产成果和考核工程成本的依据，是建设单位编制建设项目竣工决算的依据。

8.2.2.4 竣工决算的编制步骤

(1) 收集、整理和分析有关依据资料

完整齐全的资料，是准确而快速编制竣工决算的必要条件，因此，在编制竣工决算文件之前，应系统地整理所有的技术资料、工程结算的经济文件、施工图纸和各种变更与签证资料，并分析它们的准确性。

(2) 清理各项财务、债务和结余物资

在收集、整理和分析有关资料中，要特别注意建设工程从筹建到竣工投产或使用的全部费用的各项账务、债权和债务的清理，做到工程完毕账目清晰，既要核对账目，又要查点库存实物的数量，做到账与物相等，账与账相符；对结余的各种材料、工器具和设备，要逐项清点核实，妥善管理，并按规定及时处理，收回资金。对各种往来款项要及时进行全面清理，为编制竣工决算提供准确的数据和结果。

(3) 核实工程变动情况

重新核实各单位工程、单项工程造价，将竣工资料与原设计图纸进行查对、核实，必要时可实地测量，确认实际变更情况；根据经审定的承包人竣工结算等原始资料，按照有关规定对原概、预算进行增减调整，重新核定工程造价。

(4) 编制建设工程竣工决算说明

按照建设工程竣工决算说明的内容要求，根据编制依据材料填写在报表中的结果，编写文字说明。

(5) 填写竣工决算报表

按照建设工程决算表格中的内容要求，根据编制依据中的有关资料进行统计或计算各个项目和数量，并将其结果填到相应表格的栏目内，完成所有报表的填写。

(6) 做好工程造价对比分析

认真对比竣工工程的实物工程量、主要材料消耗量以及工程费用的取费标准，做好结论分析。

(7) 清理、装订好竣工图

按要求整理、装订满足竣工验收和竣工决算需要的竣工图。

（8）上报主管部门审查存档

将上述编写的文字说明和填写的表格经核对无误，装订成册，即为建设工程竣工决算文件。将其上报主管部门审查，并把其中财务成本部分送交开户银行签证。

竣工决算在上报主管部门的同时，抄送有关设计单位。大中型建设项目的竣工决算还应抄送财政部，建设银行总行和省、市、自治区的财政局和建设银行分行各一份。建设工程竣工决算的文件，由建设单位负责组织人员编写，在竣工建设项目办理验收使用一个月之内完成。

8.2.3　新增资产价值的确定

建设项目竣工投入运营后，所花费的总投资形成相应的资产。按照新的财务制度和企业会计准则，新增资产按资产性质可分为固定资产、流动资产、无形资产、递延资产和其他资产等五大类。

8.2.3.1　新增固定资产价值的确定

新增固定资产价值是建设项目竣工投产后所增加的固定资产的价值，它是以价值形态表示的固定资产投资最终成果的综合性指标。

（1）新增固定资产价值的确定原则

新增固定资产价值是投资项目竣工投产后所增加的固定资产价值，即交付使用的固定资产价值，是以价值形态表示建设项目的固定资产最终成果的指标。新增固定资产价值的计算是以独立发挥生产能力的单项工程为对象的，单项工程建成经有关部门验收鉴定合格，正式移交生产或使用，即应计算新增固定资产价值。一次交付生产或使用的工程一次计算新增固定资产价值，分期分批交付生产或使用的工程，应分期分批计算新增固定资产价值。

（2）新增固定资产价值的内容

新增固定资产价值的内容包括：已投入生产或交付使用的建筑、安装工程造价；达到固定资产标准的设备、工器具的购置费用；增加固定资产价值的其他费用。

（3）新增固定资产价值的计算要点

1）对于为了提高产品质量、改善劳动条件、节约材料消耗、保护环境而建设的附属辅助工程，只要全部建成，正式验收交付使用后就要计入新增固定资产价值。

2）对于单项工程中不构成生产系统，但能独立发挥效益的非生产性项目，如住宅、食堂、医务所、托儿所、生活服务网点等，在建成并交付使用后，也要计算新增固定资产价值。

3）凡购置达到固定资产标准不需安装的设备、工器具，应在交付使用后计入新增固定资产价值。

4）属于新增固定资产价值的其他投资，应随同受益工程交付使用的同时一并计入。

5）交付使用财产的成本，应按下列内容计算：①房屋、建筑物、管道、线路等固定资产的成本包括：建筑工程成果和待分摊的待摊投资。②动力设备和生产设备等固定资产的成本包括：需要安装设备的采购成本，安装工程成本，设备基础、支柱等建筑工程成本或砌筑锅炉及各种特殊炉的建筑工程成本，应分摊的待摊投资。③运输设备及其他不需要安装的设备、工具、器具、家具等固定资产一般仅计算采购成本，不计分摊的"待摊投资"。

6）共同费用的分摊方法。①新增固定资产的其他费用，如果是属于整个建设项目或两个以上单项工程的，在计算新增固定资产价值时，应在各单项工程中按比例分摊。②建设单位管理费按建筑工程、安装工程、需安装设备价值总额等按比例分摊。③土地征用费、地质勘察和建筑工程设计费等费用则按建筑工程造价比例分摊。④生产工艺流程系统设计费按安装工程造价比例分摊。

8.2.3.2　新增流动资产价值的确定

流动资产是指可以在一年内或者超过一年的一个营业周期内变现或者运用的资产，包括现金及各种存款以及其他货币资金、短期投资、存货、应收及预付款项以及其他流动资产等。

(1) 货币性资金

货币性资金是指现金、各种银行存款及其他货币资金，其中现金是指企业的库存现金，包括企业内部各部门用于周转使用的备用金；各种存款是指企业的各种不同类型的银行存款；其他货币资金是指除现金和银行存款以外的其他货币资金，根据实际入账价值核定。

(2) 应收及预付款项

应收账款是指企业因销售商品、提供劳务等应向购货单位或受益单位收取的款项；预付款项是指企业按照购货合同预付给供货单位的购货定金或部分货款。应收及预付款项包括应收票据、应收款项、其他应收款、预付货款和待摊费用。一般情况下，应收及预付款项按企业销售商品、产品或提供劳务时的实际成交金额入账核算。

(3) 短期投资

包括股票、债券、基金。股票和债券根据是否可以上市流通分别采用市场法和收益法确定其价值。

(4) 存货

存货是指企业的库存材料、在产品、产成品等。各种存货应当按照取得时的实际成本计价。存货的形成，主要有外购和自制两个途径。外购的存货，按照买价加运输费、装卸费、保险费、途中合理损耗、入库前加工、整理及挑选费用以及缴纳的税金等计价；自制的存货，按照制造过程中的各项实际支出计价。

8.2.3.3　新增无形资产价值的确定

无形资产是指特定主体所拥有或者控制的、不具有实物形态、能持续发挥作用且能带来经济利益的资源。我国作为评估对象的无形资产通常包括专利权、专有技术、商标权、著作权、销售；网络、客户关系、供应关系、人力资源、商业特许权、合同权益、土地使用权、矿业权、水域使用权、森林权益、商誉等。

(1) 无形资产的计价原则

投资者按无形资产作为资本金或者合作条件投入时，按评估确认或合同协议约定的金额计价。购入的无形资产，按照实际支付的价款计价。企业自创并依法申请取得的，按开发过程中的实际支出计价。企业接受捐赠的无形资产，按照发票账单所载金额或者同类无形资产市场价作价。无形资产计价入账后，应在其有效使用期内分期摊销，即企业为无形资产支出的费应在无形资产的有效期内得到及时补偿。

(2) 无形资产的计价方法

1）专利权的计价。专利权分为自创和外购两类。自创专利权的价值为开发过程中的实际支出，主要包括专利的研制成本和交易成本。研制成本包括直接成本和间接成本：直接成本是指研制过程中直接投入发生的费用（主要包括材料费用、工资费用、专用设备费、资料费、咨询鉴定费、协作费、培训费和差旅费等）；间接成本是指与研制开发有关的费用（主要包括管理费、非专用设备折旧费、应分摊的公共费用及能源费用）。交易成本是指在交易过程中的费用支出（主要包括技术服务费、交易过程中的差旅费及管理费、手续费、税金）。由于专利权是具有独占性并能带来超额利润的生产要素，因此，专利权转让价格不按成本估价，而是按照其所能带来的超额收益计价。

2）非专利技术的计价。非专利技术具有使用价值和价值，使用价值是非专利技术本身应具有的，非专利技术的价值在于非专利技术的使用所能产生的超额获利能力，应在研究分析其直接和间接的获利能力的基础上，准确计算出其价值。如果非专利技术是自创的，一般不作为无形资产入账，自创过程中发生的费用，按当期费用处理。对于外购非专利技术，应由法定评估机构确认后再进行估价，其方法往往通过能产生的收益采用收益法进行估价。

3）商标权的计价。如果商标权是自创的，一般不作为无形资产入账，而将商标设计、制作、注册、广告宣传等发生的费用直接作为销售费用计入当期损益。只有当企业购入或转让商标时，才需要对商标权计价。商标权的计价一般根据被许可方新增的收益确定。

4）土地使用权的计价。根据取得土地使用权的方式不同，土地使用权可有以下几种计价方式：当建设单位向土地管理部门申请土地使用权并为之支付一笔出让金时，土地使用权作为无形资产核算；当建设单位获得土地使用权是通过行政划拨的，这时土地使用权就不能作为无形资产核算；在将土地使用权有偿转让、出租、抵押、作价入股和投资，按规定补交土地出让价款时，才作为无形资产核算。

8.2.3.4　其他资产价值的确定

其他资产是指不能全部计入当年损益、应当在以后年度分期摊销的各种费用，包括开办费、租入固定资产改良支出等。

（1）开办费的计价

开办费筹建期间建设单位管理费中未计入固定资产的其他各项费用，如建设单位经费，包括筹建期间工作人员工资、办公费、差旅费、印刷费、生产职工培训费、样品样机购置费、农业开荒费、注册登记费等以及不计入固定资产和无形资产购建成本的汇兑损益、利息支出。按照新财务制度规定，除了筹建期间不计入资产价值的汇兑净损失外，开办费从企业开始生产经营月份的次月起，按照不短于 5 年的期限平均摊入管理费用中。

（2）租入固定资产改良支出的计价

租入固定资产改良支出是企业从其他单位或个人租入的固定资产，所有权属于出租人，但企业依合同享有使用权。通常双方在协议中规定，租入企业应按照规定的用途使用，并承担对租入固定资产进行修理和改良的责任，即发生的修理和改良支出全部由承租方负担。对租入固定资产的大修理支出，不构成固定资产价值，其会计处理与自有固定资产的大修理支出无区别。对租入固定资产实施改良，因有助于提高固定资产的效用和功能，应当另外确认为一项资产。由于租入固定资产的所有权不属于租入企业，不宜增加租入固定资产的价值而作为其他资产处理。租入固定资产改良及大修理支出应当在租赁期内分期平均摊销。

8.3　保修费用的处理

8.3.1　保修的基本概念

8.3.1.1　保修的含义

根据《中华人民共和国建筑法》的相关规定，我国建筑工程实行质量保修制度。建设工程质量保修制度是国家所确定的重要法律制度，它在促进承包方加强质量管理、保护用户及消费者的合法权益等方面起着重要的作用。

质量保修是指项目竣工验收交付使用后，在规定的保修期限内，由施工单位按照国家或行业现行的有关技术标准、设计文件以及合同中对质量的要求，对已竣工验收的建设工程进行维修、返工等工作。

建设项目竣工并交付使用后，在使用过程中仍会逐步暴露出存在的质量缺陷和隐患，如：屋面漏雨、建筑物基础超过规定的不均匀沉降、采暖系统供热不佳等。因此，为了使建设项目达到最佳使用状态，确保工程质量，降低生产或使用费用，发挥最大的投资效益，业主应督促设计单位、施工单位、设备材料供应单位认真做好保修工作，并加强保修期间的造价控制。

8.3.1.2　保修的范围和保修期限的规定

（1）保修范围

建筑工程的保修范围应包括地基基础工程、主体结构工程、屋面防水工程和其他土建工程以及电气管线、上下水管线的安装工程，供热、供冷系统工程等项目。

（2）保修期限的规定

保修的期限应当按照保证建筑物合理寿命内正常使用，维护使用者合法权益的原则确定。具体的保修范围和最低保修期限由国务院规定。按照国务院《建设工程质量管理条例》的相关规定，在正常使用条件下，建设工程的最低保修期限如下。

1）基础设施工程、房屋建筑的地基基础工程和主体结构工程，为设计文件规定的该工程的合理使用年限；

2）屋面防水工程，有防水要求的卫生间、房间和外墙面的防渗漏为5年；

3）供热与供冷系统为2个采暖期和供热期；

4）电气管线、给排水管道、设备安装和装修工程为2年；

5）其他项目的保修期限由承发包双方在合同中规定。

建设工程的保修期，自竣工验收合格之日算起。建设工程在保修范围和保修期限内发生的质量问题，承包人应当履行保修义务，并对因其造成的损失承担赔偿责任。由于用户使用不当而造成建筑功能不良或损坏的，或工业产品项目发生问题的，不属于保修范围，且应由建设单位自行组织修理。

8.3.2　保修费用及其处理

（1）保修费用的含义

保修费用是指对保修期间和保修范围内所发生的维修、返工等各项费用支出。保修费用

是指对保修期间和保修范围内所发生的维修、返工等各项费用支出。保修费用应按合同和有关规定合理确定和控制。一般可参照建筑安装工程造价的确定程序和方法计算；也可以按照建筑安装工程造价或承包工程合同价的一定比例计算（目前取5%）。

（2）保修费用的处理

根据《中华人民共和国建筑法》的规定，在保修费用的处理问题上，必须根据修理项目的性质、内容以及检查修理等多种因素的实际情况，区别保修责任的承担问题。对于保修的经济责任的确定，应当由有关责任方承担，由建设单位和施工单位共同商定经济处理办法。

1）施工单位未按国家有关标准、规范和设计要求施工，造成的质量问题，由施工单位负责返修并承担经济责任。

2）由于设计方面的原因造成的质量问题，先由施工单位负责维修，其经济责任按有关规定通过建设单位向设计单位索赔。

3）因建筑材料、构配件和设备质量不合格引起的质量问题，先由施工单位负责维修，其经济责任属于施工单位采购的，由施工单位承担经济责任；属于建设单位采购的，由建设单位承担经济责任。

4）因建设单位（含监理单位）错误管理造成的质量问题，先由施工单位负责维修，其经济责任由建设单位承担，如属监理单位责任，则由建设单位向监理单位索赔。

5）因使用单位使用不当造成的损坏问题，先由施工单位负责维修，其经济责任由使用单位负责。

6）因地震、洪水、台风等不可抗拒原因造成的损坏问题，先由施工单位负责维修，建设参与各方根据国家具体政策分担经济责任。

思 考 题

8.1 竣工验收方式有哪几种？各自的特点是什么？

8.2 简述竣工结算的编制依据。

8.3 简述竣工结算审查的重点环节。

8.4 竣工决算的内容包括哪几个部分？竣工决算的核心内容是什么？

8.5 简述竣工决策与竣工结算的联系与区别。

8.6 简述新增固定资产价值的确定原则。

8.7 简述新增固定资产价值的内容。

8.8 简述保修期限的规定。

案 例 计 算 题

【背景】

某公共建筑，工期12个月，合同总价为2900万元。建设单位（业主）与施工单位（承包商）签订的合同中，关于工程价款结算的主要条款如下：本工程价款前半年结算一次，从7月份起按月结算工程款，其中，预付备料款的比例为25%，预付备料款在施工期的最后5个月分次平均扣除；保留金按比例扣留，扣留比例为月实际工作量的5%；当承包商每月实际完成的建安工作量少于计划完成建安工作量的10%（含10%）以上时，业主可扣除5%

的工程款；业主供应的材料、设备应在当月的工程款中扣回；每月审批的最小付款额度为95万元。

各月份的计划完成工作量、实际完成工作量及业主供应材料设备价值见表 8.2。

表 8.2　工作量完成情况及业主供应材料设备价值表

月份	1～6	7	8	9	10	11	12
计划工作量/万元	1200	300	300	300	290	290	220
实际工作量/万元	1210	270	290	315	295	285	235
业主供应材料设备价值/万元	101.2	49.5	37.6	28	41	16	8

【问题】

1. 计算工程预付备料款及每月扣付额度。

2. 计算前半年的工程结算款。

3. 计算 7～12 月，每月的工程结算款。

参 考 文 献

[1] 中华人民共和国住房和城乡建设部.GB 50500—2013 建设工程工程量清单计价规范 [S].北京：中国计划出版社，2013.

[2] 中华人民共和国住房和城乡建设部.GB 50854—2013 房屋建筑与装饰工程工程量计算规范 [S].北京：中国计划出版社，2013.

[3] 中华人民共和国建设部.关于印发建筑安装工程费用项目组成的通知（建标 [2013] 44 号文）.2013

[4] 中华人民共和国建设部.工程造价咨询企业管理办法（建设部令第 149 号）.2006.

[5] 中华人民共和国建设部.全国统一建筑工程基础定额（土建工程）[M].北京：中国计划出版社，1995.

[6] 中华人民共和国建设部.全国统一建筑工程基础定额编制说明（土建）[M].哈尔滨：黑龙江科学技术出版社，1997.

[7] 国家发展改革委员会，中华人民共和国建设部.建设项目经济评价方法与参数 [M].第 3 版.北京：中国计划出版社，2006.

[8] 中华人民共和国财政部，国家税务总局.关于做好全面推开营业税改征增值税试点准备工作的通知（财税 [2016] 32 号）.2016

[9] 中国建设工程造价管理协会.建设项目投资估算编审规程（GECA/GC1—2015）.北京：中国计划出版社，2015.

[10] 中国建设工程造价管理协会.建设项目设计概算编审规程（GECA/GC2—2015）.北京：中国计划出版社，2015.

[11] 中国建设工程造价管理协会.建设项目工程结算编审规程（GECA/GC3—2007）.北京：中国计划出版社，2007.

[12] 中国建设工程造价管理协会.建设项目全过程造价咨询规程（GECA/GC4—2009）.北京：中国计划出版社，2009.

[13] 中国建设工程造价管理协会.建设项目施工图预算编审规程（GECA/GC5—2010）.北京：中国计划出版社，2010.

[14] 中国建设工程造价管理协会.建设项目招标控制价编审规程（GECA/GC6—2011）.北京：中国计划出版社，2011.

[15] 中华人民共和国建设部.建设工程项目管理规范（GB/T 50326—2006）.北京：中国建筑工业出版社，2006.

[16] 中华人民共和国住房和城乡建设部.GB 50300—2013 建筑工程施工质量验收统一标准 [S].北京：中国建筑工业出版社，2014.

[17] 中华人民共和国住房和城乡建设部.GB/T 50319—2013 建设工程监理规范.北京：中国建筑工业出版社，2013.

[18] 冯辉红.工程项目管理.北京：中国水利水电出版社，2016.

[19] 全国造价师执业资格考试培训教材编审委员会.建设工程计价.2014 年修订.北京：中国计划出版社，2013.

[20] 全国造价师执业资格考试培训教材编审委员会.建设工程造价管理.2013 年版.北京：中国计划出版社，2013.

[21] 全国一级建造师执业资格考试委员会.建设项目管理.第 4 版.北京：中国建筑工业出版社，2015.

[22] 中国建设监理协会.建设工程投资控制.第 4 版.北京：中国建筑工业出版社，2016.

[23] 中国建设监理协会.建设工程合同管理.第 4 版.北京：中国建筑工业出版社，2016.

[24] 程鸿群，姬晓辉，陆菊春.工程造价管理.第 2 版.武汉：武汉大学出版社，2010.

[25] 刘元芳，张国兴.建设工程造价管理.武汉：华中科技大学出版社，2005.